战略性新兴领域"十四五"高等教育系列教材

太阳能电池原理与设计

主　编　李　祯

副主编　李　灿　佟　宇

参　编　宋　霖　肖传晓　王　昆

机 械 工 业 出 版 社

本书主要面向普通高等院校新能源材料方向的本科生、研究生以及从事太阳能研究的初学者和技术人员。本书共分为 11 章，包括绪论、太阳辐射与太阳能、半导体与 PN 结、太阳能电池基础、太阳能电池设计、太阳能电池光电转换效率极限与叠层电池、太阳能电池组件化与封装技术、太阳能电池测试表征技术、晶体硅太阳能电池、薄膜太阳能电池和新型太阳能电池。

本书内容交叉融合物理、材料及电子等多学科的知识，在章节设计上兼顾基础、应用和前沿技术。本书从太阳能电池基本原理出发，注重培养学生在太阳能电池设计上的实践能力，也引入了大量光伏技术的新进展介绍。本书在各章后设置了课后思考题，加强学生对基础知识的掌握，并针对太阳能电池设计的具体问题提供了设计案例。本书还提供了模拟仿真实验和视频资料等线上教学资源，帮助学生掌握相关知识。

图书在版编目（CIP）数据

太阳能电池原理与设计 / 李祯主编. -- 北京：机械工业出版社，2024. 12. --（战略性新兴领域"十四五"高等教育系列教材）. -- ISBN 978-7-111-77661-1

Ⅰ. TM914.4

中国国家版本馆 CIP 数据核字第 2024YS8974 号

机械工业出版社（北京市百万庄大街 22 号　邮政编码 100037）

策划编辑：赵亚敏　　　　　　　责任编辑：赵亚敏　王　荣
责任校对：郑　婕　李　杉　　　封面设计：张　静
责任印制：单爱军

北京华宇信诺印刷有限公司印刷

2024 年 12 月第 1 版第 1 次印刷

184mm×260mm · 15.5 印张 · 382 千字

标准书号：ISBN 978-7-111-77661-1

定价：59.80 元

电话服务　　　　　　　　　　网络服务
客服电话：010-88361066　　　机　工　官　网：www.cmpbook.com
　　　　　010-88379833　　　机　工　官　博：weibo.com/cmp1952
　　　　　010-68326294　　　金　书　网：www.golden-book.com
封底无防伪标均为盗版　　机工教育服务网：www.cmpedu.com

前　言

气候变化是当今人类社会面临的严峻挑战之一。开发和利用可再生能源，以摆脱对化石燃料的依赖，并降低二氧化碳排放量，已经成为全球的共识。我国已明确提出在 2030 年前实现碳达峰，2060 年实现碳中和的宏伟目标。在此背景下，以光伏为代表的新能源在一次能源结构中的占比将逐步提高。我国太阳能电池产量和装机容量均位居世界第一，已经成为光伏领域的领军国家，对从事太阳能电池生产、设计与应用的专业人才的需求也不断增加。

近年来，太阳能电池技术取得了显著的进步。硅太阳能电池结构不断迭代更新。非晶硅和碲化镉等薄膜太阳能电池已获得商业化应用。有机太阳能电池、钙钛矿太阳能电池以及叠层太阳能电池等新型太阳能电池不断获得技术突破，展现出巨大的应用前景。对不同类型的太阳能电池的设计和开发，均要求相关人员深入理解太阳能电池的工作原理，并掌握其基本设计方法。

因此，本书主要围绕太阳能电池的原理和设计展开，全书共分为 11 章，从内容上可分为 4 个部分：

1) 太阳能电池的发展的历史、现状和未来趋势（第 1 章）。
2) 太阳能电池的工作原理及相关物理基础（第 2~4 章）。
3) 太阳能电池及组件的设计方法与表征技术（第 5~8 章）。
4) 太阳能电池材料及制备技术（第 9~11 章）。

第 1) 部分详细介绍了太阳能电池的发展历史、发展现状、存在的问题及发展方向。

第 2) 部分主要介绍了太阳能电池的相关物理基础知识及太阳能电池的工作原理，包括光与半导体的基本性质、太阳辐射、PN 结形成的机理、光伏效应、太阳能电池的工作原理、光生载流子的生成与分离过程、太阳能电池的主要性能参数及影响因素等，本部分内容为后面章节奠定了基础。

第 3) 部分是本书的重点内容。本部分全面系统地介绍了太阳能电池的光学与电学损失的主要来源、影响因素以及优化的手段，太阳能电池的理论效率极限，突破 S-Q 极限的途径以及叠层太阳能电池技术，太阳能电池组件化技术，封装技术及组件应用中效率衰减的重要问题。此外，本部分针对太阳能电池的表征方法，详细介绍了 *I-V* 曲线测试、量子效率测试、瞬态光电测试、载流子寿命与迁移率测试，太阳能电池电致发光成像技术等多种测试表征技术。本部分的内容可以指导读者进行太阳能电池的设计与优化。

第 4) 部分主要介绍了不同类型太阳能电池的材料和制备技术，包括晶体硅太阳能电池，非晶硅、铜铟镓硒和碲化镉等薄膜太阳能电池，染料敏化、有机、量子点、钙钛矿和非铅钙钛矿等新型太阳能电池，并分别介绍了相关材料的特性及太阳能电池制备工艺与流程，本部分的内容涵盖了常见的太阳能电池种类。

本书的第 1、2、5、8 章由李祯编写，第 3、6 章由李灿编写，第 4 章由宋霖编写，第 7 章由肖传晓编写，第 9、10、11 章由佟宇和王昆编写。本书的编写还得到了郅冲阳、万志、杜黎明、张尚宸和廖祥宇等同学的帮助，在此表示感谢。此外，本书的编写参考了相关文献，在此向原作者表示衷心的感谢！

由于编者水平有限，书中疏漏、欠妥之处在所难免，恳请广大读者批评指正。

编　者

目　录

前言

第1章　绪论 …………………… **1**

1.1　太阳能电池的发展历史 ……… 1

1.2　太阳能电池的发展现状 ……… 4

1.3　太阳能电池存在的问题及发展方向 …… 8

思考题 ……………………………… 16

参考文献 …………………………… 16

第2章　太阳辐射与太阳能 ……… **17**

2.1　光的基本性质 ………………… 17

2.2　光源的光谱特性 ……………… 18

2.3　大气吸收与太阳光谱 ………… 20

2.4　太阳运动与辐射角度 ………… 22

2.5　太阳能的时间与空间分布 …… 23

思考题 ……………………………… 26

参考文献 …………………………… 26

第3章　半导体与PN结 ………… **27**

3.1　半导体材料 …………………… 27

3.2　半导体的禁带宽度 …………… 28

3.3　半导体的光吸收 ……………… 32

3.4　半导体的掺杂 ………………… 34

3.5　载流子传输 …………………… 40

3.6　载流子复合 …………………… 42

3.7　半导体PN结 ………………… 46

思考题 ……………………………… 52

参考文献 …………………………… 52

第4章　太阳能电池基础 ………… **53**

4.1　太阳能电池工作原理 ………… 53

4.2　太阳能电池J-V曲线 ……… 56

4.3　串并联电阻与等效电路 ……… 61

4.4　载流子的传输与复合 ………… 66

4.5　辐照度对太阳能电池性能的影响 …… 70

4.6　温度对太阳能电池性能的影响 …… 74

思考题 ……………………………… 79

参考文献 …………………………… 80

第5章　太阳能电池设计 ………… **81**

5.1　太阳能电池的光学损失与光学设计 …… 81

5.2　太阳能电池的电学损失与电学设计 …… 87

5.3　太阳能电池的复合损失与结构设计 …… 91

5.4　太阳能电池模拟仿真 ………… 94

思考题 ……………………………… 97

参考文献 …………………………… 97

第6章　太阳能电池光电转换效率极限与叠层电池 …………… **99**

6.1　光电转换效率的热力学极限 … 99

6.2　Shockley-Queisser效率极限 … 100

6.3　叠层太阳能电池设计 ………… 103

6.4　Ⅲ-Ⅴ族叠层太阳能电池 …… 106

6.5　钙钛矿/硅叠层太阳能电池 … 109

6.6　钙钛矿/钙钛矿叠层太阳能电池 … 114

思考题 ……………………………… 119

参考文献 …………………………… 120

第7章　太阳能电池组件化与封装技术 …………………… **123**

7.1　晶体硅太阳能电池组件 ……… 123

7.2　薄膜太阳能电池组件结构与制备技术 …… 126

7.3　局部遮挡与热斑效应 ………… 128

7.4　封装与可靠性测试 …………… 130

7.5　太阳能电池组件的可靠性 …… 136

思考题 ……………………………… 142

参考文献 …………………………… 142

第8章　太阳能电池测试表征技术 …… **143**

8.1　I-V曲线测试 ……………… 143

8.2　量子效率测试 ………………… 149

8.3　瞬态光电测试 ………………… 152

8.4　载流子寿命与迁移率测试 …… 159

8.5　电致发光成像技术 …………… 164

思考题 ……………………………… 170

VI

参考文献 ················ 170
第 9 章　晶体硅太阳能电池············· 175
9.1　硅的冶炼与提纯 ········· 175
9.2　晶体硅与硅片的制备 ······· 178
9.3　晶体硅太阳能电池的制备流程 ······· 182
9.4　晶体硅太阳能电池的技术演进 ····· 187
思考题··············· 193
参考文献 ··············· 193
第 10 章　薄膜太阳能电池············· 194
10.1　薄膜太阳能电池材料与分类 ········· 194
10.2　非晶硅薄膜太阳能电池 ········· 197
10.3　铜铟镓硒薄膜太阳能电池 ··········· 202

10.4　碲化镉薄膜太阳能电池 ············· 206
思考题············· 210
参考文献·············· 210
第 11 章　新型太阳能电池 ············· 212
11.1　染料敏化太阳能电池 ··········· 212
11.2　有机太阳能电池 ··········· 216
11.3　量子点太阳能电池 ··········· 221
11.4　钙钛矿太阳能电池 ··········· 226
11.5　非铅钙钛矿太阳能电池 ············· 234
思考题············· 240
参考文献············· 240

第1章
绪　论

　　本章将简要介绍太阳能电池的发展历史、现状、存在的问题及发展方向。自1954年第一块晶体硅太阳能电池从贝尔实验室诞生以来，光伏技术不断进步，太阳能电池在效率、成本和应用规模上均取得显著进展。目前，晶体硅太阳能电池占据光伏市场主导地位，薄膜和新型太阳能电池也在迅速发展。太阳能电池产量和装机量呈指数级增长，我国在全球光伏产业中占据领先地位。然而，光伏发电仍存在间歇性和波动性等问题。太阳能电池未来将向着更廉价、更环保、使用更便利的方向发展，持续推动全球能源转型和碳中和目标的实现。

1.1　太阳能电池的发展历史

1.1.1　光伏效应的发现

　　光伏效应，也称为光生伏特效应，是光线照射到半导体材料时产生电压与电流，将光能直接转换为电能的一种现象。光伏效应的发现可以追溯到1839年，物理学家贝克勒尔（A. E. Becquerel）首先观察到了这一现象。他发现将两块沉积了AgCl的铂电极浸没在电解液中，用光线照射其中一个电极，会在电极间产生电压，如图1-1所示。这一观察结果后来被称为光伏效应，即半导体在受光照射时能够产生光生电子，从而产生电流的现象。该发现为后来太阳能电池的发明奠定了理论基础。

　　1876年，亚当斯（William Grylls Adams）和戴伊（Richard Evans Day）在研究硒的光电导效应时，首次观察到了固态光伏效应，如图1-2所示，他们将铂电极与经过退火的硒晶体圆柱的两端接触，当光照射在硒晶体圆柱一端时，可以检测到从硒晶体圆柱向铂电极流动的电流。光生电流可以抵抗外界电池的反向作用，即产生了光生电压。固态光伏效应的发现引起了人们研究光伏效应的极大兴趣。1883年，弗瑞兹（Charles Fritts）受此启发，将硒薄膜镀在金电极上，制备出第一款能发电的固态太阳能电池，但其光电转换效率不足1%。

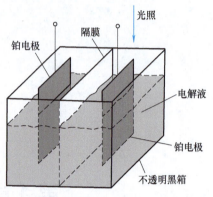

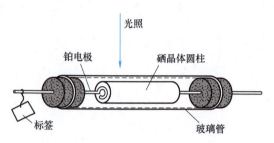

图 1-1　贝克勒尔的实验装置示意图　　　　　图 1-2　固态光伏效应研究实验装置

1.1.2　硅太阳能电池的发明

20 世纪 30 年代，硅材料的研究受到越来越多的关注，硅的材料特性也逐渐被人们了解。纯硅的导电性较差，经掺杂后其导电性提高。掺杂元素的种类决定了硅材料的导电类型。P 元素掺杂的硅含有略多余的电子，可以传导电流，称为 N 型硅（N 即 Negative，意为"负的"）。B 元素掺杂的硅缺乏电子，形成的电子空位即空穴。传导空穴的硅称为 P 型硅（P 即 Positive，意为"正的"）。

随着晶体生长技术和通过扩散形成 PN 结的技术的发展，到 1954 年，贝尔实验室的研究人员查平（Daryl Chapin）、富勒（Calvin Fuller）和皮尔逊（Gerald Pearson）发明了第一块硅太阳能电池，如图 1-3 所示，这款太阳能电池采用了双后触点结构，光电转换效率达到 6%，为光伏发电开辟了道路。

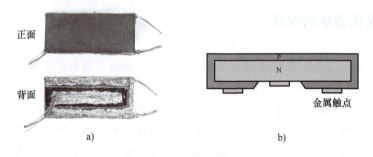

图 1-3　第一块硅太阳能电池
a）外观　b）结构示意图

1.1.3　太阳能电池的早期应用

早期太阳能电池生产成本极高，主要用于航天和军事领域，其研究与开发也主要受到了航天需求的推动，人造卫星需要一种摆脱传统电网和电源的长期供电方式，而太阳能电池质量小，在太空中可以长期持续供电，因此成为人造卫星上的理想电源形式。

太阳能电池最早在人造卫星上的应用是 1958 年搭载在美国发射的"先锋 1 号"（Vanguard 1）人造卫星上。该人造卫星携带的太阳能电池用于提供辅助电力，虽然功率相对较小，但这是太阳能电池在太空探索中的首次实际应用，为后来太阳能电池更广泛的应用奠定了基础。我国最早搭载太阳能电池的人造卫星是 1971 年发射的"实践一号"人造卫星，如图 1-4a 所示，其上、下半球面上各安装了 14 块硅太阳能电池板，用以测试太阳能电池供电的电源系统在空间环境下长期工作的性能。

目前，航天飞行器上已经普遍搭载了太阳能电池阵列作为供能系统，尤其是有大量用电需求的空间站。我国自 2021 年起建设的空间站，其天和核心舱搭载了柔性叠层太阳能电池阵列，其电池厚度不足 1mm，单位面积质量较传统太阳能电池降低了 50% 以上，而且光电转换效率超过 30%。在天和、问天、梦天三舱组合后，天宫号空间站的外观如图 1-4b 所示，其太阳能电池阵列的总面积接近 400m²，可提供超过 100kW 的电能。

a)   b)

图 1-4 太阳能电池在航天领域的应用

a）"实践一号"人造卫星 b）天宫号空间站

1.1.4 太阳能电池的商业化应用

20 世纪 70 年代，石油危机使世界各国注意到传统化石能源的问题。人们开始意识到开发可再生能源替代化石能源的必要性，这推动了光伏发电的研究。太阳能电池技术作为一种新型发电技术逐渐崭露头角，其在偏远地区的离网应用优势得到迅速认可，推动了地面光伏应用的发展。然而由于材料和生产成本高昂，此时太阳能电池的市场规模仍相对较小，主要局限于航空航天、远程电力供应等领域。

太阳能电池技术在 20 世纪 80 年代取得了重要突破，其光电转换效率大幅提升。1985 年，硅太阳能电池的光电转换效率首次突破了 20%。在 20 世纪 90 年代至 21 世纪初，随着太阳能电池技术的逐渐成熟，太阳能电池生产成本逐渐降低，其经济性开始被市场接受。在欧美国家政府补贴和激励措施的促进下，太阳能电池的市场迅速拓展，开始出现大规模并网发电的光伏电站及屋顶光伏发电等应用。

21 世纪初以来，太阳能电池技术的进步和成本的持续下降，加上全球对可再生能源和降低碳排放的持续关注，推动了太阳能电池的更大规模商业化应用。2010 年以来，光伏产业取得了令人瞩目的增长，其年增长率维持在 10%～30% 之间。市场规模的扩大也推动了技术的革新，商用太阳能电池的光电转换效率不断提高，光伏组件的使用寿命不断延长，光伏系统的安装和维护成本也逐渐降低。至 2022 年，光伏发电的度电成本（Levelized Cost of Energy，LCOE）已经降低到 0.33 元/（kW·h），基本与火力发电持平，成为一种经济、清洁的能源形式，也成为了实现能源转型和碳中和的重要手段。未来，随着光伏技术的进一步发展和成本的进一步降低，光伏发电的应用前景将更加广阔。

1.2　太阳能电池的发展现状

1.2.1　太阳能电池的分类

太阳能电池根据吸光材料和电池结构，可以分成三代，即第一代晶体硅太阳能电池、第二代薄膜太阳能电池和第三代新型太阳能电池，每一代太阳能电池中的代表性类型如图 1-5 所示。

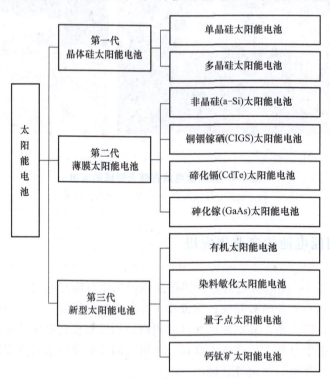

图 1-5　太阳能电池的分类

第一代太阳能电池以晶体硅太阳能电池为代表，是当前市场上最常见和成熟的太阳能电池类型。其中单晶硅太阳能电池具有光电转换效率高，稳定性好，使用年限长等优点，被广泛应用于光伏电站，道路照明系统等场景。多晶硅太阳能电池的光电转换效率与单晶硅太阳能电池相比存在一定差距，但其生产成本更低，仍有一定的发展空间。

第二代太阳能电池以薄膜太阳能电池为代表，与晶体硅太阳能电池相比，其吸光层更薄，材料成本更低。同时，薄膜太阳能电池可以制成柔性电池，具有轻质、柔软和便携等优点，便于安装和运输，适合用于建筑光伏一体化、车载光伏等应用。然而，薄膜太阳能电池的光电转换效率目前仍低于晶体硅太阳能电池，且一些材料含有对环境和人体健康有害的元素（如碲化镉太阳能电池中的镉）。随着技术的进步，薄膜太阳能电池的性能也在逐步提升，有望在未来开拓更广泛的应用场景。

第三代太阳能电池也称为新型太阳能电池，主要包括有机、染料敏化、量子点、钙钛矿和叠层太阳能电池等。这些太阳能电池相比传统的太阳能电池具有更高的光电转换效率，且生产成本更低，是光伏技术的重要发展方向，有望在未来的光伏市场中发挥重要作用。

1.2.2 太阳能电池的光电转换效率进展

晶体硅太阳能电池是当前技术最成熟、市场份额最大的一类太阳能电池。其中，单晶硅太阳能电池因其接近完美的晶体结构，具有较高的光电转换效率。在过去的几十年里，通过改进晶体生长技术、减少杂质缺陷以及优化电池结构，单晶硅太阳能电池的光电转换效率持续增长。在实验室条件下，单晶硅太阳能电池的最高光电转换效率已经达到 27.3%。在商业化产品中，单晶硅太阳能电池的光电转换效率通常在 22%~26% 之间。多晶硅太阳能电池也是常见的太阳能电池类型之一，其在制备过程中不需要提拉单晶，所以制造成本比单晶硅太阳能电池低，但由于多晶硅中存在晶界等缺陷，其光电转换效率要低于单晶硅太阳能电池，多晶硅太阳能电池的光电转换效率纪录为 23.3%，仍有一定提升空间。

薄膜太阳能电池虽然光电转换效率低于晶体硅太阳能电池，但其具有更轻便、更灵活的优势。随着技术的不断进步，薄膜太阳能电池的光电转换效率也在逐步提高。非晶硅太阳能电池的光电转换效率通常在 10%~12% 之间，在实验室条件下的光电转换效率可达到14.0%。铜铟镓硒太阳能电池目前的实验室光电转换效率可达到 23.6%，而商业化产品的光电转换效率通常在 15%~18% 之间。碲化镉太阳能电池在实验室条件下，光电转换效率已经达到 22.6%，商业化产品的光电转换效率通常在 13%~17% 之间。

新型太阳能电池在近年来受到许多研究人员的关注，其光电转换效率和稳定性也在不断提高。染料敏化太阳能电池在实验室条件下，其光电转换效率可达到 13%，但在实际应用中，还需进一步提高其稳定性和可靠性。有机太阳能电池和量子点太阳能电池在实验室条件下的光电转换效率可分别达到 19.2% 和 19.1%。钙钛矿太阳能电池发展迅速，仅用了十余年时间，其光电转换效率就从 3.8% 迅速提高到 26.7%，展现出巨大的发展前景。

叠层太阳能电池具有突破单结太阳能电池光电转换效率极限的巨大潜力，因此近年来成为光伏领域研究的新热点，并成为未来高效太阳能电池的重要发展方向之一。目前光电转换效率最高的叠层太阳能电池是Ⅲ-Ⅴ族多结叠层太阳能电池，其光电转换效率最高可以达到39.5%。钙钛矿太阳能电池的制备温度低，适合与多种太阳能电池结合制成叠层太阳能电池。晶体硅/钙钛矿叠层太阳能电池可以突破单结太阳能电池的光电转换效率极限，获得34.6% 的光电转换效率。此外，钙钛矿/钙钛矿、钙钛矿/有机、钙钛矿/铜铟镓硒等叠层太阳能电池的光电转换效率进展也十分迅速。

太阳能电池的光电转换效率进展可以从美国可再生能源国家实验室（National Renewable Energy Laboratory，NREL）定期更新的太阳能电池光电转换效率进展图（Best Research-Cell

6

Efficiency Chart）中获得，如图 1-6 所示。此外，各类太阳能电池的效率纪录也可以从定期发表的 Solar Cell EfficiencyTables 中获取。

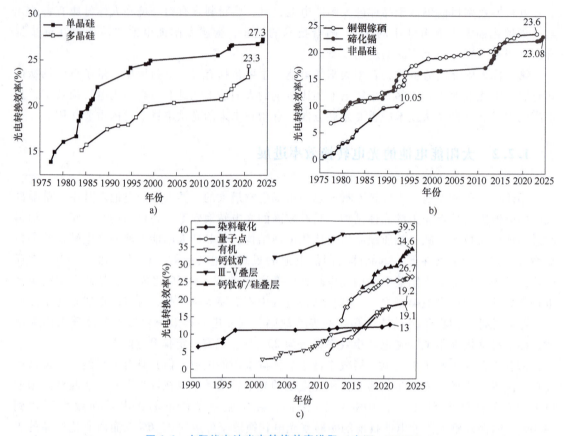

图 1-6　太阳能电池光电转换效率进展（来源：NREL）

1.2.3　太阳能电池产量与装机量

光伏发电作为清洁低碳的能源形式，在能源转型中发挥着日益重要的作用。随着太阳能电池生产成本的下降，其经济性和市场竞争力也大大提高，发展以光伏为代表的可再生能源逐渐成为全球共识。

进入 21 世纪以来，各国政府的激励政策促进了光伏市场的迅速增长。2004 年，光伏产业使用的硅原料数量首次超过了半导体产业。晶体硅太阳能电池的大量生产导致多晶硅料供应紧张，一度使硅料和太阳能电池价格上涨。2010 年前后，全球在光伏领域投资过剩，太阳能电池和光伏组件的产能增长过快，导致了供过于求，光伏组件价格下滑。总体而言，由于太阳能电池的规模化生产，累计产量提高了生产经验，整体降低了产业链成本，如图 1-7 所示，太阳能电池的累计产量每翻一倍，光伏组件价格就会下降 24%。技术成熟度的提高，使得太阳能电池和光伏组件价格大幅降低，为光伏发电的大规模应用提供了可能。

我国光伏产业通过多年的发展，太阳能电池光电转换效率大幅提升，成本不断降低，2020 年太阳能发电已基本实现平价上网，逐渐从政策驱动向市场驱动转变。利用全产业链的竞争优势，我国也成为全球清洁能源领域的重要力量。从供给端看，在硅料、硅片、太阳能电池片、光伏组件 4 个光伏生产的主要环节，截至 2023 年，我国占全球产能的比重分别达到 91.6%、98.1%、91.9% 和 84.6%。如图 1-8a 所示，2023 年我国太阳能电池产量达到 545GW，光伏行业总产值约 1.75 万亿元。从应用端看，我国连续十年光伏装机容量全球第一，光伏装机容量总计达 611GW，相当于 27 座三峡水电站的装机容量，光伏成为仅

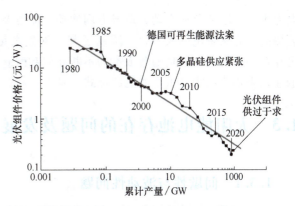

图 1-7 全球光伏组件价格随累计产量的变化

次于火电的全国第二大电源。如图 1-8b 所示，2023 年新增装机容量 216.88GW，同比增长 148%，占到全球当年新增装机容量的 63%。

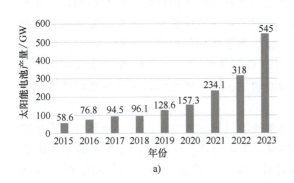

a)

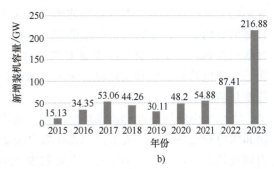

b)

图 1-8 我国太阳能电池历年产量和新增装机容量

a) 产量 b) 新增装机容量

虽然光伏电站并网装机容量增长迅速，但实际发电量与装机容量并不完全匹配，如图 1-9 所示。受到不同地区的季节性气候变化影响，东南沿海的光伏电站有效日照时长较短，影响了光伏电站的实际发电量。光伏发电具有间歇性和波动性问题，大量并网会导致其

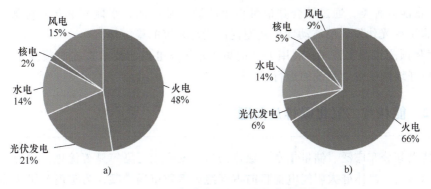

图 1-9 我国光伏发电装机容量与发电量占比

a) 装机容量占比 b) 发电量占比

电力生产不跟随负荷变动，造成电网波动，需要及时通过火电或储能系统调节功率，这些问题提高了光伏发电的成本，也限制了其并网发电量，造成"弃光"的现象。尽管光伏发电仍存在一些问题，但是随着成本的不断降低和配套智能电网与长时储能技术的发展，光伏发电在未来仍将成为最重要的能源形式，具有广阔的市场前景。

1.3 太阳能电池存在的问题及发展方向

1.3.1 间歇性与波动性问题

尽管光伏发电具有优于传统火力发电的先天优势，但在实际的商业化应用过程中，光伏发电的间歇性与波动性问题制约了其进一步发展。

光伏发电是一种依赖于太阳能的能源生产方式，影响其间歇性和波动性供电的因素有很多，其中最直接的因素为日照变化。日照受到天气、季节和地理位置等因素的影响，地球与太阳的相对位置变化会引起日照的季节性变化，太阳辐射与地球表面之间的角度变化会引起日照的日内变化，导致光伏电站的发电量存在明显的季节性变化和日内变化。乃至在更短的时间尺度内，由于云层和沙尘暴等局部气象条件，日照条件会产生分钟级或秒级变化。其次，光伏电站的规模和设计也会影响其间歇性和波动性。较小规模的光伏电站更容易受到天气变化的影响。

光伏发电的间歇性和波动性带来了一些不可忽视的问题，如电压波动、局部电力质量波动和供电稳定性问题。为了降低光伏发电波动性对供电系统的影响，电网需要具有更大的电力调度能力。例如，火力发电厂在光伏发电峰值时需要关停机组，而在光伏发电低谷（如夜间、阴雨天）时需要快速起动机组来填补发电量的缺口。电网中还需要建设大量的储能设施，在电力富余时储电，在电力不足时放电。因此，在大量使用光伏发电的电力系统中，电网的整体运营成本提高，降低了光伏发电的经济性。

针对光伏发电的间歇性和波动性问题，人们采取了多种措施来应对。

1）建立能源存储设施，利用能源存储技术（如蓄电池储能系统）来储存光伏发电的过剩能量，在需要时释放，平衡发电和负荷之间的差异。

2）丰富能源种类，通过结合其他可再生能源（如风能、水能）和传统能源（如煤炭、天然气）来平衡光伏发电的波动性，从而提高能源系统的稳定性。

3）优化预测和调度管理，利用天气预测和光伏发电预测技术来提前预测光伏发电的波动，从而更好地调度电力系统的运行。

1.3.2 能耗与二氧化碳排放问题

太阳能以其分布广泛、储量丰富、绿色清洁、安全无污染等显著优势，成为发展最快的可再生能源形式。晶体硅太阳能电池目前占据绝大多数市场份额，为实现节能减排目标，晶体硅太阳能电池制备过程中的能耗与二氧化碳排放问题不可忽视。

晶体硅太阳能电池的制备包括硅材料提取、精炼、晶体生长、切割、电池片制备和组件制备等多个工艺环节，具体流程如图1-10所示。太阳能电池生产的能源消耗主要集中在硅材料提取、精炼、晶体生长和电池片制备等环节。这些环节需要消耗大量电力和燃料。其中，硅材料提取和精炼是耗能最高的环节，硅材料精炼需要使用电弧炉或高温熔炼炉。2023年，多晶硅材料精炼的平均综合耗电量约为 57kW·h/kg。单晶硅和电池片的制备同样需要消耗大量能源，熔炼、加工、涂覆和烧结等工艺过程也需要能量投入。单晶硅拉棒的平均耗电量约为 23.4kW·h/kg。

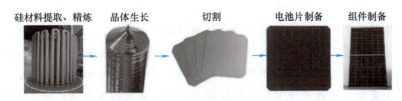

图1-10　晶体硅太阳能电池生产流程

能量回收时间（Energy Payback Time，EPT）是衡量太阳能电池经济效益，评估太阳能电池系统环境可持续性的重要指标。能量回收时间等于光伏发电系统全生命周期的总能耗除以光伏发电系统每年的发电量。光伏发电系统全生命周期的总能耗取决于生产制造的技术水平和运行管理能力，光伏发电系统的发电量则取决于系统的配置、安装位置与方式、当地太阳能资源情况、运维水平等。在高日照条件下，能耗较低的多晶硅光伏发电系统的能量回收时间约0.9年。在低日照条件下，单晶硅光伏发电系统的能量回收时间长达2.8年。

伴随着晶体硅太阳能电池制备过程中的能源消耗，其造成的二氧化碳等温室气体的排放问题越来越受到关注。制备晶体硅太阳能电池需要大量的电力，若这些电力由煤炭、燃气或其他化石燃料电站提供，则发电过程中会产生大量二氧化碳排放。若采用更为清洁的水电或可再生能源，二氧化碳排放量将会减少。据测算，280MW的光伏发电系统中，从多晶硅材料到工业硅，再到硅锭、硅片的生产过程中，二氧化碳排放量总计约为 $5.62×10^8$kg，相当于1W对应2kg二氧化碳排放。同时，辅助生产环节的二氧化碳排放也不容忽视，包括硅原料开采加工，电池片制备过程中使用的化学品的生产和运输（如硅片表面涂层所需的溶液、清洗剂等），电池片制备所需的设备的制造和维护（如熔炼炉、薄膜沉积设备等），以及电池片制备过程中产生的一些废弃物和废水的收集和处理。

1.3.3　晶体硅太阳能电池的降本与减排

晶体硅太阳能电池的降本与减排可以提高光伏产业的竞争力，减少对环境的负面影响，推动清洁能源产业的发展，最终实现可持续发展。

为实现降本与减排的目标，相关工业领域采取了一系列措施和手段。技术创新是首要的发展动力，新材料、新工艺和新技术的研发，提高了晶体硅太阳能电池的光电转换效率和生产率，从而降低生产成本。多晶硅是硅产品产业链中一个非常重要的中间产品，改良西门子法在传统西门子法的基础上，增加了还原尾气干法回收系统和四氯化硅氢化工艺，实现了闭路循环，大大降低了多晶硅的生产成本和污染。硅片生产的相关环节也是晶体硅太阳能电池成本的重要来源，随着切片技术的发展，硅片制造成本逐渐降低。金刚线母线直径及研磨介质粒度同硅片切割质量及切削损耗量相关，较细的线径和介质粒度有利于降低切削损耗和生

10

产成本。2023 年，用于单晶硅片的高碳钢丝母线直径为 $36\mu m$，完全满足薄片化的需要，有利于降低切削损耗和生产成本，同时基本不影响碎片率。P 型单晶硅片的平均厚度已经减薄至 $150\mu m$ 左右。随着金刚线母线直径的减小及硅片厚度的下降，等径方棒每千克出片量将增加，从而降低硅片生产成本。晶体硅太阳能电池产业中银原料（银浆）的消耗也是一大成本来源。银浆分为高温银浆和低温银浆两种。P 型电池和 TOPCon 电池使用高温银浆，异质结电池使用低温银浆。目前主要通过多主栅技术及减小栅线宽度来减少银浆消耗量。

此外，晶体硅太阳能电池产业积极顺应低碳减排生产趋势，优化能源利用，积极推广可再生能源应用，以降低二氧化碳排放量并提升环境友好性。循环经济的理念也被广泛采纳，如循环利用原材料、高效处理废物和资源回收利用，以减少对环境的不良影响。在国际上加强合作，推动制定相关行业的环保标准和政策，促进行业可持续发展。这些措施共同推动了晶体硅太阳能电池产业的转型升级，实现了生产率和环保效益的双赢。

晶体硅太阳能电池组件的回收再利用是降本减排的重要举措。晶体硅太阳能电池组件结构如图 1-11 所示，晶体硅作为太阳能电池的重要组成部分，可以通过回收再利用来制造新的太阳能电池，金属导线和铝框架等也可以回收再利用。但仍有一些材料难以回收再利用，如硅片表面涂层在回收过程中可能难以分离，一些电池背板在回收处理工艺中可能会损坏。因此，业界采用优化电池结构的策略来提高晶体硅太阳能电池组件回收再利用的比例，如模块化太阳能电池组件的设计使得不同部件之间能够相对独立地拆卸和组装，这种设计能够便于在回收过程中对各个部件进行分离处理，从而提高回收效率。此外，标准化的连接方式和组件尺寸，使得不同厂家生产的晶体硅太阳能电池组件可以互换使用，便于在回收过程中进行统一处理。这些设计策略相互补充，共同为提高晶体硅太阳能电池组件的回收再利用率提供了技术和经济基础。

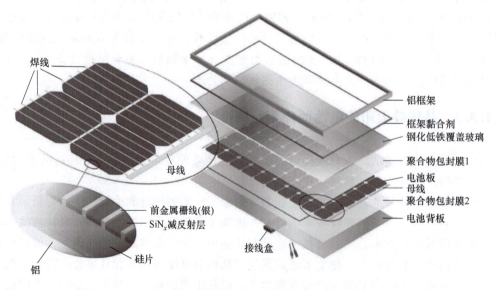

图 1-11 晶体硅太阳能电池组件结构

1.3.4 印刷太阳能电池

印刷太阳能电池是一种利用印刷技术制造的太阳能电池。印刷太阳能电池通常由导电墨水、光敏材料和基底材料等组成。

印刷太阳能电池制备技术多种多样，其中喷墨打印、丝网印刷、滚筒印刷和刮刀涂布等技术均得到了广泛研究，印刷太阳能电池的制备技术如图 1-12 所示。

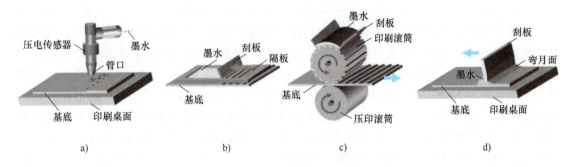

图 1-12 印刷太阳能电池的制备技术
a）喷墨打印 b）丝网印刷 c）滚筒印刷 d）刮刀涂布

印刷太阳能电池具有许多优势，也是可再生能源领域中备受关注的技术之一。印刷太阳能电池具有低成本的优点，其所需的设备和材料成本相对较低，因此对传统的晶体硅太阳能电池来说，印刷太阳能电池更具成本优势，有利于满足日益增长的能源需求。印刷太阳能电池还具有高度的可扩展性，其印刷技术可以轻松扩展到大面积的场合，实现大规模生产。而且这种可扩展性使得印刷太阳能电池适用于各种规模的应用。印刷太阳能电池可以在柔性的基底上制造，这使得它们可以应用在各种不同形状和表面的设备与结构中，包括建筑物外墙、车辆表面等。印刷技术可实现快速、定制化生产，这使得印刷太阳能电池能够快速适应不同市场和应用的需求。

印刷太阳能电池作为一种新兴技术，正逐步展现出独特的发展潜力。印刷材料的更新也有利于印刷太阳能电池的迭代，即探索和开发电导率高、光吸收率高和稳定性良好的新型印刷材料，可提高印刷太阳能电池的性能，例如，钙钛矿材料凭借自身优异的光电性能促进了印刷太阳能电池的发展。新型柔性、轻薄、透明的基底材料，使印刷太阳能电池更加轻便，易于安装和应用。高精度印刷技术可提高印刷的分辨率和精度，实现更高效率的生产。纳米级印刷技术可实现对印刷太阳能电池结构的精细控制，提高电池的性能和稳定性。智能化生产是现代化工厂生产的重要方式，而智能化生产工艺链也是印刷太阳能电池的发展优势，通过建立智能化、自动化的生产线，并结合大数据和人工智能技术，可以实现对印刷太阳能电池生产过程的数据监控、分析和优化，提高生产率和质量，降低人工成本，提高产品的均一性。

印刷太阳能电池仍面临一些问题，其中制造一种具有合适黏性、浸润性、长期稳定性且绿色环保的导电墨水是最大的挑战之一。印刷太阳能电池需要具备良好的均匀性，以保证每个电池单元的性能一致。导电墨水的黏性和浸润性在很大程度上影响着印刷太阳能电池的均匀性，墨水黏性过大，甚至可能导致喷头堵塞。因此在技术层面上，需要优化打印参数，合理调控喷头电压、液滴间距、印刷分辨率和基底材料加热温度。导电墨水由于溶解度的差异，理想的溶剂体系各有不同，在溶剂选择上，需要同时兼顾导电墨水的黏性、稳定性和环保性等多个方面。因此，印刷技术仍需要进一步发展，使其更好地应用于印刷太阳能电池领域。

1.3.5 柔性太阳能电池

柔性太阳能电池是薄膜太阳能电池的一种，其成本低廉，性能优越，用途广泛，技术先进，是光伏行业不可或缺的重要组成部分。2022 年，全球柔性太阳能电池市场规模为 2400 万美元，根据研究，预计到 2031 年全球柔性太阳能电池市场规模将达到 3940 万美元，预期复合年增长率为 5%。柔性太阳能电池的生命周期中，二氧化碳排放量比传统的晶体硅太阳能电池要低，仅为 $20 \sim 50 g/kW \cdot h$。这主要是因为柔性太阳能电池在制造过程中使用的材料更少，生产过程更加简化，并且柔性太阳能电池通常更轻便，因此在运输过程中产生的二氧化碳排放量也会相对较少。柔性太阳能电池的应用场合非常广泛，可以应用于太阳能背包、太阳能帐篷、太阳能手电筒、太阳能汽车和太阳能帆船等。图 1-13a 所示为太阳能背包；图 1-13b 所示为柔性太阳能电池集成瓦片，可用于实现光伏建筑一体化。

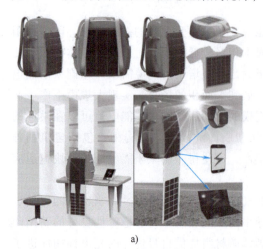
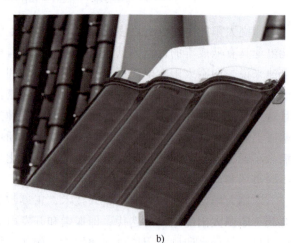

a)　　　　　　　　　　　　　　　　b)

图 1-13　柔性太阳能电池的应用

a）太阳能背包　b）柔性太阳能电池集成瓦片

柔性太阳能电池材质柔软轻薄，可以装配于各种曲面上，实现各种新颖的应用，其基底采用塑料或金属箔，使柔性太阳能电池的质量很轻，其质量功率比可达到数百乃至数千瓦每千克。柔性太阳能电池尺寸灵活，使用卷对卷工艺可以生产任意大小的柔性太阳能电池。柔性太阳能电池安全环保，与传统的晶体硅或者其他类型的薄膜太阳能电池不同，它不使用易碎的玻璃作为基底，因此其耐冲击振动，更安全，更轻便。柔性太阳能电池原料来源充沛，成本低廉，生产工艺可以不需要高温或真空条件，因此成本相对较低，平均价格在 0.3 ~ 0.7 美元/W（峰值功率），能量回收时间是传统太阳能电池的 1/5 ~ 1/3。

柔性太阳能电池大致可以分为无机柔性太阳能电池、有机柔性太阳能电池、染料敏化柔性太阳能电池和钙钛矿柔性太阳能电池等。其中无机柔性太阳能电池又可分为非晶硅柔性太阳能电池，铜铟镓硒（CIGS）柔性太阳能电池和碲化镉（CdTe）柔性太阳能电池。各种柔性太阳能电池实物如图 1-14 所示。

图 1-14 柔性太阳能电池实物图

a）非晶硅柔性太阳能电池 b）GIGS 柔性太阳能电池 c）CdTe 柔性太阳能电池
d）有机柔性太阳能电池 e）钙钛矿柔性太阳能电池

非晶硅柔性太阳能电池的厚度是晶体硅太阳能电池的 1/300，可以进一步降低原材料成本。非晶硅柔性太阳能电池的一个重要突破是 1997 年提出的三结叠层电池结构，该结构提高了光电转换效率和稳定性，稳定后的光电转换效率达到 8.0%~8.5%。美国 United Solar 公司是最早研究不锈钢基底非晶硅柔性太阳能电池的公司，该公司于 2002 年建立了生产线，其产品的孔径效率为 8.2%，制备出的 a-Si：H/SiGe：H/nc-Si：H 三结叠层电池初始光电转换效率为 16.3%，是当时光电转换效率最高的非晶硅柔性太阳能电池。

经过多年的发展，CIGS 柔性太阳能电池已经具备大规模产业化的基础条件。效率极限高和良好的稳定性是 CIGS 柔性太阳能电池的优点，但 CIGS 柔性太阳能电池最关键的吸收层的制备，仍需要攻克一些技术难关，目前研究最广泛的是共蒸发法和溅射后硒化法，另外通过本征缺陷、掺杂和错配等方法对吸收层进行调控，也是提升 CIGS 柔性太阳能电池性能的有效途径。近年来，相关制备工艺不断创新，取得了很多进展，光电转换效率和规模化效率逐步提升。2023 年，我国 CIGS 柔性太阳能电池片（孔径面积 ≥1cm^2）的实验室最高光电转换效率为 22.3%，CIGS 柔性太阳能电池组件（孔径面积 ≥0.5 m^2）最高光电转换效率为 18.6%，量产平均光电转换效率为 16.3%。

CdTe 柔性太阳能电池的光电转换效率受高温影响程度小，且在弱光条件下，相同额定功率的 CdTe 柔性太阳能电池的输出功率高于晶体硅太阳能电池。CdTe 柔性太阳能电池具有应用优势，其生产主要采用近空间升华（CSS）和气相传输沉淀（VTD）两种方法。2023 年，我国小面积 CdTe 柔性太阳能电池（面积 ≥0.5cm^2）的实验室最高光电转换效率约为 20.6%。CdTe 柔性太阳能电池组件（面积 ≥0.72m^2）量产最高光电转换效率为 17.3%，量产平均光电转换效率为 15.8%。

有机柔性太阳能电池由于具有柔性、轻质、超薄、无毒、颜色可调及可高通量大面积印刷制备等优点一直备受关注，但目前大面积有机柔性太阳能电池的光电转换效率与小面积刚性有机太阳能电池之间还存在着很大差距，基于塑料基底制备的柔性透明电极在面电阻、透光率、可加工性以及稳定性等方面也受到极大限制。同时，目前的涂布技术难以精确掌控有机薄膜的厚度，不利于有机柔性太阳能电池向大面积生产和产业化发展。

钙钛矿柔性太阳能电池由于制备工艺简单、原材料成本低廉，极具商业化潜力，成为近年来太阳能电池领域的研究热点。在钙钛矿柔性太阳能电池的制造中，主要采用聚合物和金属箔两种类型的柔性基底，高质量的柔性基底需要兼顾优异的光学特性和稳定的物理化学耐性，并保持柔性特质。虽然钙钛矿柔性太阳能电池在最近几年取得了重大进展，但光电转换效率仍然落后于刚性太阳能电池。除了柔性基底，包括吸收层、电子传输层（ETL）、空穴传输层（HTL）和柔性界面在内的功能层对于改善柔性太阳能电池性能也起着不可或缺的作用。近期，国内外一些团队在提升各功能层性能、界面弯曲稳定性，以及开发薄且兼容柔性的复合层方面取得了一定进展。

1.3.6 建筑光伏一体化

太阳能电池可以安装在空地上，建成光伏电站，以较密集的方式发电，也可以和建筑物结合，实现建筑光伏一体化（Building-integrated Photovoltaics，BIPV）。建筑光伏一体化是指将太阳能电池与建筑物结构集成在一起，从而使建筑物本身具备发电能力。这种一体化的设计既可以提供建筑物所需的电力，又可以实现建筑物节能、环保和美观等目标。

建筑光伏一体化的形式有很多，如屋顶光伏一体化（Roof-integrated PV）、墙面光伏一体化（Wall-integrated PV）和光伏玻璃幕墙（PV Facade）等。在建筑物的屋顶安装太阳能电池板，是最常见的一种建筑光伏一体化形式。此外，太阳能电池板还可用作遮阳板和屋檐，兼具遮阳、挡雨和发电的功能。将太阳能电池板安装在建筑物的外立面上，既可以装饰建筑外立面，又使得建筑外立面具备发电能力。光伏材料还可以制成半透明的光伏玻璃幕墙，集成到建筑物的窗户上，使窗户在透光的同时具备发电功能。

实施建筑光伏一体化，除了可以获取电力和体现环保意识，还有美化建筑的功能。柔性太阳能电池可以直接安装到屋顶上，不需要框架和支架，减少了安装成本。例如，比利时某工厂屋顶上采用了非晶硅柔性太阳能电池，输出功率为136kW，单块电池长5.5m、宽0.39m、厚4mm，质量只有7.7kg，使用寿命20年。在纽约某公寓的车库屋顶上，安装的晶体硅太阳能电池更像是一件艺术品，太阳能电池被固定在靛蓝色的金属框架中，并配以花岗岩底座。太阳能电池经过艺术包装后，大大增加了其附加值。建筑光伏一体化如图1-15所示。

还有一个建筑光伏一体化的典型案例是曼彻斯特的CIS大楼，如图1-16a所示，它具有几十年的历史，大楼外墙的瓷砖已经逐渐脱落，墙体的混凝土层暴露在外。2010年左右，人们在这幢25层、120m高的建筑外墙上，安装了7000个太阳能电池。在改造之后，深蓝色的晶体硅太阳能电池使建筑更有现代感，且能够起到防水、防潮的作用，并提供了建筑所需的30%的电力。CIGS太阳能电池采用玻璃基底，可以取代传统的天然石材或不锈钢材料，减少了建筑的建造成本。德国Ulm的小麦筒仓如图1-16b所示，其在高102m的墙面上安装了1300片CIGS太阳能电池组件作为光伏玻璃幕墙，总功率达98kW。每年这个太阳能系统

图 1-15 建筑光伏一体化

a) b)

图 1-16 建筑光伏一体化的典型案例

a）CIS 大楼 b）德国 Ulm 的小麦筒仓

发电 70000kW·h，减少了 50t 的二氧化碳排放。

染料敏化太阳能电池的颜色和透明度可以根据需要进行变换，在建筑光伏一体化中应用广泛，适合集成于窗户、墙面和屋顶，特别适合光伏玻璃幕墙的应用。塑料基底的染料敏化柔性太阳能电池可以和各种形状、各种材质的建筑部位无缝集成。玻璃基底的染料敏化太阳能电池，可以用作光伏玻璃幕墙。瑞士技术会议中心的玻璃幕墙是光伏玻璃幕墙的代表，如图 1-17 所示，各色染料敏化太阳能电池不仅可以为该中心提供电力，更增加了建筑的艺术价值。

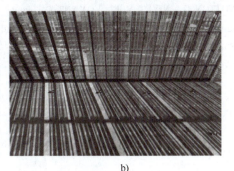

a) b)

图 1-17 瑞士技术会议中心的光伏玻璃幕墙

a）会议中心外景 b）光伏玻璃幕墙

16

思 考 题

1. 太阳能电池具有哪些优势和劣势?
2. 人造卫星为什么需要太阳能电池供电?
3. 太阳能电池根据材料不同可以分为哪几类?
4. 近年来光伏发电成本下降的原因有哪些?
5. 太阳能电池的应用目前还存在哪些问题?
6. 太阳能电池具有潜力的发展方向有哪些?

参 考 文 献

[1] BALLIF C, HAUG F J, BOCCARD M, et al. Status and perspectives of crystalline silicon photovoltaics in research and industry [J]. Nature Reviews Materials, 2022, 7 (8): 597-616.

[2] IRENA. 2022 年可再生能源发电成本 [Z]. 2023.

[3] 刘臣辉, 詹晓燕, 范海燕, 等. 多晶硅-光伏系统碳排放环节分析 [J]. 太阳能学报, 2012, 33 (7): 1158-1163.

[4] HEATH G A, SILVERMAN T J, KEMPE M, et al. Research and development priorities for silicon photovoltaic module recycling to support a circular economy [J]. Nature Energy, 2020, 5: 502-510.

[5] YANG D, YANG R X, PRIYA S, et al. Recent advances in flexible perovskite solar cells: fabrication and applications [J]. Angewandte Chemie, 2019, 58 (14): 4466-4483.

[6] 17. 44%! 大面积柔性 CIGS 组件效率最新世界纪录诞生 [EB/OL] [2019-07-11]. https://news.solarbe.com/201907/11/310429.html.

[7] GREGG A, BLIEDEN R, CHANG A, et al. Performance Analysis of Large Scale, Amorphous Silicon Photovoltaic Power Systems [C] //31st of Electrical and Electronics Engineers, Photovoltaic Specialist Conference and Exhibition. New York: IEEE, 2005.

[8] RAMANUJAM J, BISHOP D M, TODOROV T K, et al. Flexible CIGS, CdTe and a-Si-H based thin film solar cells: a review [J]. Progress in Materials Science, 2020, 110: 100619.

[9] SHEFALI J, POOJA S. Chemical route synthesis and properties of CZTS nanocrystals for sustainable photovoltaics [M]. Boca Raton: CRC Press, 2021.

[10] LI S, LI Z, WAN X, et al. Recent progress in flexible organic solar cells [J]. eScience, 2023, 1: 14-25.

[11] 田政卿, 张勇, 刘向, 等. 光伏电站建设对陆地生态环境的影响: 研究进展与展望 [J]. 环境科学, 2024, 45 (1): 239-247.

[12] NOTTON G, NIVET M L, VOYANT C, et al. Intermittent and stochastic character of renewable energy sources: Consequences, cost of intermittence and benefit of forecasting [J]. Renewable and Sustainable Energy Reviews, 2018, 87: 96-105.

第 2 章
太阳辐射与太阳能

太阳能电池的工作依靠光与半导体的相互作用。理解光的特性，尤其是光子能量与光的波长的关系，是理解太阳能电池工作原理的基础。太阳是地球表面能量的主要来源，它可被视为一个持续向外发射能量的高温球体，太阳的光谱主要由太阳表面的温度决定。到达地表的太阳辐射受到地球大气散射和吸收的影响，同时还受到地日相对运动的影响，呈现昼夜交替和季节性，这些因素共同影响了太阳能电池对外发电的能力。通过本章的学习，可以了解光的波粒二象性、不同自然和人造光源的光谱特征、太阳辐射的时间和空间分布规律，以及不同地区的太阳能开发潜力。

2.1 光的基本性质

2.1.1 光的波粒二象性

19 世纪初，托马斯·杨（Thomas Young）、弗朗索瓦·阿拉戈（Francois Arago）和奥古斯丁·让·菲涅耳（Augustin Jean Fresnel）的实验显示了光的干涉效应，这表明光具有波的性质。到 19 世纪 60 年代末，光已被视为电磁波谱的一部分。然而在 19 世纪末，测量高温物体发射光谱的实验却无法用光的波动方程来解释，光的波动性与实验结果产生了矛盾。普朗克在 1900 年和 1905 年的工作解决了这一矛盾，他提出光的能量是由不能无限分割的能量单元（或能量的量子）组成的。爱因斯坦在研究光电效应时，预测了这些能量单元的能量值。基于这些工作，光被视为由能量包或粒子组成，即光子。这就是光的粒子性。

量子力学解释了光的波动性和粒子性的观测结果。在量子力学中，光子和电子、质子等所有其他粒子一样，最准确的描述为"波包"。波包即波的集合，它可以在空间中局部出现，类似于由无限数量的正弦波叠加产生方波，也可以简单地以交替的波的形式出现。在波包于空间中局部化的情况下，可以充当粒子。因此，根据情况不同，光子可能以波或粒子的形式出现，这被称为光的"波粒二象性"。

2.1.2　光的波长与可见光光谱

光子的特征是由光子的能量（E）和光的波长（λ）来定义的，二者之间存在反比关系，即

$$E = \frac{hc}{\lambda} \tag{2-1}$$

式中，h 为普朗克常数，$h = 6.626 \times 10^{-34}\text{J} \cdot \text{s}$；$c$ 为真空中的光速，$c = 2.998 \times 10^{8}\text{m/s}$。

由式（2-1）可知，由高能光子组成的光（如蓝光）具有较短的波长。由低能光子组成的光（如红光）具有较长的波长。如图 2-1 所示，人类肉眼的可见光波长在 $400 \sim 780\text{nm}$ 之间。不同颜色光子对应的波长范围见表 2-1。

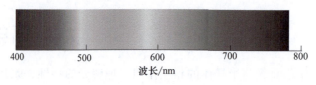

波长/nm

图 2-1　可见光波长

表 2-1　不同颜色光子对应的波长范围

波长范围	颜色范围	波长范围	颜色范围
$622 \sim 780\text{nm}$	红	$492 \sim 577\text{nm}$	绿
$597 \sim 622\text{nm}$	橙	$455 \sim 492\text{nm}$	蓝、靛
$577 \sim 597\text{nm}$	黄	$400 \sim 455\text{nm}$	紫

2.2　光源的光谱特性

2.2.1　黑体辐射光谱

许多常见的光源，包括太阳和白炽灯，在发光时都可以近似认为是黑体辐射。黑体具有吸收所有入射到其表面的辐射的特征。黑体同时也向外发射辐射，黑体对外发射的光谱辐照度与其温度相关，可由普朗克辐射公式计算得到，即

$$F(\lambda) = \frac{2\pi hc^2}{\lambda^5 \left[\exp\left(\dfrac{hc}{k\lambda T} \right) - 1 \right]} \tag{2-2}$$

式中，λ 为光的波长，单位为 m；T 为黑体的热力学温度，单位为 K；F 为光谱辐照度，单位为 W/（$\text{m}^2 \cdot \text{nm}$）；$h$ 为普朗克常数；c 为光速；k 为玻尔兹曼常数。

黑体的总功率密度是通过对所有波长上的光的辐照度进行积分来确定的，积分结果为

$$H = \sigma T^4 \tag{2-3}$$

式中，σ 为 Stefan-Boltzmann 常数，其数值为 5.67×10^{-8} W/（$\text{m}^2 \cdot \text{K}^4$）；$T$ 为黑体的热力学温

度，单位为 K。

黑体辐射的另一个重要参数是光谱辐照度的峰值波长。光谱辐照度的峰值波长是通过对光谱辐照度进行微分，求解导数等于 0 时来确定的，其结果被称为维恩定律，即

$$\lambda_{\mathrm{p}} = \frac{2900}{T} \qquad (2\text{-}4)$$

式中，λ_{p} 为光谱辐照度的峰值波长，单位为 $\mu \mathrm{m}$；T 为黑体的热力学温度，单位为 K。

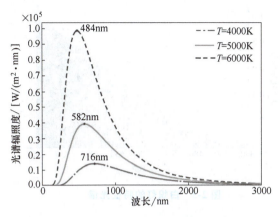

图 2-2　不同温度的黑体辐射曲线

如图 2-2 所示，温度升高会使黑体辐射的总功率密度显著增加，并且发射峰值会向更短的波长移动。

2.2.2　太阳辐射

太阳辐照度是太阳照射到物体表面的单位面积的功率密度。在太阳表面，功率密度大约是 6000K 下黑体的功率密度，来自太阳的总功率是这个值乘以太阳的表面积。在距离太阳一定远的地方，来自太阳的总功率被分布在更大的面积之上。因此，随着物体离太阳的距离越远，物体表面接收到的太阳辐照度越低。

地球大气层外的太阳辐射可使用太阳表面的功率密度（$5.961 \times 10^{7} \mathrm{W/m^2}$）、太阳半径（$R_{\mathrm{sun}}$）和地球与太阳之间的距离来计算。计算出的地球大气层外的太阳辐照度约为 $1.36 \mathrm{kW/m^2}$。除了辐照度减弱，太阳辐射在地球大气层外的光谱仍接近于 6000K 黑体辐射的光谱。

2.2.3　人造光源光谱

人类已发明了多种人造光源，以便在夜晚等条件下提供照明。常见的人造光源有白炽灯、荧光灯、LED 灯和氙灯。由于不同光源的发光机制不同，其具有不同的光谱特征。

白炽灯使用电流加热钨灯丝到红热状态来发光，其发光原理与黑体辐射相同，光谱为连续谱，但由于钨的熔点低于 3700 K，所以白炽灯辐射的峰值波长远低于 6000K 的太阳辐射，其辐射中包含大量红外线（>80%）和少量可见光，照明的效率较低。图 2-3 所示为白炽灯的特征光谱，其辐照度在可见光区由短波到长波强度逐渐增强。因此，白炽灯光通常呈橙黄色。

荧光灯利用灯管内低压汞蒸气在通电时释放的紫外线，使灯管壁上的荧光粉发出可见光。荧光灯含有三种荧光粉，分别发出红、绿、蓝三种颜色的光。其中氧化钇荧光粉发出红光，峰值波长为 611nm。多铝酸镁荧光粉发出绿光，峰值波长为 541nm。多铝酸镁钡荧光粉发出蓝光，峰值波长为 450nm。荧光灯的特征光谱如图 2-4 所示，光谱中 611nm、541nm 和 450nm 的三个峰分别对应三种荧光粉的发射峰。荧光灯的特征光谱包含肉眼感光的三原色，

因此可以产生白光的效果。由于几乎不含不可见的红外线，荧光灯的发光效率高于白炽灯。

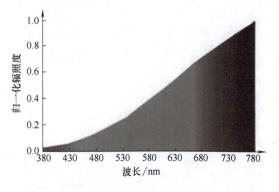

图 2-3　白炽灯的特征光谱

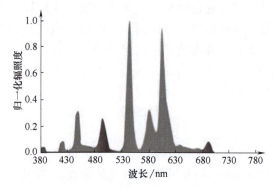

图 2-4　荧光灯的特征光谱

　　LED 即发光二极管，它是一种将电能转化为光能的半导体器件。不同带隙的半导体可直接发出不同颜色的光。照明用的白光 LED 灯由氮化镓 LED 和黄色荧光粉组成。氮化镓 LED 发出蓝光（465nm），荧光粉吸收蓝光后发出黄光，两者混合即得到白光。LED 灯的特征光谱如图 2-5 所示，其中辐照度高且较窄的峰为氮化镓 LED 发出的蓝光，辐照度低且较宽的峰为荧光粉发出的光。

　　氙灯是一种高压气体放电灯。它通过在石英玻璃管内填充氙气，然后使用增压器将 12V 电源瞬时提高到 20000V 以上。在高电压下，氙气会被电离，并在电源两极之间发光。氙灯没有灯丝，而是利用两电极之间的放电气体产生的电弧来发光，因此光源温度可以更高，色温与太阳光相似。氙灯的特征光谱如图 2-6 所示，光谱中含有较多的绿色与蓝色成分。

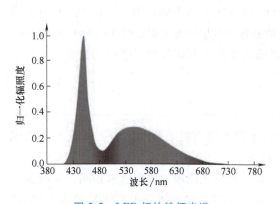

图 2-5　LED 灯的特征光谱

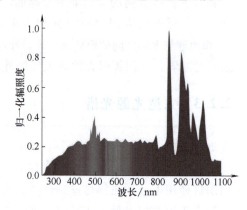

图 2-6　氙灯的特征光谱

2.3　大气吸收与太阳光谱

2.3.1　光在大气中的吸收与散射

　　当太阳辐射穿过大气层时，大气层中的气体、灰尘和气溶胶会吸收入射的太阳光。大气中的特定气体，如臭氧（O_3）、二氧化碳（CO_2）和水蒸气（H_2O），对光子能量接近其分子键能的光具有非常高的吸收率。这种大气吸收会在通过大气层的太阳辐射光谱曲线中产生较强的吸收带。例如，波长在2000nm以上的大部分远红外线会被水蒸气和二氧化碳吸收，而波长在300nm以下的大部分紫外线会被臭氧吸收。

虽然大气中特定气体的吸收会改变地表太阳辐射的光谱特征，但它们对太阳辐射功率的影响相对较小。空气分子和灰尘对光的吸收和散射是减少太阳辐射功率的主要因素。这种吸收和散射过程不会在光谱曲线中产生吸收带，而是会导致辐照度的整体降低，辐照度降低的大小取决于太阳辐射穿过大气层的路径长度。当太阳在头顶时，大气的吸收导致可见光在全光谱中相对均匀地减少，因此太阳光看起来是白色的。然而对于较长的大气吸收路径，更高能量的光会被更有效地吸收和散射。因此在早上和晚上，太阳光看起来比中午更红，辐照度也更低。

太阳光在穿过大气层时会被吸收，同时也会被散射。太阳光在大气层中散射的机制之一被称为瑞利散射，它是由大气层中的气体分子引起的。短波长光的瑞利散射效应更强，因为散射光强与λ^{-4}有关。除瑞利散射外，气溶胶和尘埃颗粒也会对入射光的散射产生影响，这被称为米氏散射。

散射光是无方向的，它看似来自天空的任何区域，因此又被称为漫射光。因为散射光主要是短波长的蓝色光，所以太阳所在区域以外的天空看起来是蓝色的。假如没有大气散射，例如在月球上，天空将呈现完全的黑色，此时太阳将呈现为一个圆盘光源。在晴朗的天气里，大约10%的入射太阳光会被散射。

2.3.2　大气质量

大气质量（Air Mass，AM）是指光穿过大气层的路径长度与光垂直入射穿过大气层的路径长度的比值。大气质量量化了光穿过大气层并被空气和灰尘吸收及散射导致功率减少的程度。太阳辐射经过的大气质量的计算公式为

$$AM = \frac{1}{\cos\theta} \qquad (2\text{-}5)$$

大气质量示意图如图2-7所示，其中θ是实际路径与垂直方向的夹角。当太阳在大气层正上方时，大气质量为1。

大气质量也可使用物体高度h和影子长度s计算得到，即

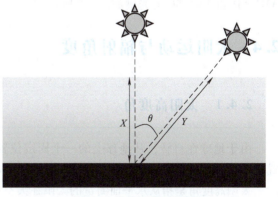

图2-7　大气质量示意图

$$AM = \sqrt{1 + \left(\frac{s}{h}\right)^2} \qquad (2\text{-}6)$$

以上对大气质量的计算均假设大气层是平坦的水平层，但由于地球是球形的，大气层实际上是弯曲的壳层。当太阳接近地平线时，太阳光实际通过的大气质量要小于利用式（2-5）和式（2-6）计算得到的大气质量值。例如日出时，太阳与地面垂直方向的夹角为90°，计

算得到的大气质量是无限大的，这显然不符合实际。一个更精确的考虑了地球曲率的大气质量计算公式为

$$AM = \frac{1}{\cos\theta + 0.50572(90.07995 - \theta)^{-1.6364}}$$ （2-7）

2.3.3 标准太阳光谱

太阳能电池的效率对入射太阳光的功率和光谱的变化都很敏感。为了便于在不同时间和地点测量太阳能电池的性能并进行比较，需要规定地球大气层外和地球表面太阳辐射的标准光谱和辐照度。

因为太阳辐射未穿过大气层，所以地球大气层外的太阳光谱被称为 AM0 光谱，其辐照度为 1367W/m^2。AM0 光谱通常被用于测量和预测太阳能电池在太空中的输出功率。地球表面的标准光谱通常采用 AM1.5D（仅包含直接辐射）或 AM1.5G（包含直接辐射和散射辐射）。AM1.5D 的辐照度比 AM0 减少约 28%（18% 源于大气吸收，10% 源于大气散射）。AM1.5G 的辐照度比 AM1.5D 高约 10%（源于大气散射）。由此可得 AM1.5G 的标准辐照度约为 970W/m^2。由于入射太阳辐射一直在变化，且实际应用时取整数更为方便，AM1.5G 标准光谱的辐照度被规定为 1000W/m^2。AM0、AM1.5D 和 AM1.5G 的光谱如图 2-8 所示。

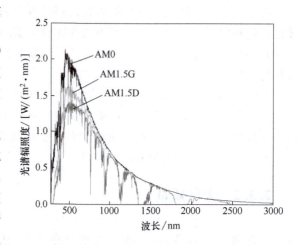

图 2-8　AM0、AM1.5D 和 AM1.5G 的光谱

2.4　太阳运动与辐射角度

2.4.1　太阳高度角

由于地球在自转，从地球上的一个固定位置看去，太阳会在天空中移动，因此太阳的位置取决于地球上观测点的位置、一天中的时间和一年中的时间。

太阳高度角是指从水平面测量的太阳在天空中的高度角 α，如图 2-9 所示。日出时的太阳高度角为 0°，太阳直射头顶时的太阳高度角为 90°（如春分和秋分时赤道上的太阳高度角）。

光伏发电系统设计中的一个重要参数是最大太阳高度角，即一年中特定时间太阳在天空中的最大高度角。最大太阳高度角出现在正午，取决于纬度和赤纬角，如图 2-10 所示。

最大太阳高度角（$\alpha_{\max}$）的计算公式为

$$\alpha_{\max} = \frac{\pi}{2} - (\varphi - \delta) = \arcsin(\sin\delta\sin\varphi + \cos\delta\cos\varphi)$$ （2-8）

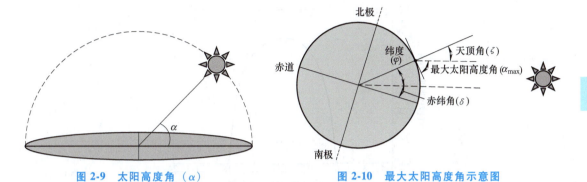

图 2-9　太阳高度角（α）　　　　　　图 2-10　最大太阳高度角示意图

2.4.2　辐射角度对太阳能电池的影响

太阳的这种视运动对太阳能电池接收的能量有很大影响。当太阳光线垂直于太阳能电池表面时，太阳能电池接收的辐照度等于太阳辐照度。然而，当太阳光线和太阳能电池之间的角度发生变化时，太阳能电池接收到的辐照度会降低。当太阳光线与太阳能电池平行时，太阳光线与太阳能电池法线的角度为90°，太阳能电池接收的辐照度基本上为零。对于中间的任意角度，太阳能电池接收的辐照度为直射辐照度的 $\cos\theta$ 倍，其中 θ 为太阳光线和太阳能电池法线之间的角度，如图 2-11 所示。

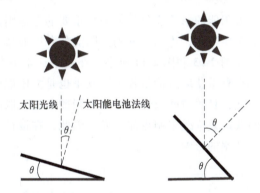

图 2-11　太阳能电池接收辐照度与光照角度的关系

2.5　太阳能的时间与空间分布

2.5.1　太阳能的昼夜变化

在白天，太阳高悬天空，光线充足，太阳能的获取效率最高。此时通过太阳能电池板或集热器可以有效地吸收和转化太阳能，供给家庭及工业用电，或进行热水供暖等。而到了晚上，太阳落山后，无太阳辐射，因此有些太阳能系统可能需要设置储能装置，将白天收集的太阳能储存起来，以便于夜间使用。

日出后，随着太阳高度角的增加，太阳入射角减小，同时太阳光穿过的大气质量也减小，太阳辐照度逐渐增强。正午时，太阳高度角达到一天中的最大值，太阳辐照度也达到一天中的最大值。下午时，太阳高度角逐渐减小，太阳入射角增大，太阳光穿过的大气质量也增加，太阳能电池接收的太阳辐照度也随之减弱，日落后，太阳辐照度减为0，如图 2-12 所示。

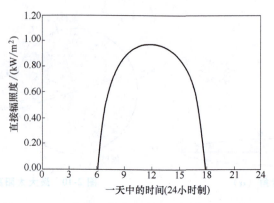

图 2-12   一天内地面接收太阳辐射的辐照度变化曲线

2.5.2   太阳能的季节变化

太阳能的季节变化是另一个重要的考虑因素。随着季节的变化，太阳的高度和照射角度也会有所不同，进而影响到太阳能的获取效率。

如图 2-13 和图 2-14 所示，在夏季，正午太阳高度较高，且日照时间较长，因此太阳能电池在夏季获取的能量较多，夏季也是太阳能电池发电的最佳时期。而在冬季，正午太阳高度较低，日照时间较短，导致太阳能电池获取的能量较少。尤其是在高纬度地区，冬季太阳能的获取效率受限制更加明显。因此，在设计太阳能系统时，需要考虑季节变化对太阳能的获取效率的影响。

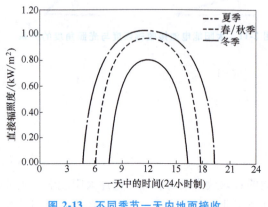

图 2-13   不同季节一天内地面接收
太阳辐射的辐照度变化曲线

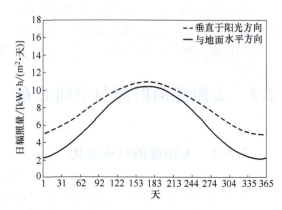

图 2-14   每日太阳辐照量随季节的变化曲线

2.5.3   太阳能与纬度的关系

太阳能的获取效率也受纬度的影响，不同纬度地区的太阳照射角度和日照时间都会有所不同。

如图 2-15 所示，在地球赤道附近的地区，由于太阳照射角度较大，这些地区太阳能的获取效率较高，一年四季都能够获取充足的太阳能资源。因此，地球赤道附近的地区是太阳能利用的理想地区之一。

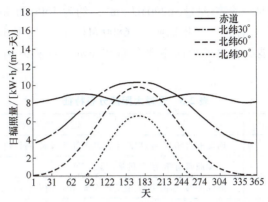

图 2-15　不同纬度地区水平方向接收的每日太阳辐照量随季节的变化曲线

随着纬度的增加，越靠近极地，太阳照射角度就越小，导致太阳能的获取效率也随之下降。在极地地区，冬季可能会出现极夜现象，全天几乎没有日照，因此太阳能的利用受到很大的限制。

2.5.4　太阳能的空间分布

我国幅员辽阔，太阳能资源丰富的区域占我国陆地面积的 67% 以上。其中，青藏高原和新疆东南部是太阳能资源最丰富的区域，年日照时数大于 3100h，年辐照量为 6600～8500MJ/m²。太阳辐照丰富区的年日照时数为 3000～3100h，年辐照量为 5800～6600 MJ/m²，主要分布在我国的西北和华北地区。年日照时数小于 2200h，年辐照量小于 5000MJ/m² 的太阳辐照较贫乏区和贫乏区仅占我国陆地面积的不足 33%，主要分布在我国的西南地区。根据纬度、海拔和气候条件的差异，我国不同地区具有不同的日辐射量和太阳能最佳接收角。我国部分地区的太阳能资源潜力数据见表 2-2。

表 2-2　我国部分地区的太阳能资源潜力数据

分区	年辐照量/(MJ/m²)	年日照时数/h	年有效日照天数/d	主要分布区域
一类区域	>6800	>3100	>340	青藏高原、甘肃北部、宁夏北部、新疆东南部
二类区域	6200～6800	2700～3100	310～340	西藏东南部、新疆西南部、甘肃中部、青海东部、宁夏南部、河北西北部、山西北部、内蒙古南部
三类区域	5400～6200	2300～2700	250～310	东北地区、山东、河南、海南、台湾、河北东南部、山西南部、新疆北部、陕西北部、甘肃南部、广东南部、福建南部、江苏北部、安徽北部
四类区域	4300～5400	1900～2300	210～250	长江中下游区、福建、浙江、广西中南部、广东北部
五类区域	<4300	<1900	<210	重庆、四川东部、贵州、广西北部、湖南西部

全球范围内的广大地区都有较丰富的太阳能资源，全球太阳能分布特征见表 2-3，太阳能比较丰富的地区（年辐照量>5400MJ/m²）总计近 6000 万 km²（约占地球陆地总面积的 40%）。太阳能丰富的地区（年辐照量>6200MJ/m²）约为 1500 万 km²（约占地球陆地总面积的 10%），太阳能极丰富的地区（年辐照量>6800 MJ/m²）约为 800 万 km²（约占地球陆地总面积的 5%）。太阳能极丰富的地区主要分布在非洲北部和西南部、阿拉伯半岛、南美洲西部和青藏高原。

表 2-3　全球太阳能分布特征

分区	年辐照量/（MJ/m²）	主要分布区域
极丰富区	>6800	南美洲西部、青藏高原、非洲北部和西南部、阿拉伯半岛
丰富区	6200~6800	北美洲西南部、澳大利亚、蒙古高原
较丰富区	5400~6200	欧洲南部、非洲中部、北美洲东部、南美洲中东部、亚洲西部
较贫乏区	4300~5400	欧洲中部、亚洲东南部
贫乏区	<4300	欧洲北部、南美洲西南部、北美洲西北部、亚洲北部

思　考　题

1. 试计算波长为 550nm 的绿光光子能量和光子能量为 1eV 的红外线光子的波长。
2. 试计算 300K、3000K 和 6000K 下黑体辐射的功率密度和峰值波长。
3. 简述白炽灯、荧光灯、LED 灯和氙灯的特征光谱，并分析哪种光源的特征光谱与太阳光最相似。
4. 对 AM 0、AM 1.5G 和 AM 1.5D 标准光谱的辐照度进行排序，并分析其原因。
5. 简述造成太阳能的昼夜和季节变化的主要因素。
6. 列举在我国和世界范围内太阳能资源较为丰富的地区。

参　考　文　献

［1］ 人民教育出版社地理社会室. 地理：上册［M］. 北京：人民教育出版社，2006.

［2］ 黄强. 国土安全：理念·政策·技术·装备及系统［M］. 南京：东南大学出版社，2013.

［3］ 叶伟国，余国祥. 大学物理［M］. 北京：清华大学出版社，2012.

［4］ KASTEN F, YOUNG A T. Revised optical air mass tables and approximation formula［J］. Applied Optics, 1989, 28（22）: 4735-4738.

［5］ Calculation of Solar Insolation［EB/OL］.［2024-07-31］. https：//www. pveducation. org/pvcdrom/properties-of-sunlight/calculation-of-solar-insolation.

［6］ 姚玉璧，郑绍忠，杨扬，等. 中国太阳能资源评估及其利用效率研究进展与展望［J］. 太阳能学报，2022，43（10）：524-535.

［7］ Global Solar Atlas［EB/OL］.［2024-07-31］. https：//globalsolaratlas. info/map? c = 29. 840649, 92. 050785, 3&m-site.

第 3 章
半导体与 PN 结

太阳能电池结构中的光吸收层和载流子传输层都是半导体材料。半导体材料的光电性质对太阳能电池的性能具有重要的影响。了解半导体材料的基本电学性质以及 PN 结的形成原理，对于从材料角度提升太阳能电池光电转换效率、开发新型太阳能电池材料具有重要意义。

3.1　半导体材料

半导体材料在信息技术和能源技术等方面具有广泛的应用。从元素组成来看，半导体材料主要包括Ⅳ族元素及化合物（硅、锗、碳化硅等）、Ⅲ-Ⅴ族化合物（砷化镓、氮化镓、磷化铟等）、金属氧化物或硫化物（氧化钛、氧化锌、硫化铅）、离子化合物（钙钛矿）等。

锗材料作为半导体材料的早期研究与应用对象，虽然在一定程度上推动了半导体技术的进步，但由于其禁带宽度较小，导致在室温下的电学性能受到显著影响。因此，硅材料在半导体领域逐渐取代了锗材料的地位。如今，硅材料已成为集成电路领域不可或缺的关键材料，并成为现代信息技术的基石。同时，在光伏领域，硅材料也以其出色的性能和稳定性，成为当前应用最广泛的光伏材料。

砷化镓、碳化硅和氮化镓等化合物也是重要的半导体材料，在信息和能源等领域发挥着重要作用。尤其是砷化镓材料，它在太阳能电池技术方面展现出独特的优势，目前世界上最高效的单结太阳能电池就是以砷化镓为材料制备而成的，以砷化镓为基础的叠层太阳能电池也创造了太阳能电池光电转换效率的世界纪录。

离子化合物半导体材料，特别是钙钛矿材料，近些年在光伏领域引起了研究人员广泛的研究兴趣，并取得了突飞猛进的发展。

根据材料导电性的不同，可以把它们分成三类，即绝缘体、导体和半导体。绝缘体的带隙比较大，不能吸收可见光。绝缘体的电导率非常低，介于 $10^{-18} \sim 10^{-8} \mathrm{S/cm}$ 之间，基本可以认为不导电，因此绝缘体不能传输载流子。绝缘体不适合制备太阳能电池，但可用作太阳能电池组件的封装材料。一般导体的电导率较高，通常大于 $10^4 \mathrm{S/cm}$，但是导体的能级是连续的，没有带隙，不能使电子长时间停留在激发态，因此导体在太阳能电池中一般用作电极材料。半导体的导电性介于绝缘体和导体之间，即为 $10^{-8} \sim 10^{4}\text{S/cm}$。不同材料电导率的分布范围如图 3-1 所示。具有合适带隙的半导体材料可以吸收可见光，并且可以使得受激发的电子长时间停留在激发态，这有利于载流子的提取。半导体材料适合制作太阳能电池的光吸收层和载流子传输层。

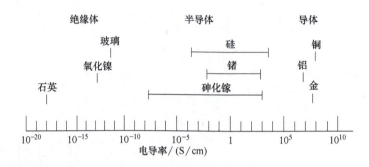

图 3-1 不同材料电导率的分布范围

3.2 半导体的禁带宽度

3.2.1 能带的形成

孤立原子中的电子主要受到原子核及其他电子的作用，其能级是分立的，电子可在不同的能级之间跃迁。当两个相同的原子结合形成分子时，两个相同的原子能级形成两个分子能级，其中一个分子能级比原来的原子能级略高，另一个分子能级比原来的原子能级略低，这种现象称为能级分裂。晶体材料中存在大量的周期性重复排列的原子，其原子数量巨大，其中，每一个原子能级都会分裂成数量巨大的分子能级。这些分子能级之间的能量差异非常小，可以近似认为形成了连续的能带结构，如图 3-2 所示。分裂的每一个能带都允许电子占据，称为允带。允带之间没有能级分布的能带称为禁带。

有电子占据的最高能带称为价带，价带中的电子称为价电子。没有电子占据的能量最低的能带称为导带。价电子从价带跃迁进入导带所需的最低能量称为禁带宽度或带隙。在导体中，其价带和导带互相重叠，没有间隙，并且导体的价带被部分充满，如图 3-3a 所示。导体中的电子很容易从价带跃迁到更高的能级，由此导热和导电。绝缘体中的价带被电子填满，其带隙又比较宽，价电子很难从价带跃迁到导带，如图 3-3b 所示，因此绝缘体的导电性很差。半导体的价带被电子充满，价电子在热激发或者外加光照的条件下，可从价带跃迁到导带，实现导热和导电的作用，如图 3-3c 所示。因此，半导体的导电性可在一定范围内变化，并且和材料的带隙大小紧密相关。

带隙也是区分半导体和绝缘体的参数。绝缘体的带隙一般大于 5eV，在可见光照射以及常温条件下，价电子很难跃迁进入导带。半导体的带隙一般在 $0.5 \sim 3\text{eV}$ 之间，在可见光照射以及常温条件下，一定数量的价电子可以跃迁进入导带。

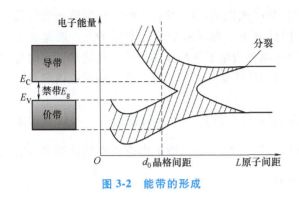

图 3-2　能带的形成

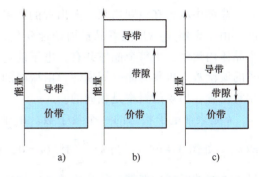

图 3-3　导体、绝缘体和半导体的能带结构

a）导体　b）绝缘体　c）半导体

3.2.2　能带理论

薛定谔方程可以描述独立原子或者分子中的电子，也可以描述晶体中的电子。晶体材料中的原子呈周期性分布，而且晶体中的原子数量巨大，每立方厘米体积内原子的数量为 $10^{22} \sim 10^{23}$ 个。精确求解多粒子薛定谔方程非常困难，因此需要使用近似的方法计算。

单电子近似，结合绝热近似和库普曼斯定理是基本的近似处理方法。绝热近似将点阵粒子固定在平衡位置来研究电子的运动。单电子近似认为晶体中的电子在与晶格同周期的周期性势场中运动。

对于一维晶格，晶体中电子所遵循的薛定谔方程为

$$-\frac{\hbar^2}{2m^*}\frac{\mathrm{d}^2 \Psi(x)}{\mathrm{d}x^2}+V(x)\,\Psi(x)=E\Psi(x) \tag{3-1}$$

式中，本征值 E 为单电子能量；$\hbar$ 为约化普朗克常数；m^* 为电子的有效质量；$V(x)$ 为晶格中位置为 x 处且具有晶格周期性的等效电势，即

$$V(x)=V(x+na) \tag{3-2}$$

式中，n 为整数；a 为晶格常数。

求解式（3-1），就可以获得电子的波函数和能量。求解式（3-1）的通解称为布洛赫定理，即

$$\Psi_k(x)=u_k\exp(ikx) \tag{3-3}$$

式中，k 为波矢，即

$$k=\frac{2\pi}{\lambda} \tag{3-4}$$

式中，λ 为电子的波长。

$u_k(x)$ 是一个与晶格周期相同的周期性函数，即

$$u_k(x)=u_k(x+na) \tag{3-5}$$

式中，n 为整数。

布洛赫定理表明，晶体中电子的波函数是在 x 方向上传播的平面波，其振幅 $u_k(x)$ 随着 x 的变化而周期性变化，并且变化周期与晶格周期相同。

晶体中电子在空间内某一点出现的概率与$|\Psi|^2$成比例，而$|\Psi|^2 = \Psi\Psi^*$称为波函数的强度。由于振幅$u_k(x)$随着晶格周期性变化，因此电子不再局限于某一个原子上，而是在整个晶体内运动，由整个晶体共有，电子的这种运动称为电子在晶体内的公有化运动，此时电子的波函数不再具有晶格周期性，由振幅的晶格周期性变化可知，电子在不同原胞内的相同相对位置，出现的概率是相同的。

k是表征电子状态的一个量子数。电子的能量和k相关，具有函数关系，可以表示成$E(k)$。如图3-4所示，当$k = \dfrac{n\pi}{a}$时（$n = 0, \pm 1, \pm 2, \pm 3, \cdots$），能量出现不连续的现象。能量不连续的区域即禁带，能量连续的区域即允带。

$E(k)$是以$\dfrac{2\pi}{a}$为周期的函数，因此$E(k) = E\left(k + n\dfrac{2\pi}{a}\right)$，不同$k$量子态的能带结构可以用第一布里渊区代表。

对于三维的情况，k是一个向量，在正交坐标系中，需要考虑其在x、y和z轴上的三个分量。同时，晶格的周期性可由正格矢$\boldsymbol{R}$表示：

$$\boldsymbol{R} = m\boldsymbol{a} + n\boldsymbol{b} + p\boldsymbol{c} \tag{3-6}$$

式中，m、n、p为整数；$\boldsymbol{a}$, $\boldsymbol{b}$, $\boldsymbol{c}$为晶格的基矢。

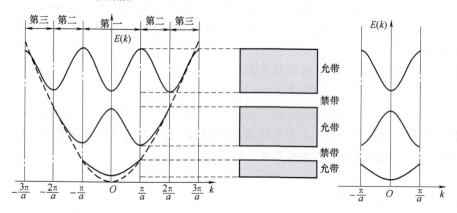

图3-4 $E(k)$与k的关系

3.2.3 导带和价带

在导带底，导带电子的能量曲线$E(k)$达到最小值。导带底E_C可能在$\boldsymbol{k} = 0$处，也可能不在$\boldsymbol{k} = 0$处，这与晶面、晶向的方向有关。根据抛物带近似理论（parabolic band approximation），导带电子的能量曲线具有二次函数形式，即

$$E(\boldsymbol{k}) = E_C + \frac{\hbar^2 |\boldsymbol{k} - \boldsymbol{k}_C|^2}{2m_C^*} \tag{3-7}$$

式中，$\boldsymbol{k}_C$为使得电子能量曲线$E(\boldsymbol{k})$取得最小值时的导带底波矢；m_C^*为导带电子的有效质量，由能带结构定义，即

$$\frac{1}{m_{\mathrm{C}}^{*}}=\frac{1}{\hbar^{2}}\cdot\frac{\partial^{2}E(\boldsymbol{k})}{\partial\boldsymbol{k}^{2}}\tag{3-8}$$

导带电子的有效质量由电子在晶体中受到的作用力和具有的能量决定。导带电子的有效质量 m_{C}^{*} 越大，说明电子受到的原子势能的影响越大，导带电子的能量曲线 $E(\boldsymbol{k})$ 的曲率越小。

空穴是电子的空缺，在价带顶实现空穴能量最小值。根据抛物带近似理论，价带空穴的能量曲线为

$$E(\boldsymbol{k})=E_{\mathrm{V}}-\frac{\hbar^{2}\mid\boldsymbol{k}-\boldsymbol{k}_{\mathrm{V}}\mid^{2}}{2m_{\mathrm{V}}^{*}}\tag{3-9}$$

式中，$\boldsymbol{k}_{\mathrm{V}}$ 为使得价带空穴能量曲线达到最小值时的价带顶波矢；m_{V}^{*} 为价带空穴的有效质量。

一般情况下，由于导带电子的能量曲线和价带空穴的能量曲线不同，导带电子有效质量 m_{C}^{*} 和价带空穴有效质量 m_{V}^{*} 不相等。

3.2.4 直接带隙和间接带隙

电子从价带顶 E_{V} 跃迁进入导带底 E_{C} 所需要的能量称为带隙，即

$$E_{\mathrm{g}}=E_{\mathrm{C}}-E_{\mathrm{V}}\tag{3-10}$$

如果导带底 E_{C} 和价带顶 E_{V} 对应的波矢相等，即 $\boldsymbol{k}_{\mathrm{C}}=\boldsymbol{k}_{\mathrm{V}}$，那么只要入射光子的能量大于带隙，就可以产生电子空穴对，这样的半导体材料称为直接带隙半导体，如图 3-5a 所示。GaAs 是常见的直接带隙半导体材料，钙钛矿材料一般也认为是直接带隙半导体材料。

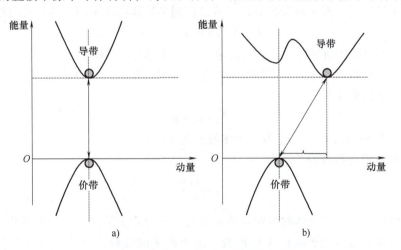

图 3-5 直接和间接带隙半导体能带结构

a）直接带隙（Si）　b）间接带隙（GaAs）

如果导带底 E_{C} 和价带顶 E_{V} 对应的波矢不相等，即 $\boldsymbol{k}_{\mathrm{C}}\neq\boldsymbol{k}_{\mathrm{V}}$，这样的半导体称为间接带隙半导体，如图 3-5b 所示。在间接带隙半导体的电子跃迁过程中，不仅需要有大于带隙的能量的变化，还需要动量的改变，即电子的跃迁不仅需要满足能量守恒定律，还需要满足动量守恒定律。间接带隙半导体中电子的跃迁，必须伴随声子的发射或吸收。硅是常见的间接带隙半导体，其电子跃迁的概率小于直接带隙半导体电子的直接跃迁概率。

直接带隙和间接带隙半导体是对波矢空间的能量曲线 $E(\boldsymbol{k})$ 而言的。在某些时候，如果仅需要了解导带底和价带顶的能量，可以使用矢量空间的能量曲线 $E(\boldsymbol{r})$。一般在太阳能电池各个功能层之间的能带结构图中，人们绘制的是矢量空间的能量曲线，其横坐标是位置函数。但矢量空间的能量曲线 $E(\boldsymbol{r})$ 不能体现电子能量和晶体结构的关系，也不能体现半导体是直接带隙的还是间接带隙的。

3.3　半导体的光吸收

太阳能电池吸收光子之后产生载流子，然后载流子经过提取和传输等过程到达电极并对外做功。光吸收是太阳能电池产生载流子的最主要的过程，也是太阳能电池工作的基础。

3.3.1　吸收系数

半导体对光子的吸收能力，可以使用吸收系数 α 描述，α 表示了光经过半导体之后的衰减程度，其单位是 m^{-1} 或 cm^{-1}。

假设有能量为 E 的单色光，其在位置 x 处的辐照度为 $P(x)$，则经过厚度为 dx 的半导体的吸收后，辐照度的衰减为

$$dP(x) = -\alpha P(x)dx \tag{3-11}$$

式中，α 为吸收系数。

一般情况下，对于一种确定的半导体，其对不同能量光子的吸收系数是不相同的。

在式（3-11）中，对 x 进行积分，就可以得到半导体内部不同位置 x 处的辐照度，即

$$P(x) = P(0)\exp(-\alpha x) \tag{3-12}$$

式中，$P(0)$ 为半导体前界面处，入射光进入半导体时的辐照度。

若考虑界面的反射作用，则 $P(0)$ 为扣除了反射作用后的辐照度。

吸光材料的折射率为

$$\widetilde{n}_s = n_s + i\kappa_s \tag{3-13}$$

式中，n_s 为半导体的折射率；κ_s 为半导体的消光系数。

吸收系数和消光系数的关系为

$$\alpha = \frac{4\pi}{\lambda}\kappa_s \tag{3-14}$$

式（3-14）表明，半导体的吸收系数 α 依赖于入射光子的波长和消光系数。对于确定的半导体，其消光系数是光子波长 λ 的函数。由于光子的波粒二象性，波长和能量是描述光子的不同方式。因此，半导体的吸收系数 α 是光子能量 E 的函数。

在式（3-12）中，若令 $x = \dfrac{1}{\alpha}$，则得到 $\dfrac{P(x)}{P(0)} = \dfrac{1}{e}$，即经过了厚度为 $\dfrac{1}{\alpha}$ 的半导体的吸收之后，入射光的辐照度衰减为初始值的 $\dfrac{1}{e} = 0.368$。这表明大部分光子在 $\dfrac{1}{\alpha}$ 的深度内被吸收。

因此，可以把 $\dfrac{1}{\alpha}$ 当作半导体对特定能量光子的吸收深度。

钙钛矿材料的优点之一是吸收系数比较大，$1\mu m$ 左右厚度的钙钛矿材料薄膜就可以把能量大于带隙的光子完全吸收，钙钛矿太阳能电池的光吸收层厚度在 $1\mu m$ 左右。

对于特定的半导体，不同能量的光子在其内部的穿透深度也不相同。一般而言，半导体对高能量光子的吸收系数比较大，对低能量光子的吸收系数比较小，所以高能量光子的穿透深度比较小，低能量光子的穿透深度比较大。

3.3.2 直接带隙半导体的光吸收

本征吸收是指光子和半导体作用，将电子从价带激发到导带，在价带留下空穴，同时光子消失的过程。光子具有比较大的能量 $E = \dfrac{hc}{\lambda}$，但是其动量 $p = \dfrac{h}{\lambda}$ 较小。

在本征吸收的电子跃迁过程中，能量和动量需要满足守恒定律。初始能态和终止能态之间的能量差值即为被吸收光子的能量 $\dfrac{hc}{\lambda}$。为了满足动量守恒定律，直接带隙半导体的电子跃迁只能发生在 $\boldsymbol{k}_C = \boldsymbol{k}_V$。光子的动量比晶体小很多，在跃迁过程中晶体的动量是守恒的。

随着光子能量的增加，跃迁发生时晶体的动量也增大，初始能态和终止能态与带边能量之差也增加。吸收的概率不仅取决于初始能态的电子密度，也取决于终止能态的空态密度。因为距离带边越远，这两个密度就越大，所以当光子能量大于带隙 E_g 时，吸收系数随着光子能量的增加而迅速增大。

在直接带隙半导体中，能带边的吸收系数满足

$$\alpha(E) \propto (E-E_g)^{\frac{1}{2}} \tag{3-15}$$

式中，E_g 为半导体的带隙。

GaAs 是常见的直接带隙半导体，其吸收系数和光子能量的关系如图 3-6 所示。

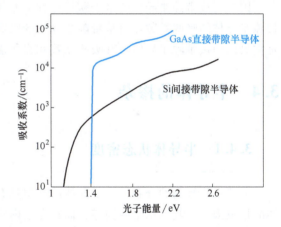

图 3-6　直接带隙半导体与间接带隙半导体的吸收系数和光子能量的关系

3.3.3 间接带隙半导体的光吸收

间接带隙半导体的吸收过程同样需要满足能量守恒和动量守恒定律。但是在间接带隙半导体中，电子不能仅通过吸收一个光子来实现从价带顶跃迁到导带底。电子被光子激发的同时，需要吸收或者释放一个声子来同时满足动量守恒和能量守恒定律，此时满足的条件为

$$E_p = E_g - \frac{hc}{\lambda} \tag{3-16}$$

$$\boldsymbol{k}_p = \boldsymbol{k}_C - \boldsymbol{k}_V \tag{3-17}$$

式中，E_p、$\boldsymbol{k}_p$ 分别为声子的能量和动量。

由于间接带隙半导体的光吸收过程需要声子的参与，所以其光吸收概率比直接带隙半导

体要小得多。因此，间接带隙半导体的吸收系数也比较小，光子进入半导体一定距离后才可以被吸收。

对于声子吸收的跃迁过程，其吸收声子的吸收系数关系式为

$$\alpha_a(E) \propto \frac{(E-E_g+E_p)^2}{\exp\left(\dfrac{E_p}{k_BT}\right)-1} \tag{3-18}$$

如果间接带隙半导体的光吸收过程不需要吸收声子，而是需要发射声子，那么对于声子发射的跃迁过程，其发射声子的吸收系数表达式为

$$\alpha_a(E) \propto \frac{(E-E_g-E_p)^2}{1-\exp\left(\dfrac{-E_p}{k_BT}\right)} \tag{3-19}$$

考虑到光子的能量（$E-E_g$）远大于声子的能量 E_p（通常为 k_BT 的数倍），因此声子的能量 E_p 可以忽略，则能带边的吸收系数 $\alpha(E)$ 是吸收声子的吸收系数和发射声子的吸收系数的和，具有二次函数的形式，即

$$\alpha(E) \propto (E-E_g)^2 \tag{3-20}$$

因为间接带隙半导体的量子跃迁过程需要伴随声子吸收或者发射才可以实现，所以间接带隙半导体的吸收系数比直接带隙半导体的吸收系数要小，而且吸收系数曲线更加平缓。Si 是常见的间接带隙半导体，其吸收系数和光子能量的关系如图3-6所示。

3.4 半导体的掺杂

3.4.1 半导体状态密度

电子在能级内的分布对于半导体的性质具有重要的影响。单位体积的半导体中，在禁带的能量范围内，其状态密度为零，而在允带内状态密度不为零。研究允带内的量子态密度对于理解电子的分布和半导体的性能具有重要意义。

前面对晶体内电子波函数的讨论基于无限大晶体。根据量子力学，在宽度为 L 的势阱中，如果波函数处于稳态，会表现为驻波的形式，相邻能级的波矢 k 之差为

$$\Delta k = \frac{\pi}{L} \tag{3-21}$$

那么，对于体积为 L^3 的晶体，一个量子态在波矢空间内占据的体积为 $\Delta k^3 = \left(\dfrac{\pi}{L}\right)^3$。根据泡利不相容原理，每个量子态可以容纳两个自旋相反的电子。因为晶体中每个量子态都具有一个特定的波矢 k，每一个波矢 k 对应两个电子。由于在波矢空间内，k_x、k_y、k_z 的正负值具有相同的能量，波矢空间的第一卦限代表了整个波矢空间，只需要考虑 $\dfrac{1}{8}$ 个波矢空间即可，如图3-7所示。

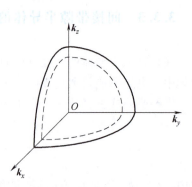

图3-7 波矢空间的状态分布

在波矢空间内，以 $|\boldsymbol{k}|$ 为半径作球面，则末端在该球面上的波矢 $\boldsymbol{k}$ 具有相同的能量 $E(\boldsymbol{k})$。具有相同大小的波矢 $\boldsymbol{k}$ 所占据的体积元为

$$d^3\boldsymbol{k} = 4\pi k^2 dk \tag{3-22}$$

对于一个体积为 $V=L^3$ 的晶体，其单位体积、单位光谱 dk 内的量子态数量 dZ 为

$$dZ = 2 \times \frac{1}{8} \times \frac{4\pi k^2 dk}{L^3 \Delta k^3} = \frac{k^2}{\pi^2} dk \tag{3-23}$$

此时得到的是态密度和波矢大小 $\boldsymbol{k}$ 的关系。在半导体物理和太阳能电池领域，人们更关注态密度和能量 E 的关系。为了得到在导带底附近的态密度，简单起见，令式（3-7）中的 $\boldsymbol{k}_C = 0$，得到

$$\boldsymbol{k} = \frac{\left[2m_C^*(E-E_C)\right]^{\frac{1}{2}}}{\hbar} \tag{3-24}$$

$$d\boldsymbol{k} = \frac{1}{2} \frac{(2m_C^*)^{\frac{1}{2}}}{\hbar} (E-E_C)^{-\frac{1}{2}} dE \tag{3-25}$$

将式（3-25）代入式（3-23）可得

$$dZ = \frac{1}{2\pi^2} \left(\frac{2m_C^*}{\hbar^2}\right)^{\frac{3}{2}} (E-E_C)^{\frac{1}{2}} dE \tag{3-26}$$

那么，对于靠近导带边的能量 E，状态密度为

$$g_C(E) = \frac{dZ}{dE} = \frac{1}{2\pi^2} \left(\frac{2m_C^*}{\hbar^2}\right)^{\frac{3}{2}} (E-E_C)^{\frac{1}{2}} \tag{3-27}$$

同理，可以得到靠近价带边的能量 E，状态密度的表达式为

$$g_V(E) = \frac{dZ}{dE} = \frac{1}{2\pi^2} \left(\frac{2m_V^*}{\hbar^2}\right)^{\frac{3}{2}} (E_V-E)^{\frac{1}{2}} \tag{3-28}$$

3.4.2　热平衡状态下载流子的统计分布

根据量子统计理论，服从泡利不相容原理的电子遵循费米-狄拉克统计。费米-狄拉克分布描述了热平衡状态下载流子的统计分布。对于能量为 E 的量子态，其被一个电子占据的概率为

$$f_C(E) = \frac{1}{1 + \exp\left(\dfrac{E-E_F}{k_B T}\right)} \tag{3-29}$$

式中，$f_C(E)$ 为电子的费米-狄拉克分布，用于描述热平衡状态下电子在允许量子态上的分布；k_B 为玻尔兹曼常数；T 为热力学温度；E_F 为费米能级。

费米能级是一个重要的物理参数，其数值和温度、半导体的导电类型、杂质含量以及能量零点的选取有关。

若将半导体中大量电子的集合看成一个热力学系统，则费米能级就是系统的化学势。当系统处于热平衡状态时，拥有统一的费米能级。

当 $T=0\mathrm{K}$ 时，$f_\mathrm{C}(E) = \begin{cases} 0, & E>E_\mathrm{F} \\ 1, & E<E_\mathrm{F} \end{cases}$，说明在绝对零度状态下，能量低于费米能级的量子态被电子占据的概率为 1，因此这些量子态上充满电子；能量高于费米能级的量子态被电子占据的概率为 0，因此这些量子态上没有电子，都是空的能级，如图 3-8 所示。费米能级可以看作是绝对零度状态下，电子可以占据的最高能级。

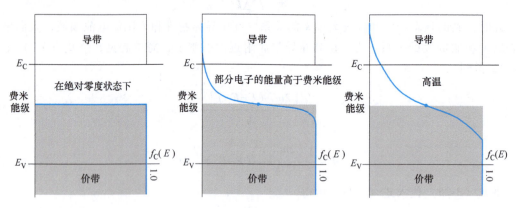

图 3-8　不同温度下的费米能级

当 $T>0\mathrm{K}$ 时，$f_\mathrm{C}(E) \begin{cases} <\dfrac{1}{2}, & E>E_\mathrm{F} \\ =\dfrac{1}{2}, & E=E_\mathrm{F} \\ >\dfrac{1}{2}, & E<E_\mathrm{F} \end{cases}$。当系统的温度高于绝对零度时，费米能级之上的量子态被电子占据的概率小于 $\dfrac{1}{2}$，费米能级之下的量子态被电子占据的概率大于 $\dfrac{1}{2}$，费米能级被电子占据的概率恰好等于 $\dfrac{1}{2}$，如图 3-8 所示。因此，费米能级的另一个定义是电子占据概率为 $\dfrac{1}{2}$ 时的量子态的能量。电子占据费米能级的概率在各种温度下都是 $\dfrac{1}{2}$，费米能级的位置也标志了电子填充能级的水平，这对于理解 PN 结形成时费米能级的移动很有帮助。

对于费米能级的理解，还有一点需要特别说明。电子占据费米能级的概率为 $\dfrac{1}{2}$，不代表费米能级上一定有电子分布。如果费米能级位于禁带，那么其态密度为 0，虽然电子占据的概率是 $\dfrac{1}{2}$，但此时费米能级上并没有电子占据。

当费米能级 E_F 和导带底 E_C、价带顶 E_V 距离相差很大时，费米-狄拉克分布可以简化为麦克斯韦-玻尔兹曼分布。

当 $(E-E_\mathrm{F}) \gg k_\mathrm{B}T$ 时，费米-狄拉克分布中的指数项 $\exp\dfrac{E-E_\mathrm{F}}{k_\mathrm{B}T} \gg 1$，因此式（3-29）可以简化为

$$f_C(E) = \exp\left(\frac{E_F - E}{k_B T}\right) \tag{3-30}$$

3.4.3　本征半导体载流子浓度

完全纯净且结构完整的半导体晶体称为本征半导体。本征半导体的禁带中没有杂质能级。在一定的温度下，价带中的电子受到热扰动，可从价带跃迁进入导带，并在价带中留下相等数量的空穴。同时，导带中的电子也会有一定概率重新跃迁至价带，与价带中的空穴复合。在热平衡状态下，价带中电子跃迁进入导带和导带中电子跃迁进入价带处于平衡状态。因此，热平衡状态下本征半导体导带中的电子浓度等于价带中的空穴浓度，即

$$n_0 = p_0 = n_i \tag{3-31}$$

式中，n_0、p_0、n_i 分别为热平衡状态时的电子浓度、空穴浓度和本征半导体的载流子浓度。

在此说明：本书中使用 n 和 p 代表电子和空穴的浓度，使用下角标 0 代表热平衡状态。

从图 3-9 中可以看出，对于导带中的电子，设能量 E 和 ($E+\Delta E$) 之间导带中电子的浓度为 $\mathrm{d}n(E)$，则

$$\mathrm{d}n(E) = g_C(E) f_C(E) \mathrm{d}E \tag{3-32}$$

式中，$g_C(E)$ 为导带中的态密度；$f_C(E)$ 为电子在导带中的分布函数。

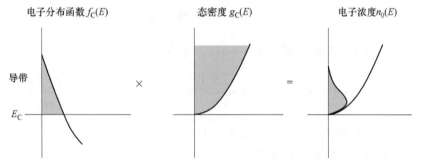

图 3-9　导带电子浓度计算示意图

如果从导带底 E_C 到无穷大能量处对 $\mathrm{d}n(E)$ 进行积分，就可以得到热平衡状态下导带中电子的浓度 n_0，即

$$n_0 = \int_{E_C}^{\infty} g_C(E) f_C(E) \mathrm{d}E \tag{3-33}$$

将式 (3-27) 和式 (3-29) 代入式 (3-33)，可得

$$n_0 = \int_{E_C}^{\infty} \frac{1}{2\pi^2}\left(\frac{2m_C^*}{\hbar^2}\right)^{\frac{3}{2}} (E - E_C)^{\frac{1}{2}} \frac{1}{1 + \exp\left(\dfrac{E - E_F}{k_B T}\right)} \mathrm{d}E \tag{3-34}$$

考虑到费米能级 E_F 和导带底 E_C 的距离相差很大时，可将费米-狄拉克分布简化为麦克斯韦-玻尔兹曼分布，则式 (3-34) 可简化为

$$n_0 = \int_{E_C}^{\infty} \frac{1}{2\pi^2}\left(\frac{2m_C^*}{\hbar^2}\right)^{\frac{3}{2}} (E - E_C)^{\frac{1}{2}} \exp\left(\frac{E_F - E}{k_B T}\right) \mathrm{d}E \tag{3-35}$$

令 $x = \dfrac{E - E_C}{k_B T}$，利用积分 $\displaystyle\int_0^\infty \sqrt{x}\exp(-x)\,\mathrm{d}x = \dfrac{\sqrt{\pi}}{2}$，可得

$$n_0 = 2\left(\frac{m_C^* k_B T}{2\pi \hbar^2}\right)^{\frac{3}{2}} \exp\left(\frac{E_F - E_C}{k_B T}\right) \tag{3-36}$$

定义 $N_C = 2\left(\dfrac{m_C^* k_B T}{2\pi \hbar^2}\right)^{\frac{3}{2}}$ 为导带的电子有效态密度，那么导带的电子浓度可以表示为

$$n_0 = N_C \exp\left(\frac{E_F - E_C}{k_B T}\right) \tag{3-37}$$

同样的，可以通过积分得到价带的空穴浓度为

$$p_0 = N_V \exp\left(\frac{E_V - E_F}{k_B T}\right) \tag{3-38}$$

$$N_V = 2\left(\frac{m_V^* k_B T}{2\pi \hbar^2}\right)^{\frac{3}{2}} \tag{3-39}$$

式中，N_V 为价带的空穴有效态密度。

在一定的温度 T 下，对于确定的材料，电子浓度和空穴浓度的乘积是一个常数，即

$$n_i^2 = n_0 p_0 = N_C N_V \exp\left(\frac{-E_g}{k_B T}\right) \tag{3-40}$$

把式（3-37）和式（3-38）代入式（3-31），可得到

$$E_F = E_i = \frac{1}{2}(E_C + E_V) - \frac{1}{2}k_B T \ln\left(\frac{N_C}{N_V}\right) = \frac{1}{2}(E_C + E_V) - \frac{3}{4}k_B T \ln\left(\frac{m_C^*}{m_V^*}\right) \tag{3-41}$$

本征半导体的费米能级称为本征能级 E_i，从式（3-41）可以看出，本征能级不一定位于带隙中央，其偏离带隙中央的程度由电子有效质量和空穴有效质量的比值决定。当电子有效质量等于空穴有效质量时，本征能级才恰好位于带隙中央。

3.4.4　N 型半导体

本征半导体的载流子浓度主要由半导体材料和温度决定，而载流子浓度对半导体的电学性质有重要影响。为了更有效地调节载流子浓度，人们会特意在半导体材料中引入杂质或者缺陷，这个过程称为掺杂。

若本征半导体经过掺杂之后，导带电子浓度 n_0 增加，则该半导体称为 N 型半导体。在 N 型半导体中，电子称为多数载流子或多子，空穴称为少数载流子或少子。在本征硅晶体中，每个硅原子和周围 4 个硅原子形成共价键，此时如果在硅晶体中掺杂磷原子，则磷原子会部分取代晶格中硅原子的位置。磷原子有 5 个价电子，它在和周围 4 个硅原子形成共价键之后，还会有一个多余的电子，如图 3-10 所示。磷原子对这个多余电子的库仑力比较弱，因此该电子容易电离，即离开原来的磷原子成为自由电子，而剩下的磷原子则会变成阳离子。

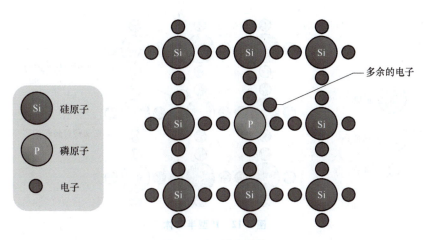

图 3-10　N 型半导体

作为杂质原子的磷原子称为施主原子，施主原子形成的能级称为施主能级 E_d，如图 3-11 所示。在 N 型半导体中，可以通过改变施主原子浓度 N_d 调节载流子的浓度 n_0 和 p_0。在室温条件下，施主原子基本上完全电离，而且施主原子浓度 $N_d \gg n_i$，因此有

$$n_0 = n_i + N_d \approx N_d \tag{3-42}$$

$$p_0 = \frac{n_i^2}{N_d} \tag{3-43}$$

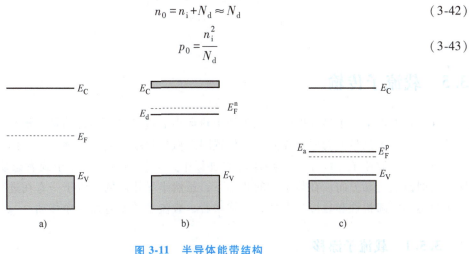

图 3-11　半导体能带结构

a）本征半导体　b）N 型半导体　c）P 型半导体

3.4.5　P 型半导体

若本征半导体经过掺杂之后，空穴浓度 p_0 增加，则该半导体称为 P 型半导体。P 型半导体内的多数载流子是空穴，少数载流子是电子。通过向硅晶体中掺杂硼原子得到 P 型半导体，如图 3-12 所示，硼原子核外有 3 个价电子，当硼原子取代硅晶体中的硅原子之后，硼原子和周围 3 个硅原子形成共价键，由于硼原子相比硅原子缺少一个价电子，所以它和第 4 个硅原子之间只有 1 个电子，即共价键中有一个空位。该空位可以从周围的其他硅原子处吸引 1 个电子，因此硼原子即变成阴离子。

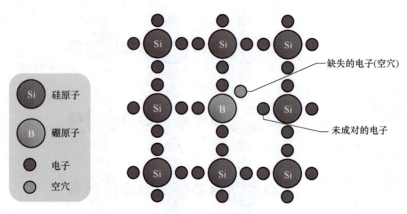

图 3-12　P 型半导体

作为杂质的硼原子称为受主原子，受主原子所形成的能级称为受主能级 E_a，如图 3-11 所示。可以通过改变受主原子浓度 N_a 调节 P 型半导体的载流子浓度 n_0 和 p_0。在室温条件下，P 型半导体的受主原子基本上完全电离，同时受主原子浓度 $N_a \gg n_i$，因此有

$$p_0 = n_i + N_a \approx N_a \tag{3-44}$$

$$n_0 = \frac{n_i^2}{N_a} \tag{3-45}$$

3.5　载流子传输

在一定温度下，半导体内的载流子处于热运动的过程中。热运动是无规则且杂乱无章的运动。半导体中晶格上的原子在其平衡位置附近做热振动，同时，掺杂半导体内也存在大量发生电离的杂质原子。载流子在热运动的过程中，会和晶格上的原子或者杂质离子发生碰撞，同时改变运动方向。在热平衡的状态下，虽然半导体内的载流子一直进行热运动，但由于热运动的随机性和碰撞的发生，平均来看，载流子并没有发生净移动。

3.5.1　载流子漂移

半导体中的载流子，在外加电场的作用下发生的运动称为漂移运动。在此过程中载流子受到电场力的作用而发生加速运动。但是由于和晶格原子、带电杂质离子发生的碰撞，载流子的运动速度会衰减，然后继续加速、碰撞。当有电场作用时，载流子在热运动的同时还会受到电场力的作用，在两次碰撞之间做加速运动，此时载流子的净位移不再为零。

在电场力和碰撞的作用下，载流子以一定的平均速度进行漂移运动。该平均速度称为漂移速度，即 v_D。漂移速度和电场强度 E 的关系为

$$v_D = \mu E \tag{3-46}$$

式中，μ 为载流子迁移率。

迁移率表示在单位电场强度下，载流子的漂移速度大小。一般情况下，电子和空穴的迁

移率不相同，可分别用 μ_n、μ_p 表示。

对于半导体，电子和空穴在电场的作用下运动，都会产生电流。电流密度的表达式为

$$J = qnv_n + qpv_p \tag{3-47}$$

$$J = q(n\mu_n + p\mu_p)E \tag{3-48}$$

式中，v_n 为电子漂移速度；v_p 为空穴漂移速度；q 为元电荷；n 为电子浓度；p 为空穴浓度。

表示电流密度和电场强度的微观形式的欧姆定律为

$$J = \sigma E \tag{3-49}$$

式中，σ 为半导体的电导率。

对比式（3-48）和式（3-49）可得

$$\sigma = qn\mu_n + qp\mu_p \tag{3-50}$$

式（3-50）表明，半导体的电导率由载流子浓度和迁移率共同决定。掺杂可以通过提高载流子浓度来提升电导率。但是，如果掺杂的杂质浓度太高，反而会造成载流子和杂质离子的碰撞增加，从而降低载流子的迁移率，这种情况不利于电导率的提升。

3.5.2　载流子扩散

当半导体中的载流子在空间内的不同位置分布不均匀时，载流子会从浓度高的位置向浓度低的位置扩散，直到没有浓度差异。载流子由于扩散运动形成的电流称为扩散电流。为了简化分析过程，这里使用一维模型来研究扩散电流的影响因素。

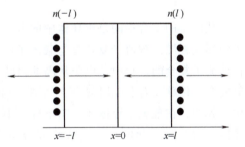

如图 3-13 所示，假设有一个一维半导体，其载流子为电子，电子浓度 $n(x)$ 是距离的函数，且电子的运动速度为 v。

考虑 $x=0$ 的截面，其左侧 $x=-l$ 处的电子有 $\frac{1}{2}$ 的概率向右扩散穿过该截面，其右侧 $x=l$ 处的

图 3-13　扩散电流示意图

电子有 $\frac{1}{2}$ 的概率向左扩散穿过该截面，那么由于电子扩散而形成的电流密度为

$$J_n = -\frac{1}{2}qn(-l)v + \frac{1}{2}qn(l)v \tag{3-51}$$

如果 l 足够小，那么可以近似认为 $n(-l) = n(0) - l\dfrac{dn}{dx}$，$n(l) = n(0) + l\dfrac{dn}{dx}$，则式（3-51）变为

$$J_n = qvl\frac{dn}{dx} \tag{3-52}$$

定义电子的扩散系数 $D_n = vl$，则电子的扩散电流为

$$J_n = qD_n\frac{dn}{dx} \tag{3-53}$$

同理，可以推导出空穴的扩散电流为

41

$$J_p = -qD_p \frac{\mathrm{d}p}{\mathrm{d}x} \tag{3-54}$$

式中，D_p 为空穴的扩散系数；p 为空穴浓度。

从式（3-53）和式（3-54）可以看出，载流子扩散电流的大小与其浓度梯度有关，载流子从高浓度向低浓度扩散，因此其运动方向和 $\frac{\mathrm{d}n}{\mathrm{d}x}\left(\text{或者}\frac{\mathrm{d}p}{\mathrm{d}x}\right)$ 的方向相反。同时，电流的方向和空穴的运动方向相同，和电子的运动方向相反，因此电子和空穴的扩散电流表达式存在一个负号的差异。

载流子的漂移和扩散是两个互相关联的过程，扩散系数和迁移率之间存在爱因斯坦关系，即

$$\mu_n = \frac{qD_n}{k_B T} \tag{3-55}$$

$$\mu_p = \frac{qD_p}{k_B T} \tag{3-56}$$

3.6　载流子复合

载流子的复合指的是半导体中的电子和空穴相互结合，释放出能量，并且以光子或者声子的形式耗散。载流子复合是与载流子产生相反的过程，而且其过程比载流子产生更复杂。在载流子复合的过程中，电子从高能级跃迁到低能级。太阳能电池中常见的复合类型包括辐射复合、俄歇复合和陷阱复合，如图 3-14 所示。辐射复合和俄歇复合是由半导体的能带结构引起的，在理想半导体和缺陷半导体中都会发生。陷阱复合、表面复合和晶界复合是由半导体中的缺陷引起的，因此这些复合类型仅存在于缺陷半导体中，在理想半导体中并不存在。

根据载流子复合的过程是否辐射光子，可以将载流子的复合类型分为辐射复合和非辐射复合。俄歇复合与陷阱复合属于非辐射复合。

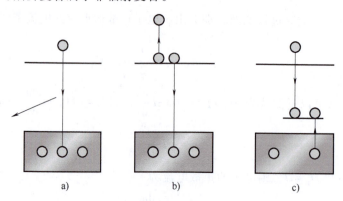

图 3-14　不同的载流子复合类型

a）辐射复合　b）俄歇复合　c）陷阱复合

载流子复合对太阳能电池的性能有重要的影响。载流子复合会影响少数载流子寿命，进而影响载流子的扩散长度和收集效率。载流子复合会导致光生载流子的损失，降低短路电流和开路电压，影响光电转换效率。因此，当前关于太阳能电池性能的研究，特别是近年来关于钙钛矿太阳能电池性能的研究，很多都在关注缺陷对太阳能电池性能的影响，希望通过减少缺陷造成的载流子复合来提升太阳能电池的光电转换效率。

3.6.1　辐射复合

辐射复合指的是导带中的电子直接与价带中的空穴结合并释放出光子的过程。辐射复合包括自发辐射和受激辐射。受激辐射在激光器件和发光二极管中的作用比较明显。对于太阳能电池，由于导带中的电子数量不多，受激辐射相对于自发辐射很微弱，因此在太阳能电池中，主要考虑自发辐射。

辐射复合率 U_{rad} 正比于电子和空穴的浓度，其表达式为

$$U_{rad} = B_{rad}(np - n_i^2) \tag{3-57}$$

式中，B_{rad} 为辐射复合系数，由半导体的性质决定，与载流子浓度无关。

吸收系数 α 越大，辐射复合系数 B_{rad} 越大，辐射复合率 U_{rad} 也就越大。因此，辐射复合是直接带隙半导体中载流子的主要复合类型。

对于掺杂半导体，如果受到光照、电场和温度梯度等外界因素的影响，半导体材料将不再处于热平衡状态，载流子浓度 n 和 p 都会增加，此时半导体材料处于准热平衡状态。在光照条件下，半导体材料会产生光生电子和光生空穴。电子浓度的增加量（$n - n_0$）称为过剩电子浓度，空穴浓度的增加量（$p - p_0$）称为过剩空穴浓度。过剩电子浓度和过剩空穴浓度合称过剩载流子浓度。过剩载流子浓度对多数载流子和少数载流子浓度的影响不同。假设准热平衡状态下载流子浓度都增加了 Δn，则有

$$\Delta n = n - n_0 = p - p_0 \tag{3-58}$$

对于 P 型半导体，受主原子浓度远大于本征载流子浓度，空穴浓度远大于电子浓度，则

$$np - n_i^2 = (n_0 + \Delta n)(p_0 + \Delta n) - n_0 p_0 = \Delta n(n_0 + p_0) = \Delta n N_a \tag{3-59}$$

将式（3-59）代入式（3-57），得到

$$U_{rad} = B_{rad} N_a (n - n_0) = \frac{n - n_0}{\tau_{rad}} \tag{3-60}$$

式中，$\tau_{rad} = \dfrac{1}{B_{rad} N_a}$ 为 P 型半导体的辐射少数载流子寿命。

在 P 型半导体中，辐射复合率与过剩少数载流子浓度成正比。

对于 N 型半导体，施主原子浓度远大于本征载流子浓度，平衡电子浓度远大于平衡空穴浓度，则

$$np - n_i^2 = (n_0 + \Delta n)(p_0 + \Delta n) - n_0 p_0 = \Delta n(n_0 + p_0) = \Delta n N_d \tag{3-61}$$

将式（3-61）代入式（3-57），得到

$$U_{rad} = B_{rad} N_d (p - p_0) = \frac{p - p_0}{\tau_{rad}} \tag{3-62}$$

式中，$\tau_{\mathrm{rad}} = \dfrac{1}{B_{\mathrm{rad}} N_{\mathrm{d}}}$ 为 N 型半导体的辐射少数载流子寿命。

在 N 型半导体中，辐射复合率与过剩少数载流子浓度成正比。

3.6.2 俄歇复合

俄歇复合是指导带中的电子和价带中的空穴复合，释放的能量被另一个导带中的电子或者价带中的空穴吸收并增加其动能，增加的动能在数值上相当于带隙 E_{g} 的大小。如果半导体材料的带隙比较小，同时载流子浓度又很高，就容易发生俄歇复合。俄歇复合在直接带隙和间接带隙半导体中都会出现，也是硅和锗等间接带隙半导体产生复合损耗的主要机理。

对于 N 型半导体，电子是多数载流子，空穴是少数载流子，因此容易发生两个导带电子和一个空穴的俄歇复合。两个导带电子碰撞，使得其中一个发生碰撞的电子和空穴复合，另一个发生碰撞的电子被激发，获得更大的动能。该受激发的电子会弛豫到导带底，把从俄歇复合中获得的动能以热能的形式作为声子传递给周围晶格。N 型半导体的俄歇复合过程包含了两个导带电子和一个价带空穴，俄歇复合率和电子浓度的二次方及空穴浓度成正比，即

$$U_{\mathrm{Aug}} = B_{\mathrm{Aug}}(n^2 p - n_0^2 p_0) \tag{3-63}$$

式中，B_{Aug} 为俄歇复合系数。

在 N 型半导体中，电子是多数载流子，其浓度基本为施主原子浓度，且变化不大，$n \approx n_0 \approx N_{\mathrm{d}}$，则式（3-63）可以简化为

$$U_{\mathrm{Aug}} = \frac{p - p_0}{\tau_{\mathrm{Aug}}} \tag{3-64}$$

式中，$\tau_{\mathrm{Aug}} = \dfrac{1}{B_{\mathrm{Aug}} N_{\mathrm{d}}^2}$ 为 N 型半导体的俄歇少数载流子寿命。

同样的，对于 P 型半导体，空穴是多数载流子，电子是少数载流子，因此容易发生两个空穴和一个导带电子的俄歇复合，其俄歇复合率和电子浓度的二次方及空穴浓度成正比，即

$$U_{\mathrm{Aug}} = B_{\mathrm{Aug}}(n p^2 - n_0 p_0^2) \tag{3-65}$$

式中，B_{Aug} 为俄歇复合系数。

在 P 型半导体中，空穴的浓度和受主原子浓度基本相等，且变化不大，$p \approx p_0 \approx N_{\mathrm{a}}$，则式（3-65）可以简化为

$$U_{\mathrm{Aug}} = \frac{n - n_0}{\tau_{\mathrm{Aug}}} \tag{3-66}$$

式中，$\tau_{\mathrm{Aug}} = \dfrac{1}{B_{\mathrm{Aug}} N_{\mathrm{a}}^2}$ 为 P 型半导体的俄歇少数载流子寿命。

对于 N 型半导体或者 P 型半导体，其俄歇复合率与过剩少数载流子浓度成正比。

3.6.3 陷阱复合

陷阱复合是由带隙内的缺陷引起的。缺陷或者杂质可在半导体的禁带中形成一定的能

级，称为陷阱能级。陷阱复合是太阳能电池中非常重要的载流子复合过程。

如图 3-15 所示，进入缺陷的载流子可以认为是被俘获了，被俘获的电子（或者空穴）在热激发的作用下发射回导带（或者价带），这样的缺陷称为陷阱态。俘获电子的陷阱态称为电子陷阱，俘获空穴的陷阱态称为空穴陷阱。

如果被俘获的电子（或者空穴）在被发射前，陷阱态又俘获了一个空穴（或者电子），这个时候电子和空穴会在缺陷的作用下发生复合，这种陷阱态称为复合中心。陷阱态一般是浅能级缺陷，复合中心一般是深能级缺陷。

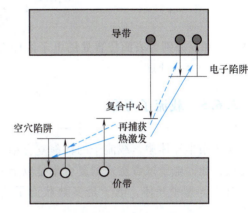

图 3-15 电子陷阱、空穴陷阱和复合中心在能带中的位置

复合中心的陷阱复合率 U_{trap} 为

$$U_{\text{trap}} = \frac{np - n_{\text{i}}^2}{\tau_{\text{trap}}^{\text{n}}(p + p_{\text{t}}) + \tau_{\text{trap}}^{\text{p}}(n + n_{\text{t}})} \quad (3\text{-}67)$$

式中，$\tau_{\text{trap}}^{\text{n}}$、$\tau_{\text{trap}}^{\text{p}}$ 分别为电子陷阱寿命和空穴陷阱寿命；n_{t}、p_{t} 为分析过程中产生的参数，称为电子陷阱系数、空穴陷阱系数，表达式为

$$n_{\text{t}} = n_{\text{i}} \exp\left(\frac{E_{\text{t}} - E_{\text{i}}}{k_{\text{B}} T}\right) \quad (3\text{-}68)$$

$$p_{\text{t}} = n_{\text{i}} \exp\left(\frac{E_{\text{i}} - E_{\text{t}}}{k_{\text{B}} T}\right) \quad (3\text{-}69)$$

式中，E_{t} 为陷阱能级。

对于 P 型半导体，空穴是多数载流子，同时有 $p = N_{\text{a}}$，$N_{\text{a}} \gg p_{\text{t}}$，$\tau_{\text{trap}}^{\text{n}} N_{\text{a}} \gg \tau_{\text{trap}}^{\text{p}} n_{\text{t}}$，则式（3-67）可以化简为

$$U_{\text{trap}} = \frac{n - n_0}{\tau_{\text{trap}}^{\text{n}}} \quad (3\text{-}70)$$

同理，对于 N 型半导体，式（3-67）可以化简为

$$U_{\text{trap}} = \frac{p - p_0}{\tau_{\text{trap}}^{\text{p}}} \quad (3\text{-}71)$$

对于 N 型半导体或者 P 型半导体，其陷阱复合率和过剩少数载流子浓度成正比。

3.6.4 表面复合和晶界复合

在半导体中，表面和晶界处的缺陷类型包括悬挂键、晶界杂质等。表面和晶界处的缺陷一般会形成深能级陷阱态，也就是复合中心，对太阳能电池的性能产生重要的影响。

对于表面复合和晶界复合的复合速率，由于载流子的复合主要在二维平面内发生，因此在这里使用表面复合率 U_{s} 来描述单位面积内的复合率。那么，在厚度为 δx 的表面薄层中，单位面积、单位时间内载流子的复合数量为

$$U_s \delta x = \frac{np - n_i^2}{\frac{1}{S_n}(p + p_t) + \frac{1}{S_p}(n + n_t)} \tag{3-72}$$

式中，n 和 p 分别为表面位置处的电子浓度和空穴浓度；S_n 和 S_p 分别为电子表面复合速度和空穴表面复合速度。

3.6.5 载流子寿命

在掺杂半导体中，载流子的辐射复合率、俄歇复合率和陷阱复合率都与过剩少数载流子浓度成正比。电子或者空穴的复合率是以上三种复合率的叠加。

对于 N 型半导体，电子是多数载流子，空穴是少数载流子。其空穴复合率 U_p 的表达式为

$$U_p = U_{rad} + U_{Aug} + U_{trap} = \frac{p - p_0}{\tau_p} \tag{3-73}$$

式中，τ_p 为 N 型半导体的空穴寿命。

由式（3-62）、式（3-64）、式（3-71）和式（3-73）可得

$$\frac{1}{\tau_p} = \frac{1}{\tau_{rad}} + \frac{1}{\tau_{Aug}} + \frac{1}{\tau_{trap}^p} \tag{3-74}$$

因此，空穴寿命是辐射少数载流子寿命、俄歇少数载流子寿命、陷阱少数载流子寿命的叠加。

对于 P 型半导体，空穴是多数载流子，电子是少数载流子。其电子复合率 U_n 的表达式为

$$U_n = U_{rad} + U_{Aug} + U_{trap} = \frac{n - n_0}{\tau_n} \tag{3-75}$$

式中，τ_n 为 P 型半导体的电子寿命。

由式（3-60）、式（3-66）、式（3-70）和式（3-75）可得

$$\frac{1}{\tau_n} = \frac{1}{\tau_{rad}} + \frac{1}{\tau_{Aug}} + \frac{1}{\tau_{trap}^n} \tag{3-76}$$

因此，电子寿命是辐射少数载流子寿命、俄歇少数载流子寿命、陷阱少数载流子寿命的叠加。

空穴寿命和电子寿命合称为少数载流子寿命。少数载流子寿命对太阳能电池的性能具有重要影响。

3.7 半导体 PN 结

本征半导体经过掺杂后形成 P 型半导体和 N 型半导体，二者在紧密接触的过程中会形成 PN 结。PN 结是太阳能电池的基础，其形成过程和性质决定了太阳能电池的工作原理和光电转换效率。深入理解 PN 结的物理机制，优化 PN 结的材料和器件设计，是提高太阳能电池性能的关键。

3.7.1　PN结的形成

假设 P 型半导体和 N 型半导体均为理想半导体，受主原子和施主原子在半导体内均匀分布，其掺杂浓度分别为 N_a 和 N_d，在室温条件下施主原子和受主原子完全电离。在 P 型半导体中，空穴为多数载流子，电子为少数载流子。在 N 型半导体中，电子为多数载流子，空穴为少数载流子。当 P 型半导体和 N 型半导体接触时，N 型半导体中靠近界面的电子会扩散进入 P 型半导体，并和 P 型半导体中的空穴复合，形成 PN 结。图 3-16 所示为 PN 结形成过程，具体步骤如下：

1）电子扩散：N 型半导体中电子的浓度远大于 P 型半导体中电子的浓度。N 型半导体中靠近界面的一侧，电子在浓度差异的作用下，从 N 型半导体扩散进入 P 型半导体，并与 P 型半导体中的空穴复合。电子扩散之后，N 型半导体和 P 型半导体靠近界面的位置，电子和空穴的浓度减少。

2）空间电荷区形成：随着电子从 N 型区扩散到 P 型区，在 N 型区靠近界面处留下带正电的施主离子。同样的，由于电子扩散到 P 型区并与空穴复合，在 P 型区中留下带负电的受主离子。在理想情况下，施主离子和受主离子位置不变，不会发生扩散。通常把 PN 结界面附近的施主离子和受主离子称为空间电荷，把它们所在的区域称为空间电荷区。

3）内建电场的形成：PN 结界面附近的 N 型区只留下带正电的施主离子，P 型区只留下

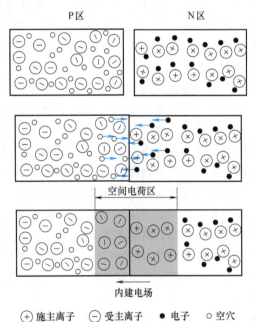

图 3-16　PN 结形成过程

带负电的受主离子。因此，在空间电荷区会形成一个电场，称为内建电场，其方向从 N 型区指向 P 型区。

4）载流子漂移：在内建电场的作用下，空间电荷区的电子或者空穴会发生漂移运动，电子从 P 型区漂移至 N 型区，空穴从 N 型区漂移至 P 型区。载流子的漂移运动方向和扩散运动方向相反，两种运动互相抵消。

5）动态平衡：在 PN 结界面附近，载流子的扩散运动和漂移运动恰好相反。在 P 型半导体和 N 型半导体刚开始接触时，扩散运动强于漂移运动，随着扩散的进行，空间电荷区变宽，内建电场增大，载流子的漂移运动增强。直到载流子扩散电流和漂移电流大小相等，达到动态平衡。即从 N 型区扩散进入 P 型区的电子数目等于从 P 型区漂移进入 N 型区的电子数目。此时 PN 结中没有电流流过，空间电荷区的宽度最大，内建电势差也达到了最大值。

3.7.2 PN 结的能带结构

如图 3-17 所示，N 型半导体电子浓度较高，其费米能级 E_F^n 比较接近导带底 E_C。P 型半导体内电子浓度较低，其费米能级 E_F^p 比较接近价带顶 E_V。当 P 型半导体和 N 型半导体接触时，电子从 N 型半导体流向 P 型半导体，即从费米能级高的位置扩散到费米能级低的位置。随着扩散的进行，N 型区电子浓度降低，费米能级下降，P 型区电子浓度增高，费米能级上升，直到热平衡状态时，PN 结内部具有统一的费米能级 E_F。

在费米能级的移动过程中，N 型半导体和 P 型半导体的能级也会跟随各自的费米能级发生相同的移动。热平衡时，在空间电荷区会发生能带弯曲。在远离空间电荷区的 N 型区和 P 型区，能级不会受到影响，不会发生能带弯曲。

在热平衡状态下，空间电荷区的能带弯曲形成能量势垒，电子从 N 型区运动到 P 型区需要克服能量势垒。将热平衡状态下空间电荷区两端的电势差称为内建电压 V_{bi}。从图 3-17 可以看出，N 型区和 P 型区的能带发生相对移动，两者的移动距离之和即为 N 型半导体和 P 型半导体的费米能级之差，即

$$qV_{bi} = E_F^n - E_F^p \tag{3-77}$$

将热平衡状态下 N 型区的电子浓度记为

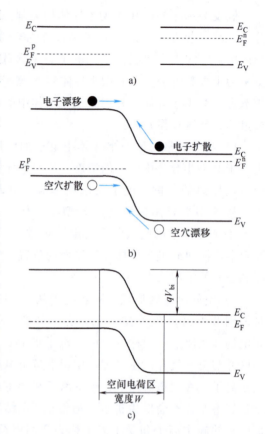

图 3-17 PN 结形成过程中能带的变化

a）接触前 b）已接触但尚未形成热平衡
c）已处于热平衡状态

n_{n0}，空穴浓度记为 p_{n0}；P 型区空穴浓度记为 p_{p0}，电子浓度记为 n_{p0}。在形成 PN 结前后，N 型中性区和 P 型中性区载流子的浓度不变。如果根据分立的 N 型半导体和 P 型半导体分别计算电子浓度，由式（3-37）可得

$$n_{n0} = N_C \exp\left(\frac{E_F^n - E_C}{k_B T}\right) \tag{3-78}$$

$$n_{p0} = N_C \exp\left(\frac{E_F^p - E_C}{k_B T}\right) \tag{3-79}$$

将式（3-78）和式（3-79）相除并取对数可得

$$\ln\left(\frac{n_{n0}}{n_{p0}}\right) = \frac{E_F^n - E_F^p}{k_B T} \tag{3-80}$$

根据掺杂半导体载流子浓度的近似形式，$n_{n0} = N_d$，$n_{p0} = n_i^2 N_a$，并将式（3-77）代入式（3-80），

可得

$$V_{bi} = \frac{k_B T}{q} \ln\left(\frac{N_a N_d}{n_i^2}\right) \tag{3-81}$$

式（3-81）表明，在半导体已确定时，PN 结的内建电压与 PN 结两端 N 型半导体、P型半导体的掺杂浓度、温度有关。

3.7.3　PN 结内建电场强度

对 PN 结电学性能的描述需要满足两个假设条件：

1）空间电荷区和电中性区的界面是突变结。所谓突变结，指的是从 P 型区到 N 型区，或者从电中性区到空间电荷区，电荷密度是突然变化的。

2）P 型半导体和 N 型半导体内的掺杂原子是均匀分布的。

根据以上假设条件，一维 PN 结内的电荷分布如图 3-18 所示。在电中性区的电荷浓度为 0，在空间电荷区中 P 型区的电荷浓度为 N_a，N 型区的电荷浓度为 N_d，设空间电荷区中 P 型区的宽度为 W_p，N 型区的宽度为 W_n，PN 结的横截面积为 A。对于整个 PN 结而言，其对外表现为电中性，那么正电荷和负电荷的浓度相等，则

$$N_a W_p = N_d W_n \tag{3-82}$$

由式（3-82）可知，空间电荷区的宽度和掺杂浓度成反比，掺杂浓度越高，空间电荷区的宽度越小。

在电中性区，电场强度 E 为 0。在空间电荷区，根据一维泊松定理，电势 ϕ 和电场强度 E 的表达式为

$$\frac{d^2 \phi}{dx^2} = -\frac{dE}{dx} = \begin{cases} \dfrac{qN_a}{\varepsilon_0 \varepsilon_r}, & -W_p \le x < 0 \\[3mm] -\dfrac{qN_d}{\varepsilon_0 \varepsilon_r}, & 0 \le x \le W_n \end{cases} \tag{3-83}$$

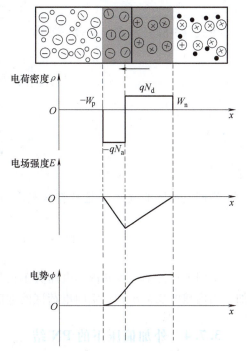

图 3-18　一维 PN 结内的电荷分布

式中，ε_0 为真空介电常数，ε_r 为相对介电常数。

求解式（3-83）可以得到空间电荷区的电场强度表达式，即

$$E = \begin{cases} -\dfrac{qN_a}{\varepsilon_0 \varepsilon}(x + W_p), & -W_p \le x < 0 \\[3mm] \dfrac{qN_d}{\varepsilon_0 \varepsilon}(x - W_n), & 0 \le x \le W_n \end{cases} \tag{3-84}$$

根据式（3-84）可得，在 PN 结界面处，电场强度达到最大值。空间电荷区内的电场强

度都小于 0，即内建电场的方向从 N 型区指向 P 型区。

电势的参考点可以任意设定，在这里把 $x=-W_\mathrm{p}$ 设置为电势零点。根据 PN 结的假设条件，内建电压完全分布在空间电荷区，因此有

$$\phi(-W_\mathrm{p})=0 \tag{3-85}$$

$$\phi(W_\mathrm{n})=V_\mathrm{bi} \tag{3-86}$$

求解式（3-83）可以得到空间电荷区的电势分布的表达式，即

$$\phi=\frac{qN_\mathrm{a}}{2\varepsilon\varepsilon_0}(x+W_\mathrm{p})^2,\ -W_\mathrm{p}<x<0 \tag{3-87}$$

$$\phi=-\frac{qN_\mathrm{d}}{2\varepsilon\varepsilon_0}(x-W_\mathrm{n})^2+V_\mathrm{bi},\ 0<x<W_\mathrm{n} \tag{3-88}$$

电势分布函数如图 3-18 所示。

对于理想 PN 结，电势在空间电荷区是连续的，因此有

$$\lim_{x\to+0}\phi=\lim_{x\to-0}\phi \tag{3-89}$$

由式（3-82）和式（3-89）可得

$$W_\mathrm{p}=\frac{1}{N_\mathrm{a}}\sqrt{\frac{2\varepsilon_\mathrm{r}\varepsilon_0 V_\mathrm{bi}}{q\left(\dfrac{1}{N_\mathrm{a}}+\dfrac{1}{N_\mathrm{d}}\right)}} \tag{3-90}$$

$$W_\mathrm{n}=\frac{1}{N_\mathrm{d}}\sqrt{\frac{2\varepsilon_\mathrm{r}\varepsilon_0 V_\mathrm{bi}}{q\left(\dfrac{1}{N_\mathrm{a}}+\dfrac{1}{N_\mathrm{d}}\right)}} \tag{3-91}$$

空间电荷区的宽度 W 是 P 型区宽度和 N 型区宽度之和，即

$$W=W_\mathrm{p}+W_\mathrm{n}=\sqrt{\frac{2\varepsilon_\mathrm{r}\varepsilon_0 V_\mathrm{bi}}{q}\frac{(N_\mathrm{a}+N_\mathrm{d})}{N_\mathrm{a}N_\mathrm{d}}} \tag{3-92}$$

空间电荷区的宽度和内建电压大小正相关。当内建电压增加时，空间电荷区的宽度也增加；当内建电压减小时，空间电荷区的宽度也减小。

3.7.4　外加偏压下的 PN 结

当 PN 结处于热平衡状态时，PN 结内的扩散电流和漂移电流达到平衡状态，内部净电流为零。当 PN 结两端存在偏压时，这种平衡状态就会被打破。在偏压比较小的情况下，可以认为 PN 结处于准平衡状态。如果对 P 型区施加的电压相比于 N 型区的电压为正，那么该偏压称为正向偏压。反之，如果对 P 型区施加的电压相比于 N 型区的电压为负，那么该偏压称为反向偏压。

如图 3-19 所示，如果对 PN 结施加反向偏压 V_r，此时 N 型半导体电势增加，其电势能整体降低。N 型半导体的能带继续向下移动，PN 结内的能带弯曲程度增加。此时，PN 结不再处于平衡状态，P 型半导体和 N 型半导体不再具有相同的费米能级。由于此时外加偏压的方向和内建电场的方向相同，内建电压得到增强，从 V_bi 增大到 $(V_\mathrm{bi}+V_\mathrm{r})$，空间电荷区的

宽度增加。那么，此时电子的漂移运动大于扩散运动，产生从 P 型区到 N 型区的电子净漂移，由于电子是 P 型半导体的少数载流子，其浓度较低，该电流很小，所以一般认为 PN 结在反向偏压的情况下不导通。

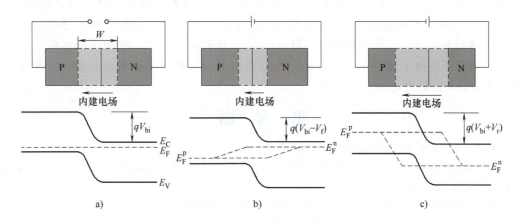

图 3-19　PN 结在不同外加偏压下的空间电荷区和能带变化

a）无偏压　b）正向偏压　c）反向偏压

如果对 PN 结施加正向偏压 V_f，此时 P 型半导体电势增加，因此其电势能相比于 N 型半导体较低。P 型半导体的费米能级向下移动，PN 结内的能带弯曲程度减弱。此时 PN 结不再处于平衡状态，P 型半导体和 N 型半导体的费米能级不相同。由于外加偏压的方向和内建电场的方向相反，内建电压降低，从 V_{bi} 减小到（$V_{bi}-V_f$），空间电荷区的宽度变小。那么此时电子的扩散运动大于漂移运动，产生从 N 型区到 P 型区的电子净扩散。电子是 N 型半导体的多数载流子，大量电子穿过空间电荷区扩散进入 P 型区，成为 P 型区的过剩电子。这些过剩电子在 P 型区一边扩散一边复合，电子和空穴在电中性区和空间电荷区不断复合而消失，损失的电子和空穴则分别通过外接电源的负极和正极得到补充，由此 PN 结在正向偏压下处于导通状态。

理论分析表明，在外加偏压条件下，PN 结的伏安特性曲线为

$$J=J_0\left(\exp\frac{qV}{mk_BT}-1\right) \tag{3-93}$$

式中，V 和 J 分别为 PN 结两端的电压和流经 PN 结的电流密度；m 为 PN 结的理想因子，m 的取值为 1~2，主要取决于 PN 结的制造材料和结构特征。对于理想的 PN 结，m 的取值为 1；J_0 为反向饱和电流密度，它与电子的扩散系数 D_n、扩散长度 L_n 以及空穴的扩散系数 D_p、扩散长度 L_p 有关，而且还与 P 型区和 N 型区的掺杂浓度 N_a 和 N_d 有关，具体表达式为

$$J_0=q\left(\frac{D_pn_i^2}{N_dL_p}+\frac{D_nn_i^2}{N_aL_n}\right) \tag{3-94}$$

从式（3-93）可以看出，当对 PN 结施加正向偏压时，若电压超过结电压，则电流会随着电压的增加以指数方式迅速增加。若对 PN 结施加反向偏压，则电流会一直保持在很小的反向饱和电流水平，直到 PN 结被击穿。

3.7.5 光照条件下的 PN 结

在光照条件下，PN 结吸收入射光，在 P 型区、N 型区和空间电荷区都会产生载流子，生成电子-空穴对。在内建电压 V_{bi} 的作用下，电子-空穴对分离，少数载流子通过空间电荷区，成为多数载流子。当外电路短路，即 $V=0$ 时，根据耗尽近似，空间电荷区的准费米能级相等，分离后的电子和空穴分别通过与 P 型区和 N 型区相连的电极对外做功。光照条件下的 PN 结即太阳能电池的工作原理。

思 考 题

1. 导体、半导体和绝缘体的能带结构有什么差异？

2. 什么是直接带隙半导体和间接带隙半导体？在学习本书和阅读相关资料的基础上，说明如何通过吸收系数确定半导体的带隙。

3. 什么是费米能级？在什么情况下，本征能级位于带隙的中间位置？

4. 假设硅在 $T=300K$ 的条件下，其本征载流子浓度为 $1.5\times10^{10}\ cm^{-3}$。对于一个有掺杂的硅半导体材料，其施主原子浓度 $N_d=2\times10^{16}\ cm^{-3}$，受主原子浓度 $N_a=0$。请计算在平衡状态下，温度为 300 K 时，该半导体材料的电子浓度和空穴浓度。

5. 请简述 PN 结的形成过程。

参 考 文 献

［1］ NEAMEN D A. 半导体物理与器件［M］. 4 版. 赵毅强，姚素英，史再峰，等译. 北京：电子工业出版社，2017.

［2］ NELSON J. 太阳能电池物理［M］. 高扬，译. 上海：上海交通大学出版社，2018.

［3］ GREEN M A. 硅太阳能电池：高级原理与实践［M］. 狄大卫，欧阳子，韩见殊，等译. 上海：上海交通大学出版社，2011.

［4］ 格林. 太阳能电池工作原理、技术和应用系统［M］. 狄大卫，曹昭阳，李秀文，等译. 上海：上海交通大学出版社，2010.

［5］ 高平奇，王子磊，林豪，等. 太阳电池物理与器件［M］. 广州：中山大学出版社，2022.

［6］ 魏光普，张忠卫，徐传明，等. 高效率太阳电池与光伏发电新技术［M］. 北京：科学出版社，2017.

［7］ 丁建宁. 新型薄膜太阳能电池［M］. 北京：化学工业出版社，2018.

第4章

太阳能电池基础

太阳能电池是将太阳的光能转换为电能的半导体器件，其工作的基础是半导体 PN 结的光伏效应，即当物体受到光照时，物体内的电荷分布状态发生变化而产生电动势和电流的现象。深入了解太阳能电池的工作原理，对太阳能电池的设计和制备技术有重要意义。本章重点介绍与太阳能电池相关的半导体物理基础知识和器件工作原理，主要包括太阳能电池工作原理、太阳能电池 J-V 曲线、串并联电阻与等效电路、载流子的传输与复合、太阳能电池的主要性能参数及影响因素等。

4.1 太阳能电池工作原理

太阳能电池是将太阳的光能转换为电能的半导体器件，其工作基于半导体 PN 结的光伏效应，即当物体受到光照时，物体内的电荷分布状态发生变化而产生电动势和电流的现象。当用适当波长的光照射半导体的 PN 结时，由于内建电场的作用（无外加电场），PN 结两侧产生电动势（光生电压），此时将 PN 结短路，就会产生电流（光生电流）。掌握 PN 结的光伏效应和载流子传输过程，对于设计和优化太阳能电池至关重要。

4.1.1 PN 结与光伏效应

由 3.7 节可知，P 型半导体的空穴数量远多于电子数量，例如掺入少量硼元素（或铟元素）的硅晶体（或锗晶体）；N 型半导体的电子数量远多于空穴的数量，例如掺入少量磷元素（或锑元素）的硅晶体（或锗晶体）。PN 结是由一个 N 型半导体和一个 P 型半导体紧密接触所构成的，其接触界面称为冶金结界面。值得注意的是，PN 结是 P 型半导体和 N 型半导体在原子尺度上的紧密连接，但在实际制造中，不能通过 P 型和 N 型半导体的直接接触形成 PN 结。由于直接接触难以做到原子尺度上的拼接，因此在实际生产过程中多会在一块完整的硅片上，用不同的掺杂工艺使其一边形成 N 型半导体，另一边形成 P 型半导体，两种半导体的交界面附近即形成 PN 结。

光以光子的形式传播，光子的能量 E 由光的频率 ν 决定。当物质吸收入射光后，光子的能量使电子跃迁到高能级。在半导体材料中，当光子能量 E（$E = h\nu$）大于半导体的带隙（E_{g}）时，就有可能产生本征吸收，即价带电子被激发到导带，形成电子-空穴对。当 PN 结受到适当波长的光照时，本征吸收在 PN 结的两边产生电子-空穴对（光生载流子）。在光激发下，因 P 型区产生的光生空穴和 N 型区产生的光生电子属多数载流子，都被势垒阻挡而不能过结，只有 P 型区产生的光生电子和 N 型区产生的光生空穴（少数载流子）扩散到内建电场附近时能在内建电场作用下漂移过结。由此可见，光激发对多数载流子浓度的改变一般很小，而对少数载流子浓度的改变却很大。所以，能引起光伏效应的是本征吸收所激发的少数载流子，因此应主要研究光生少数载流子的运动。由于内建电场的作用，光生电子被拉向 N 型区，光生空穴被拉向 P 型区，即电子-空穴对被内建电场分离。这导致在 N 型区边界附近有光生电子积累，在 P 型区边界附近有光生空穴积累。它们会产生一个与热平衡 PN 结的内建电场方向相反的光生电场，其方向由 P 型区指向 N 型区，于是在 PN 结两端形成了光生电动势，这就是 PN 结的光伏效应。PN 结能带结构示意图如图 4-1 所示，由于光照产生的载流子各自向相反方向运动，在 PN 结两端产生了光生电势差，相当于在 PN 结两端加正向电压 V，电场使势垒降低了（$qV_{\text{bi}} - qV_{\text{f}}$）。该减小量即光生电势差，P 端正，N 端负。

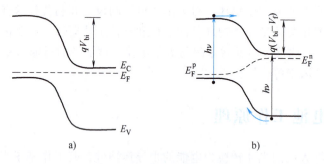

图 4-1 PN 结能带结构示意图

a）无光照条件 b）光照条件

如将 PN 结与外电路接通，只要光照不停止，就会有电流源源不断地通过外电路，此时 PN 结起到电源的作用。这就是太阳能电池的工作原理，如图 4-2 所示。通过光照在 PN 结产

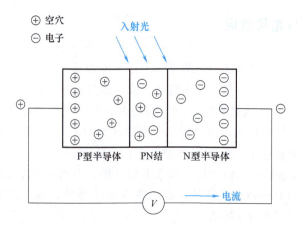

图 4-2 太阳能电池的工作原理

生的电子-空穴对越多，电流越大。PN 结的面积越大，吸收的光能越多，在太阳能电池中形成的电流也越大。

4.1.2　载流子产生与分离

作为光与物质相互作用的重要表现之一，光伏效应关注于光照下半导体材料中电子-空穴对的产生、分离以及光生电压和电流的形成。太阳能电池能够在光照下产生电能，主要涉及两个关键过程。第一个过程是吸收入射光子以产生电子-空穴对，只要入射光子的能量大于带隙的能量，太阳能电池中就能产生电子-空穴对。然而，电子（在 P 型半导体材料中）和空穴（在 N 型半导体材料中）是亚稳定的，平均而言，它们在复合之前仅存在等于少数载流子寿命的时间长度。若载流子复合，则入射光产生的电子-空穴对就会丢失，并且不会产生电流或功率。第二个过程是通过 PN 结收集这些载流子，并在空间上分离电子和空穴来防止这种复合。半导体内部 PN 结附近生成的载流子没有复合而到达空间电荷区后，受内建电场的吸引，电子流入 N 型区，空穴流入 P 型区，结果使 N 型区储存了过剩的电子，P 型区储存了过剩的空穴。它们在 PN 结附近形成与势垒方向相反的光生电场。光生电场除部分抵消势垒的作用外，还使 P 型区带正电，N 型区带负电，由此在 N 型区和 P 型区之间的薄层处就产生了电动势。

由上面的分析可以看出，为使太阳能电池产生光生电动势（或光生积累电荷），应该满足载流子产生与分离的两个条件：

1）半导体材料对一定波长的入射光有足够大的吸收系数 α，即要求入射光子的能量 $h\nu$ 大于或等于半导体材料的带隙 E_g，则光子能够将价带中的电子激发至导带，同时在价带中留下空穴。这些被激发的电子和空穴即为太阳能电池中的载流子。光子能量超出 E_g 的部分迅速以热量的形式散失，如图 4-3 所示。太阳能电池能够响应的最大波长被半导体材料的带隙限制，当带隙在 1.0~1.6eV 范围内时，入射光子的能量才有可能被最大限度地利用。

2）半导体材料中存在一个内建电场所对应的势垒区。势垒区的重要作用是分离两种不同电荷的光生非平衡载流子，在 P 型区内积累非平衡空穴，而在 N 型区内积累非平衡电子。由于二者产生了一个与平衡 PN 结内建电场相反的光生电场，于是在 P 型区和 N 型区之间建立了光生电动势（或称光生电压）。在 PN 结内建电场 E 的作用下，电子受电场力，向 N 型区一侧移动，空穴向 P 型区一侧移动，如图 4-4 所示。总体来说，离 PN 结越近的区域产生的电子-空穴对越容易被收集。在短路情况下，被收集的载流子将会产生一定大小的电流。如果电子-空穴对在 PN 结附近小于一个扩散长度的范围内产生，被收集的概率也较大。

但在真实的太阳能电池半导体材料中，理论推导结果描述的吸收系数的函数关系，即式（4-1）往往并不适用。

$$\alpha(E) \propto (E - E_g)^{\frac{1}{2}} \tag{4-1}$$

例如，直接带隙半导体（如 GaAs）太阳能电池与非晶硅太阳能电池相同，吸收光子即可产生载流子，不需要吸收声子。一些间接带隙半导体（如晶体硅）太阳能电池，载流子的产生则需要同时吸收声子和光子。在染料敏化太阳能电池中，吸收的光子作为敏化剂，与染料产生电子，再注入半导体材料 TiO_2 的导带。而在有机太阳能电池中，吸收的光子会产

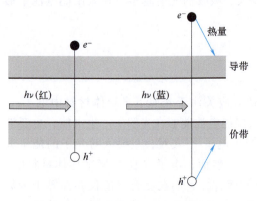

图 4-3　光照产生电子-空穴对的过程

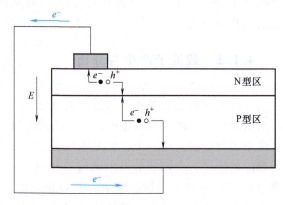

图 4-4　短路情况下 PN 结中电子与空穴的流动

生激子，然后分离为载流子。激子是具有库仑束缚的电子-空穴对，可以由能量小于带隙 E_g 的光子产生。而染料敏化太阳能电池中的染料与激子一样，都是产生载流子的中间过程，在吸收光子后，敏化分子处于激发态，随后分离成电离态分子和自由电子，自由电子进入 TiO_2 半导体的导带。

在有机太阳能电池或染料敏化太阳能电池中，载流子的产生率为

$$G(x) = \int [1 - R(E)] \eta_{\mathrm{diss}}(E) b_{\mathrm{s}}(E, T_{\mathrm{s}}) \alpha(E, x) \exp\left[-\int_0^x \alpha(E, x') \mathrm{d}x'\right] \mathrm{d}E \qquad (4-2)$$

式中，$\eta_{\mathrm{diss}}(E)$ 为激子或者敏化分子的分离量子效率，它描述了吸收能量为 E 的光子后，产生载流子的概率。

在 PN 结中，扩散电流可以忽略不计，比较重要的是成分梯度引起的漂移电流和内建电场，内建电场驱动载流子做相反方向的运动，有效实现了载流子分离，产生漂移电流。值得一提的是，合金或者异质结可以形成明显的成分梯度，实现载流子的分离。而如果对本征半导体进行具有空间变化的掺杂，形成合金，也可以产生较大的电场强度，而且合金形成的 PN 结可以避免异质结的界面缺陷问题，这是太阳能电池中最常用的载流子分离机理。

为了提高太阳能电池的性能和效率，研究者们不断探索和应用各种性能优化技术。这些技术包括改进半导体材料的纯度与晶体结构、优化太阳能电池结构设计、提升界面层的导电性能与选择性、采用先进的封装技术等。通过综合运用这些技术，可以有效地提高太阳能电池的载流子产生与分离效率，从而提高太阳能电池的光电转换效率和使用寿命。

4.2　太阳能电池 *J-V* 曲线

4.2.1　理想二极管曲线

太阳能电池的工作原理可以通过其 *J-V*（电流密度-电压）曲线来解释，而理想二极管曲线是理解这一特性的关键。

在无光照条件下，当存在负载时，太阳能电池的接触电极之间形成电压 V。在电压 V 的作用下，太阳能电池的非对称结构 PN 结分离载流子，产生暗电流密度（Dark Current Density，J_{dark}）。与单向导通的二极管一样，暗态条件下的太阳能电池表现出整流特性。在正向电压（Forward Voltage 或 Forward Bias）$V>0$ 时产生的电流密度 J（$V>0$）远大于在反向电压（Reverse Voltage 或 Reverse Bias）$V<0$ 时产生的电流密度 J（$V<0$）。在正向导通的情况下，二极管的电阻随电压 V 变化，电流密度 J 和电压 V 呈指数关系。如果二极管或太阳能电池的温度 T 与环境温度 T_a 相同，在热平衡状态下，暗电流密度 J_{dark} 满足肖克利二极管方程（Shockley Diode Equation），即

$$J_{dark}(V) = J_0 \left[\exp\left(\frac{qV}{k_B T_a} \right) - 1 \right] \tag{4-3}$$

式中，J_0 为反向饱和电流（Reverse Saturation Current Density），即二极管在反向电压（$V<0$）下，还未达到击穿电压时的电流；q 为电子电荷，$q = 1.6 \times 10^{-19} \text{C}$；$V$ 为输出电压；k_B 为玻尔兹曼常数，$k_B = 8.62 \times 10^{-5} \text{eV/K} = 1.38 \times 10^{-23} \text{J/K}$；$T_a$ 为环境温度。

肖克利二极管方程描述的理想二极管模型适用于未达到击穿电压的情况，如图 4-5 所示。

当太阳能电池受到光照时，光子被吸收，并在 PN 结的耗尽区产生电子-空穴对。在内建电场的作用下，电子和空穴分别向 N 型区和 P 型区移动，形成光生电流。在光照条件下，太阳能电池可被建模为一个理想二极管与一个电流源并联的电路，电流源代表光生电流密度（Photocurrent Density）J_{ph}，J_{ph} 和短路电流密度（Short Circuit Current Density）J_{sc} 相等。太阳能电池伏安特性中的电流密度 J 是方向相反的 J_{ph} 与 J_{dark} 的叠加，如图 4-6 所示。

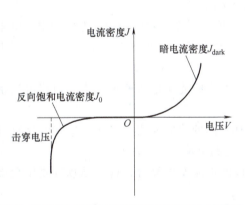

图 4-5　肖克利二极管方程描述的理想二极管模型　　**图 4-6　光生电流密度与暗电流密度的叠加**

因此，太阳能电池伏安特性中的电流密度 J 为

$$J(V) = J_{sc} - J_{dark}(V) \tag{4-4}$$

此时，根据式（4-3）和式（4-4）可表示为

$$J(V) = J_{sc} - J_0 \left[\exp\left(\frac{qV}{k_B T_a} \right) - 1 \right] \tag{4-5}$$

理想二极管曲线不仅揭示了太阳能电池的基本工作特性，还为太阳能电池参数的进一步分析奠定了基础。在理解这一曲线后，可以更深入地探讨太阳能电池的性能优化和实际应用。

4.2.2 开路电压与短路电流密度

太阳能电池的 J-V 曲线包含两个重要的特征点：开路电压（Open-circuit Voltage）V_{oc} 和短路电流密度（Short-circuit Current Density）J_{sc}。这两个参数是评估太阳能电池性能的关键指标。

开路电压 V_{oc} 是太阳能电池的最大有效电压。当电流 I 为 0 时，电压达到最大值，即开路电压。此时，光生电流全部用于驱动二极管的电流，即

$$V_{oc} = \frac{mk_B T}{q} \ln\left(\frac{J_{ph}}{J_0} + 1\right) \tag{4-6}$$

式中，m 为理想因子，通常取 $1 \sim 2$；k_B 为玻尔兹曼常数，$k_B = 8.62 \times 10^{-5} \text{eV/K} = 1.38 \times 10^{-23} \text{J/K}$；$T$ 为热力学温度，单位为 K；q 为电子电荷，$q = 1.6 \times 10^{-19} \text{C}$；$J_{ph}$ 为光生电流密度，单位为 A/cm^2；J_0 为反向饱和电流密度，单位为 A/cm^2；

从式（4-6）可以看出，开路电压 V_{oc} 受光生电流密度 J_{ph} 和反向饱和电流密度 J_0 的影响。光生电流密度 J_{ph} 越大，或反向饱和电流密度 J_0 越小，开路电压 V_{oc} 就越高。此外，温度降低时，对应的 $k_B T/q$ 项减小，会导致 V_{oc} 降低。

短路电流密度 J_{sc} 是指太阳能电池在电压为 0 时的输出电流密度。此时，光生电流密度 J_{ph} 全部输出，不受任何外部负载的限制，即 $J_{sc} \approx J_{ph}$。

在理想情况下，短路电流密度等于光生电流密度。但在实际应用中，考虑到串联电阻和表面复合效应等因素，短路电流密度会稍小于光生电流密度。短路电流密度主要受以下因素影响。

1）辐照度：太阳能电池接收的辐照度越高，产生的光生电流密度越大，短路电流密度也越大。

2）光谱响应：太阳能电池对不同波长的光有不同的响应能力，光谱响应好的材料可以吸收更多的光子，从而产生更多的电子-空穴对，短路电流密度也越高。

3）表面与体内复合：光生载流子在到达电极前可能发生复合，这会导致可收集载流子减少，也会造成短路电流密度的降低。

在实际应用中，开路电压和短路电流密度的测量是评估太阳能电池性能的基础步骤。通常使用 I-V 曲线追踪器来测量电流 I 随电压 V 的变化，再用电流 I 除以太阳能电池的有效面积，获得电流密度 J。

1）开路电压 V_{oc} 的测量：断开太阳能电池的电路，使用电压表测量太阳能电池两端电压。

2）短路电流密度 J_{sc} 的测量：将太阳能电池的两端短接，使用电流表测量通过的短路电流 I_{sc}，再除以太阳能电池的有效面积，获得短路电流密度 J_{sc}。

开路电压和短路电流密度不仅反映了太阳能电池的基本特性，还对最大功率点与填充因

子的计算有重要影响，是太阳能电池设计和优化的基础。

4.2.3 最大功率点与填充因子

太阳能电池的最大功率点（Maximum Power Point，MPP）指太阳能电池输出功率最大时的工作点，此时的电压为最大功率点电压，记为 V_m，电流密度为最大功率点电流密度，记为 J_m，如图 4-7 所示。

太阳能电池的输出功率密度 P 由电压 V 和电流密度 J 的乘积给出，即

$$P = VJ \tag{4-7}$$

在 J-V 曲线上，功率曲线的形状由电压和电流密度的关系决定。最大功率点是功率曲线上的峰值点。可以通过微分法找到，即使得功率对电压的导数为零，有

$$\frac{dP}{dV} = \frac{d(VJ)}{dV} = J + V\frac{dJ}{dV} = 0 \tag{4-8}$$

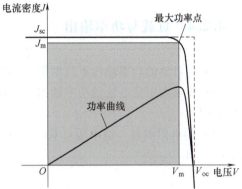

图 4-7 最大功率点

因此，在最大功率点处有

$$J_m + V_m\frac{dJ}{dV} = 0 \tag{4-9}$$

通过式（4-9），可以计算出 V_m 和 J_m，从而确定最大功率点的位置。

在实际应用中，最大功率点追踪（MPPT）技术用于保持太阳能电池在最大功率点运行，从而优化能量收集效率，这在光照条件变化时尤为重要。

填充因子（Fill Factor，FF）是描述太阳能电池性能的一个重要参数，其定义为最大功率与开路电压和短路电流密度乘积的比值，即

$$FF = \frac{V_m J_m}{V_{oc} J_{sc}} \tag{4-10}$$

填充因子表示 J-V 曲线中实际输出功率与理论最大输出功率（假设太阳能电池能以 V_{oc} 和 J_{sc} 的乘积输出功率）之间的比率。其值介于 0~1 之间，通常介于 0.7~0.85 之间，填充因子高表明太阳能电池的性能好。

可以通过图 4-7 对填充因子进行直观的理解。在图 4-7 中，最大功率点区域 V_m 和 J_m 的矩形面积（阴影区域）与 V_{oc} 和 J_{sc} 的矩形面积（外侧虚线矩形区域）之比即为填充因子。填充因子反映了两个矩形面积的接近程度。高的填充因子通常意味着较低的串联电阻和较高的并联电阻。通过材料优化、工艺改进和减少太阳能电池内部缺陷，可以提高填充因子，从而改善太阳能电池的光电转换效率。

太阳能电池的光电转换效率（Power Conversion Efficiency，PCE），用 η 表示，与短路电流密度 J_{sc}、开路电压 V_{oc} 和填充因子 FF 存在的关系为

$$\eta = \frac{J_{sc} V_{oc} FF}{P_s} \qquad (4\text{-}11)$$

式中，P_s 为太阳辐照度。

为了使不同太阳能电池的光电转换效率具有可比性，必须定义一个标准的太阳光照条件。

4.2.4 负载与功率输出

太阳能电池的功率输出不仅取决于其自身的特性，还与外部负载的匹配程度有关。理解负载如何影响太阳能电池的功率输出是设计高效太阳能电力系统的关键。负载的类型可以分为如下四类。

（1）纯电阻负载　纯电阻负载是最简单的负载类型，其电压和电流之间的关系遵循欧姆定律，即

$$V = IR \qquad (4\text{-}12)$$

在这种情况下，太阳能电池的工作点由电阻值决定。不同的电阻值会使太阳能电池在 I-V 曲线上不同的点工作，从而影响功率输出。当电阻值较小时，太阳能电池在较高电流、较低电压的区域工作。当电阻值较大时，太阳能电池在较低电流、较高电压的区域工作。选择合适的电阻值可以使太阳能电池在最大功率点附近工作，从而优化输出功率。

（2）容性负载　容性负载包括电容器等，其电流和电压之间存在相移，电流 I_C 和电压 V 的关系为

$$I_C = C \frac{dV}{dt} \qquad (4\text{-}13)$$

式中，C 为电容值。

当容性负载接入太阳能电池时，电压变化率 $\frac{dV}{dt}$ 决定了电流，可能导致瞬态响应变化。容性负载具有以下特点：

1）短时间内可以存储电能并释放，这对于太阳能电池充电等应用非常重要。

2）在实际应用中，电容的充放电特性需要通过控制电路进行管理，以防止瞬态电流过大，影响太阳能电池的稳定运行。

（3）感性负载　感性负载包括电感器和电动机等，其电流和电压之间也存在相移，电流 I 和电压 V 的关系为

$$V = L \frac{dI}{dt} \qquad (4\text{-}14)$$

式中，L 为电感值。

当感性负载接入太阳能电池时，会引起电流的滞后效应，需要特殊的驱动电路来稳定工作。感性负载具有以下特点：

1）感性负载在通电和断电瞬间会产生反电动势，这需要特殊的保护电路来防止其对太

阳能电池造成损害。

2）电动机等感性负载需要连续稳定的电流供应，以保持正常运转，因此通常需要结合储能装置和控制器进行优化。

（4）动态负载　实际应用中的负载往往不是恒定的，而是随时间变化的动态负载，如电动机或蓄电池组。这些负载的特性较为复杂，需要通过电力电子设备进行调节，以确保太阳能电池在最大功率点附近工作。动态负载具有以下特点：

1）负载的电流和电压需求会随工作状态变化，例如电动机起动和运行时的功率需求不同。

2）动态负载可能会引起电网的瞬态波动，需要通过动态调整和快速响应的控制系统进行稳定。

由式（4-7）可知，太阳能电池的输出功率 P 由其输出电压 V 和电流密度 J 的乘积决定。不同类型的负载会影响太阳能电池的工作点，从而影响功率输出。当负载与太阳能电池的内在特性匹配良好时，可以实现最大功率输出。这个匹配通常通过调节负载阻抗来实现。在一些应用中，如简单的光伏照明，由于其负载相对固定，可以选取适当的电阻值，使太阳能电池在接近最大功率点的范围内工作。在复杂应用中，如光伏发电系统，可以使用 MPPT 控制器动态调节负载，确保在不同的环境条件下太阳能电池始终在最大功率点工作。这种设计可以显著提高系统的整体效率和输出稳定性。此外，为了进一步优化太阳能电池的功率输出，人们常会将其与储能系统结合。储能系统可以在光照充足时存储多余电能，并在光照不足时释放，确保负载获得持续稳定的电力供应。

4.3　串并联电阻与等效电路

4.3.1　寄生电阻的概念及来源

在实际元器件中，由于导体和半导体材料本身的性质，以及元器件结构等影响因素，会产生额外的电阻，这种额外的电阻称为寄生电阻（Parasitic Resistance）。当电流流经元器件之后，寄生电阻会造成一定的电压损失，从而对元器件性能产生影响。由于寄生电阻并不是专门设计的电阻，而是由于材料本身的性质和电路布局等引起的电学性能变化，因此寄生电阻通常是不可避免的。寄生电阻通常表现为两种主要类型：串联电阻（Series Resistance）和并联电阻（Shunt Resistance）。

1. 串联电阻（R_s）

串联电阻包括太阳能电池中电流流过的各种组件的电阻，即触点的接触电阻、半导体的体电阻、栅格电阻和太阳能电池模组中子电池之间的互连电阻等。高的串联电阻会导致显著的功率损失，降低太阳能电池的填充因子（FF）和光电转换效率。

串联电阻的来源包括：

（1）接触电阻　金属触点与半导体材料之间的电阻。

（2）体电阻　半导体材料本身的电阻。

（3）栅格电阻　太阳能电池表面金属栅格线的电阻。

（4）互连电阻　太阳能电池模组中子电池之间的连接电阻。

2. 并联电阻（R_{sh}）

并联电阻来自太阳能电池内绕过 PN 结的交变电流路径。这些路径会导致泄漏电流，从而显著降低太阳能电池的光电转换效率。大并联电阻是可取的，因为它可以最大限度地减少泄漏电流，而小并联电阻表示更高的泄漏电流，这会降低太阳能电池的性能。

并联电阻的来源包括：

（1）制造缺陷　制造缺陷包括半导体材料中的微裂纹或针孔。

（2）杂质　杂质包括替代导电路径的异物。

（3）边缘效应　在太阳能电池的边缘，PN 结（吸收层）可能会暴露，导致电流泄漏。

4.3.2　含寄生电阻的等效电路

太阳能电池中的电阻效应通过耗散电阻中的功率来降低太阳能电池的光电转换效率。太阳能电池含寄生电阻的等效电路，通常用于分析和了解太阳能电池的性能。基本等效电路包括表示光生电流的电流源、表示 PN 结的二极管以及作为寄生电阻的串联电阻（R_s）和并联电阻（R_{sh}），如图 4-8 所示。

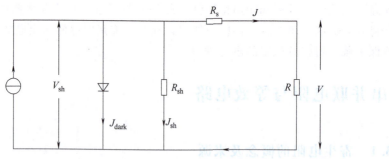

图 4-8　含寄生电阻的等效电路

等效电路中的元器件具体如下：

1）电流源表示太阳能电池在光照情况下产生的电流，这个电流的强度与入射太阳光的强度成正比。

2）二极管表示太阳能电池的 PN 结或吸收层。经过二极管的电流密度遵循肖特基公式，即

$$J_{dark} = J_0 \left(e^{\frac{V_d}{mV_t}} - 1 \right) \tag{4-15}$$

式中，J_0 为反向饱和电流密度；V_d 为二极管的电压；m 为理想因子；V_t 为热电压。

太阳能电池的电流密度-电压关系可由等效电路推导，即

$$J = J_{ph} - J_0 \left(e^{\frac{V_d}{mV_t}} - 1 \right) - \frac{V + JR_s}{R_{sh}} \tag{4-16}$$

式（4-16）给出了太阳能电池行为的全面描述，包括寄生电阻的影响。

在大多数情况下，典型的寄生电阻主要会降低填充因子。串联电阻和并联电阻的大小和影响取决于太阳能电池有效面积的几何形状。由于太阳能电池的面积决定电阻值的大小，因

此在比较具有不同面积的太阳能电池的串联电阻时，面电阻的常见单位是 Ω/cm^2。这种面电阻的计算方法可由电流密度代替欧姆定律中的电流得出，可以写作

$$R' = \frac{V}{J} \tag{4-17}$$

4.3.3　串联电阻对太阳能电池性能的影响

串联电阻的存在是不可避免的，它涉及太阳能电池内部电阻与外部串联电阻的相互作用，它们都会对太阳能电池的输出电压（V）、填充因子（FF）、最大功率点（P_{max}）和光电转换效率等性能产生显著影响。太阳能电池电路中的串联电阻如图4-9所示。

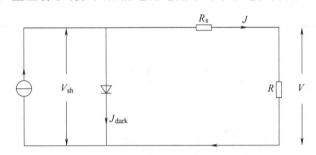

图 4-9　太阳能电池电路中的串联电阻

（1）串联电阻对输出电压的影响　串联电阻在开路电压下对太阳能电池没有影响，因为此时经过串联电阻的电流为0。然而，在开路电压附近，J-V曲线受到串联电阻的强烈影响。串联电阻会增加电路中的总电阻，根据欧姆定律，当电流通过电阻时会产生电压降。因此，当太阳能电池与外部电路连接时，串联电阻会使太阳能电池的实际输出电压低于其开路电压，电压降的大小取决于串联电阻的阻值和电流的大小。

在实际应用中，电压降可能会导致太阳能电池无法满足设备的工作电压要求，从而影响设备的正常运行。特别是在需要高精度电压控制的场合，如精密仪器和医疗设备等，压降可能会成为影响设备性能和可靠性的关键因素。

（2）串联电阻对填充因子的影响　填充因子（FF）是太阳能电池J-V曲线中最大功率点的功率（P_{max}）与开路电压（V_{oc}）和短路电流密度（J_{sc}）乘积的比值，即

$$FF = \frac{V_{mp}J_{mp}}{V_{oc}J_{sc}} \tag{4-18}$$

式中，V_{mp} 和 J_{mp} 分别为最大功率点处的电压和电流密度。

R_s 增加会导致 V_{mp} 降低和 FF 减少，特别是在接近最大功率点的大电流条件下，当电流流过导线时，大串联电阻会导致电压显著下降。如图 4-10a、b、c 所示，当电流流过导线时，在接近最大功率点的大电流条件下，串联电阻的增加会导致电压显著下降，而短路电流密度（J_{sc}）不受串联电阻影响。直到串联电阻阻值增加到一定的程度后使短路电流密度降低，如图 4-10d 所示。

（3）串联电阻对最大功率点的影响　最大功率点（P_{max}）处的电压和电流最大，随着 R_s 的增加，由于电阻加热引起的内部功率损失也会上升，导致可用电压降低，太阳能电池

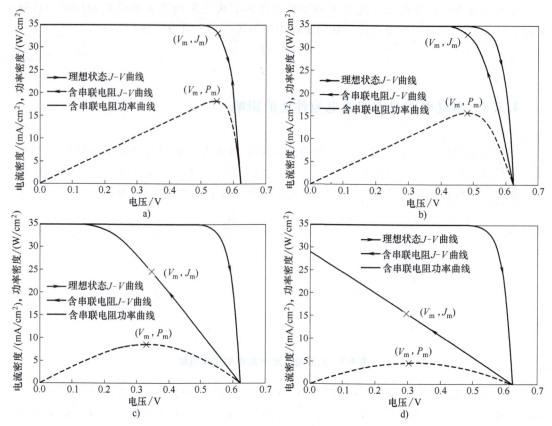

图 4-10　串联电阻 R_s 对太阳能电池填充因子的影响（图中×表示最大功率点对应的电流、电压和功率点）

a）$R_s = 0\Omega/cm^2$　b）$R_s = 2\Omega/cm^2$　c）$R_s = 10\Omega/cm^2$　d）$R_s = 20\Omega/cm^2$

的最大输出功率随之减小。P_{max} 的降低直接影响了太阳能电池的光电转换效率。

（4）串联电阻对光电转换效率的影响　串联电阻对太阳能电池的光电转换效率（η）也有显著影响，太阳能电池的光电转换效率是指太阳能电池在放电过程中将吸收的光能转换为电能的效率，即最大功率点与输入功率的比值，可写为

$$\eta = \frac{P_{max}}{P_{in}} = \frac{V_{mp} J_{mp}}{P_{in}} \tag{4-19}$$

式中，P_{in} 为输入功率；P_{max} 为最大功率点；η 为光电转换效率。

由于串联电阻导致的压降和电流损失，太阳能电池在放电过程中无法将储存的电能完全转化为有效的工作能量。部分能量被消耗在克服串联电阻的阻碍上，导致太阳能电池的光电转换效率降低。这意味着在相同条件下，使用串联电阻的太阳能电池在提供相同的工作能量时需要消耗更多的电能，这不仅会导致太阳能电池在放电过程中浪费更多的能量，还可能导致太阳能电池在短时间内因过热而损坏。

（5）串联电阻对太阳能电池寿命的影响　由于串联电阻增加了电路中的总电阻，使得电流在通过太阳能电池时受到了更大的阻碍，这会导致太阳能电池在放电过程中需要消耗更多的能量来克服串联电阻的阻碍，从而加速太阳能电池的损耗。此外，串联电阻还可能引起太阳能电池内部的热量积累，进一步加剧太阳能电池的损耗和老化。

（6）串联电阻对放电性能的影响 在放电过程中，由于串联电阻的存在，太阳能电池内的载流子传输受阻，导致短路电流密度降低。因为电流在通过电阻时会产生压降，从而影响太阳能电池的放电性能。此外，串联电阻还可能引起太阳能电池内部的热量积累，进一步影响太阳能电池的放电性能，这种影响在高倍率放电或长时间放电的情况下尤为明显。

（7）减少串联电阻的措施

1）优化太阳能电池设计：通过改进太阳能电池的内部结构和材料选择，减小太阳能电池的串联电阻。

2）优化连接方式：确保太阳能电池与外部电路的连接牢固，接触良好，减小接触电阻。

3）提高材料性能：采用迁移率更高，电阻率更低的半导体材料，优化掺杂水平，以平衡电导率和复合损耗。

串联电阻对太阳能电池性能有着重要影响，包括输出电压下降、光电转换效率降低和放电性能受影响等。为了减少这些影响，可以采取一系列措施来优化太阳能电池设计和外部电路连接，以提高太阳能电池的性能和可靠性。

4.3.4 并联电阻对太阳能电池性能的影响

太阳能电池中的并联电阻（R_{sh}）通过为电流提供绕过 PN 结的替代路径来影响太阳能电池性能，导致电流泄漏，这会显著降低太阳能电池的光电转换效率和功率输出。太阳能电池电路中的并联电阻如图 4-11 所示。

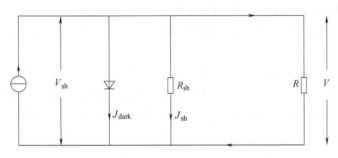

图 4-11　太阳能电池电路中的并联电阻

（1）并联电阻对开路电压的影响 由于开路电压（V_{oc}）是太阳能电池在没有外部负载连接时所能产生的最大电压，因此在理想状态下，没有电流流过外部电路。而小并联电阻为泄漏电流提供了一个路径，这增加了零外部负载时的总电流，泄漏电流的存在降低了 V_{oc}，因为 PN 结的有效电压会由于并联电阻的路径而降低。

（2）并联电阻对填充因子的影响 填充因子是太阳能电池性能的重要参数，它是最大功率点的功率与开路电压和短路电流密度乘积的比值。适当的并联电阻可以优化填充因子，减少功率损失。并联电阻过小会导致漏电流增加、开路电压下降，从而降低填充因子，影响光电输出。并联电阻过大虽不会直接导致填充因子降低，但它意味着太阳能电池内部可能存在制造工艺的缺陷（如 PN 结质量不佳、杂质过多等），这些缺陷可能间接导致填充因子的降低。

（3）并联电阻对最大功率点的影响　最大功率点是太阳能电池在特定光照和温度条件下输出最大功率的点。适当的并联电阻可以帮助 MPPT 控制器更准确地找到最大功率点，提高太阳能电池光电转换效率。不合理的并联电阻可能导致太阳能电池工作在局部最优点而非全局最优点，影响最大功率点的准确定位。

（4）并联电阻对光电转换效率的影响　光电转换效率是太阳能电池将光能转换为电能的效率。合理的并联电阻可以减少功率损失，提高光电转换效率。过小的并联电阻会增加泄漏电流，降低光电转换效率；过大的并联电阻则可能限制电流输出，同样影响光电转换效率。

在太阳能电池系统中，并联电阻的合理设计和优化至关重要。适当的并联电阻不仅能提高太阳能电池的输出电流和整体效率，还能改善系统的热管理和可靠性。通过使用旁路二极管和优化太阳能电池阵列设计，可以有效减少电流损失，确保系统在部分太阳能电池单元失效时仍能正常工作。同时，采用高导电性材料和先进制造工艺来减少串联电阻，可以进一步提升系统性能。综合这些措施，不仅可以延长太阳能电池的寿命，还能提高其光电转换效率，为实现更高效、更稳定的可再生能源利用打下坚实基础。

（5）提高并联电阻的措施

1）提高制造质量：确保高质量的制造过程，以减少导致小 R_{sh} 的微裂纹和针孔等缺陷。更好地控制掺杂和材料沉积过程，最大限度地减少杂质。

2）应用钝化技术：使用表面钝化技术来减少表面复合，防止产生太阳能电池边缘和表面的泄漏路径。

3）优化太阳能电池设计：设计更好的 PN 结隔离以防止太阳能电池产生泄漏电流，并使用具有更大并联电阻的先进太阳能电池架构。

4）定期质量检测：在生产过程中和生产后进行全面的质量检测，优化可能导致小并联电阻的缺陷。

并联电阻通过提供降低开路电压、填充因子、最大功率点和光电转换效率的泄漏路径，显著影响了太阳能电池的性能。了解和减轻并联电阻的影响对提高太阳能电池的性能和可靠性至关重要。通过实施更好的制造工艺、钝化技术和优化太阳能电池的设计，可以将并联电阻的影响降至最低。

4.4　载流子的传输与复合

4.4.1　载流子传输的驱动力

太阳能电池中电流的产生，涉及两个关键过程。第一个过程是吸收入射光子产生电子-空穴对。如果载流子发生复合，那么电子-空穴对就会丢失，无法产生电流或功率。这时需要第二个过程，即通过使用 PN 结在空间上分离电子和空穴来防止这种复合。如果太阳能电池短路，载流子就会流过外部电路，形成短路电流；如果外部电路开路，就会得到开路电压 V_{oc}。通常情况下，将短路电流也视为光生电流，开路电压也视为光生电压 V_{ph}。

在半导体材料中，准费米能级的梯度 ∇E_F^n，∇E_F^p 会产生电流密度 J，即

$$J = J_n + J_p = \mu_n n \ \nabla E_F^n + \mu_p p \ \nabla E_F^p \tag{4-20}$$

在热平衡状态下，存在

$$E_F^n = E_F^p = E_F \tag{4-21}$$

将式（4-21）代入式（4-20），得到热平衡状态下的电流密度为0，即

$$J_n = J_p = J = 0 \tag{4-22}$$

当准费米能级产生梯度时，才能产生光电流。电子电流密度 J_n 和空穴电流密度 J_p 可以表述为扩散电流密度 J_{diff} 和漂移电流密度 J_{drift} 的形式，即

$$J_n = qD_n \nabla n + \mu_n n(qF - \nabla\chi - k_B T \ \nabla\ln n_C) \tag{4-23}$$

$$J_p = -qD_p \nabla p + \mu_p p(qF - \nabla\chi - \nabla E_g + k_B T \ \nabla\ln n_V) \tag{4-24}$$

根据式（4-23）和式（4-24），可以通过几种方式，形成对载流子的驱动力，从而引起较大的载流子电流密度 J_n、J_p。如果载流子分布不均匀，$\nabla n \neq 0$，$\nabla p \neq 0$，则会引起扩散电流密度 J_{diff}。

需要注意的是，载流子浓度的梯度 ∇n 和 ∇p 由载流子的产生、复合和分离共同决定。对于能带间的载流子产生，$\nabla n = \nabla p$。由式（4-23）和式（4-24）可知，当扩散系数不相等时，才能产生扩散电流密度 $J_{diff} = q(D_n - D_p) \Delta n$。若扩散系数相等，那么就没有扩散电流，即 $J_{diff} = 0$。由扩散系数不相等引起扩散电流和电压的现象称为丹倍效应（Dember Effect）。对于有机太阳能电池来说，丹倍效应比较重要。

一些特定的载流子传输机理可以增大扩散电流密度 J_{diff}。如果一部分半导体材料对电子的电阻小，对空穴的电阻大，那么该半导体材料就可以有效地将电子从光吸收区传输到接触电极，形成电子浓度梯度 ∇n 和电子扩散电流 $qD_n \nabla n$。由于空穴没有被收集和传输，所以电子扩散电流和空穴扩散电流不会相互抵消。同样，另一部分半导体材料适合运输空穴，形成的空穴扩散电流增加了扩散电流的强度。

对于形成 PN 结的太阳能电池来说，扩散电流可以忽略不计，而比较重要的是成分梯度引起的漂移电流和内建电场。内建电场驱动电子和空穴做反方向的运动，有效地实现了载流子的分离，形成漂移电流。

成分梯度形成的内建电场可以有三种情况，如图4-12所示。无论是哪种情况，成分梯度都引起了导带结构的变化，驱动电子从右向左运动。漂移电流密度 J_{drift} 的大小同时依赖于驱动力对价带空穴的影响。

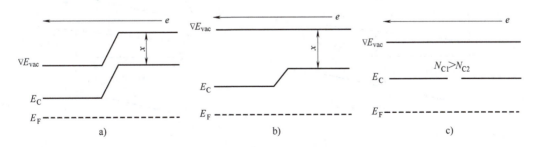

图 4-12　成分梯度形成的内建电场

a）功函数的梯度引起真空能级梯度和电场强度　b）成分梯度引起电子亲和能梯度和有效电场　c）成分梯度引起电子有效状态密度的梯度和有效电场

功函数（Work Function）Φ 是真空能级与费米能级的能量差，即

$$\Phi = E_{\text{vac}} - E_{\text{F}} \tag{4-25}$$

真空能级的梯度形成电场强度，有

$$F = \frac{1}{q}\,\nabla E_{\text{vac}} \tag{4-26}$$

如果费米能级 E_{F} 在半导体材料中是均匀的，即一个常数，根据式（4-26）可知，功函数的梯度可以引起真空能级梯度和电场强度 F，驱动电子从右向左运动，即

$$F = \frac{1}{q}\,\nabla E_{\text{vac}} = \frac{1}{q}\,\nabla\Phi \tag{4-27}$$

成分梯度引起电子亲和能梯度 $\nabla\chi$ 和有效电场 $-\dfrac{1}{q}\,\nabla\chi$，由此出现导带底的梯度 ∇E_{C}，驱动电子从右向左运动，即

$$\nabla E_{\text{C}} = qF - \nabla\chi \tag{4-28}$$

成分梯度引起电子有效状态密度的梯度 $\nabla\ln n_{\text{C}}$ 和有效电场 $-\dfrac{k_{\text{B}}T}{q}\,\nabla\ln n_{\text{C}}$，驱动电子从右向左运动。载流子通过热力学驱动力，向电子有效状态密度 n_{C} 增加的方向运动，形成了吉布斯自由能的梯度 ∇G，而没有形成电势 ϕ 的梯度，因此这种热力学的梯度不能在能带结构中表述。

在 PN 结中，成分梯度往往会同时形成电场强度 F 和有效电场，如果忽略有效状态密度的梯度 $\nabla\ln n_{\text{C}}$ 和 $\nabla\ln n_{\text{V}}$ 的作用，由式（4-28）可知，导带电子受到的电场作用为

$$\frac{1}{q}\,\nabla E_{\text{C}} = \frac{1}{q}(\,\nabla E_{\text{vac}} - \nabla\chi) \tag{4-29}$$

由式（4-29）可知，价带空穴受到的电场作用为

$$\frac{1}{q}\,\nabla E_{\text{V}} = \frac{1}{q}(\,\nabla E_{\text{vac}} - \nabla\chi - \nabla E_{\text{g}}) \tag{4-30}$$

在图 4-13a 中，载流子浓度具有热平衡状态的空间分布 n_0、p_0，费米能级 E_{F} 在空间中是常数，在能带结构中是一条水平的直线。在图 4-13b 中，光照下的准热平衡状态产生空间

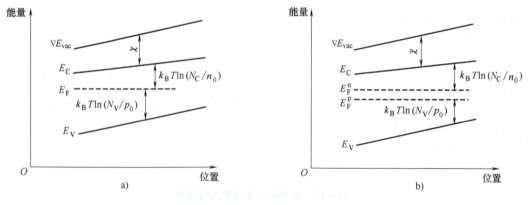

图 4-13　内建电场实现载流子的分离

a）热平衡状态　b）准热平衡状态

均匀分布的光生载流子浓度 $n-n_0$、$p-p_0$，准费米能级 $E_{\rm F}^{\rm n}$、$E_{\rm F}^{\rm p}$ 分裂，并且由于导带和价带具有正梯度 $\nabla E_{\rm C}$，$\nabla E_{\rm V}$，准费米能级 $E_{\rm F}^{\rm n}$、$E_{\rm F}^{\rm p}$ 也有正梯度。电场强度 F 和有效电场驱动电子从右向左运动，驱动空穴从左向右运动，实现载流子的分离。

载流子分离的条件见表 4-1。

表 4-1　载流子分离的条件

成分梯度类型	内建电场类型
真空能级或功函数梯度 $\nabla E_{\rm vac} = \nabla\Phi$	电场强度 $F = \dfrac{1}{q}\,\nabla E_{\rm vac} = \dfrac{1}{q}\,\nabla\Phi$
电子亲和能梯度 $\nabla\chi$	有效电场 $-\dfrac{1}{q}\,\nabla\chi$
带隙梯度 $\nabla E_{\rm g}$	有效电场 $-\dfrac{1}{q}\,\nabla E_{\rm g}$
有效状态密度的梯度 $\nabla\ln n_{\rm C}$、$\nabla\ln n_{\rm V}$	有效电场 $-\dfrac{k_{\rm B}T}{q}\,\nabla\ln n_{\rm C}$，$\dfrac{k_{\rm B}T}{q}\,\nabla\ln n_{\rm V}$

以硅材料为主的无机太阳能电池，其主要的载流子分离条件是表 4-1 中的前三项，真空能级或功函数梯度、电子亲和能梯度 $\nabla\chi$、带隙梯度 $\nabla E_{\rm g}$。合金或异质结可以形成明显的成分梯度，实现载流子的分离。对于有机太阳能电池来说，其最重要的载流子分离条件是表 4-1 中的第四项，有效状态密度的梯度 $\nabla\ln n_{\rm C}$、$\nabla\ln n_{\rm V}$。

真空能级或功函数梯度 $\nabla E_{\rm vac} = \nabla\Phi$，可以通过合金实现。如果对本征半导体进行具有空间异化的杂化，形成合金，可产生较大的电场强度 $F = \dfrac{1}{q}\,\nabla E_{\rm vac} = \dfrac{1}{q}\,\nabla\Phi$。对于无机太阳能电池中的晶体半导体来说，最重要的载流子分离条件是真空能级或功函数梯度。

4.4.2　复合对太阳能电池性能的影响

在有集中的光照，且在重掺杂或高水平注入引起的高载流子浓度下，俄歇复合是最重要的。在目前主流的晶体硅太阳能电池中，俄歇复合限制了其使用寿命和光电转换效率。材料掺杂越多，俄歇复合的寿命越短。半导体表面的缺陷是由于晶格的周期性中断引起的，从而导致半导体表面的悬挂键。减少悬挂键的数量，从而减少表面复合，是通过在半导体表面上增加一层界面来连接这些悬挂键而实现的。这种悬挂键的减少称为表面钝化。材料的使用寿命取决于少数载流子浓度。限制表面重组可以降低少数载流子的损耗速率，从而延长材料的使用寿命。复合损耗同时影响电流收集（以及短路电流）和正向偏置注入电流（因此也影响开路电压）。

通常，太阳能电池的复合主要发生在表面或体相中，为了使 PN 结能够收集所有的光生载流子，表面复合和体复合都必须最小化。在晶体硅太阳能电池的前后表面都存在局部复合位点，这意味着不同能量的光子将有不同的收集概率。由于蓝光具有较高的吸收系数，并且在非常接近前表面的地方被吸收，所以如果前表面是一个高复合的位置，就不太可能产生能被 PN 结收集的少数载流子。同样，较高的后表面复合将主要影响由红外线产生的载流子，从而在器件深处产生载流子。

太阳能电池的量子效率量化了复合对光生电流的影响。对于理想的太阳能电池来说，任意波长范围内的光都能产生 100% 的量子效率，此时太阳能电池达到最理想的工作状态，但在实际的运行过程中，半导体材料的表面或体相中由于非理想的状态会产生一定数量的陷阱态，这加剧了载流子的复合，而使太阳能电池的量子效率出现显著下降。如图 4-14 所示，短波长附近量子效率下降的主要原因是载流子在半导体材料的表面产生复合；长波长附近量子效率的下降则主要是由于半导体材料内部的复合以及在该波段对光的吸收减弱。

开路电压是指正向偏置扩散电流完全等于短路电流时的电压。正向偏置扩散电流依赖于 PN 结中的复合量，而复合量的增加会增加正向偏置扩散电流。因此，高复合量增加了正向偏置扩散电流，从而降低了开路电压。

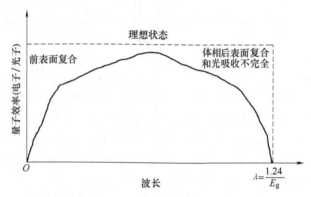

图 4-14　太阳能电池的量子效率随入射光波长的变化趋势

4.5　辐照度对太阳能电池性能的影响

4.5.1　辐照度对太阳能电池性能参数的影响

辐照度是指单位面积上接收到的辐射能通量，通常以 W/m^2 为单位。对于太阳能电池来说，辐照度是影响其性能的一个关键因素，因为太阳能电池通过吸收光子来产生电子-空穴对，进而产生电流，辐照度的变化会直接影响太阳能电池的输出电流和电压，以及整体的光电转换效率。

辐照度直接影响太阳能电池的各项性能参数，包括短路电流、开路电压、填充因子和光电转换效率。

1. 对短路电流（I_{sc}）的影响

短路电流是光生电流的直接反映，光生电流 I_{ph} 与辐照度 G 成正比，即

$$I_{ph} = qn_iAG \tag{4-31}$$

式中，q 为电子电荷；n_i 为本征载流子浓度；A 为太阳能电池的面积。

由于短路电流 I_{sc} 近似等于光生电流 I_{ph}，故有

$$I_{sc} \approx I_{ph} = qn_iAG \tag{4-32}$$

从式（4-32）可以看出，短路电流 I_{sc} 与辐照度 G 成正比。

2. 对开路电压（V_{oc}）的影响

开路电压是太阳能电池在开路条件下的端电压，其计算公式为

$$V_{oc} = \frac{k_B T}{q} \ln\left(\frac{I_{ph}}{I_0} + 1\right) \tag{4-33}$$

式中，k_B 为玻尔兹曼常数；T 为热力学温度；I_0 为反向饱和电流。

根据式（4-31）可知，I_{ph} 与辐照度 G 成正比，代入式（4-33）可得

$$V_{oc} = \frac{k_B T}{q} \ln\left(\frac{q n_i A G}{I_0} + 1\right) \tag{4-34}$$

当辐照度较大时，$\frac{q n_i A G}{I_0}$ 很大，因此式（4-34）可以近似为

$$V_{oc} \approx \frac{k_B T}{q} \ln\left(\frac{q n_i A G}{I_0}\right) = \frac{k_B T}{q}\left(\ln q n_i A + \ln G - \ln I_0\right) \tag{4-35}$$

从式（4-35）可以看出，V_{oc} 与 $\ln G$ 成正比，即开路电压随辐照度增加而增加，但这种增加趋于饱和。

3. 对输出功率的影响

辐照度对太阳能电池的开路电压、短路电流和填充因子都有影响，因此辐照度对输出功率的影响的理论分析较为复杂。表 4-2 为太阳能电池在不同辐照度下的最大功率点电压 V_m 和电流 I_m。从表 4-2 中可以看出，V_m 和 I_m 都随着辐照度增强而增大。与 V_{oc} 和 I_{sc} 相似，V_m 随辐照度的对数线性增大，I_m 随辐照度线性增大。

表 4-2 太阳能电池在不同辐照度下的最大功率点电压 V_m 和电流 I_m

辐照度/（W/m^2）	最大功率点电压 V_m/V	最大功率点电流 I_m/A
183.2	9.60	1.64
232.8	10.50	1.98
313.7	14.60	2.70
359.8	16.40	2.98
439.2	20.65	3.78
518.1	22.50	4.15
553.0	25.80	4.76
575.9	27.00	4.98
637.4	27.10	5.12
718.6	28.25	5.46

基于表 4-2 中辐照度与太阳能电池最大功率点电压和电流之间的关系，可以对太阳能电池的光电转换效率做进一步分析。太阳能电池的光电转换效率是太阳能电池的输出功率与太阳能电池表面辐照功率的比值，即

$$\eta = \frac{P_{out}}{P_{in}} = \frac{V_m I_m}{GA} \tag{4-36}$$

式中，η 为光电转换效率；P_{out} 为太阳能电池的输出功率，即最大功率点的电压 V_m 与电流

I_m 的乘积；P_{in} 为入射到太阳能电池表面的辐照总功率，即辐照度 G 与太阳能电池面积 A 的乘积。

根据表 4-2 中的数据，可以计算出太阳能电池在不同辐照度下的输入功率、输出功率和光电转换效率，见表 4-3。

表 4-3　太阳能电池在不同辐照度下的输入功率、输出功率和光电转换效率

辐照度/(W/m²)	输入功率/W	输出功率/W	光电转换效率(%)
183.2	304.1	15.7	5.2
232.8	386.4	20.8	5.4
313.7	520.7	39.4	7.6
359.8	597.3	48.9	8.2
439.2	729.1	78.1	10.7
518.1	860.0	93.4	10.9
553.0	918.0	122.8	13.4
575.9	956.0	134.5	14.1
637.4	1058.1	138.8	13.1
718.6	1192.9	154.2	12.9

根据表 4-3 中的数据，太阳能电池的输出功率随着辐照度的增强而逐渐增大。光电转换效率先上升，而后缓慢下降。在低辐照度区，太阳能电池的电压增长迅速，输出功率也相应地快速增长，当辐照度达到 $575.9W/m^2$ 时，光电转换效率达到峰值。当辐照度进一步增大时，虽然输出功率仍在增长，但其增长速率低于输入功率的增长速率，光电转换效率开始缓慢下降。高辐照度下太阳能电池的光电转换效率降低，主要是高辐照度下太阳能电池的工作温度升高导致的。高温通常对太阳能电池的发电性能有负面影响，因此需要对太阳能电池采取必要的冷却措施，例如改进太阳能电池板的安装方式，保证空气流通，实现快速散热，或在太阳能电池板后加装冷却水散热装置。

4.5.2　聚光条件下太阳能电池的性能

光伏模组根据其工作方式的不同，可以分为两种类型：平板模组和聚光模组。平板模组在 1 个太阳条件下运行，而聚光模组则通过聚光技术集中太阳光，在大于 1 个太阳条件下运行，以获得更高的光电转换效率。入射的太阳光由光学元件聚焦或引导，最终使高强度的光束照射在小面积的太阳能电池上。

聚光器具有若干优势，包括比单太阳能电池更高的光电转换效率潜力以及更低的成本可能性。当在太阳能电池系统中使用聚光器时，聚光器可以将太阳光聚焦到太阳能电池表面的一个较小区域，从而增加该区域的辐照度。因为光线的能量守恒，当光线被聚焦到较小的区域时，单位面积上的辐照度就会相应增加。

辐照度的增益可以表示为聚光器的聚光倍率（CR）与无聚光器条件下的辐照度（G_0）的乘积，即

$$G = G_0 CR \tag{4-37}$$

式中，G 为聚光条件下太阳能电池接收到的辐照度。

理想条件下，太阳能电池的短路电流与辐照度成正比，在 10 个太阳条件下运行的太阳能电池短路电流是 1 个太阳条件下的 10 倍。由于太阳能电池输入功率随入射辐照度变化，短路电流的提升并不会直接提高光电转换效率。光电转换效率的提升主要来自开路电压对入射辐照度的对数增长关系。在聚光条件下，开路电压（V_{oc}）与辐照度的关系为

$$V'_{oc} = \frac{nk_B T}{q} \ln\left(\frac{XI_{sc}}{I_0}\right) = \frac{nk_B T}{q}\left[\ln\left(\frac{I_{sc}}{I_0}\right) + \ln X\right] = V_{oc} + \frac{nk_B T}{q}\ln X \qquad (4-38)$$

式中，X 为入射辐照度与 1 个太阳条件辐照度的比值。根据式（4-38），辐照度加倍（$X=2$）会导致开路电压（V_{oc}）上升 18mV。

由于聚光光伏系统仅需要小面积的太阳能电池，其成本可能低于相应的平板光伏系统。

然而在聚光条件下，温度的变化也会对太阳能电池的性能产生影响，这同样会体现在开路电压和短路电流上。在聚光条件下，太阳能电池表面的温度通常会升高，而温度对开路电压的影响为

$$V_{oc} = V_{oc0} - \alpha(T - T_0) \qquad (4-39)$$

式中，V_{oc} 为实际温度下的开路电压；V_{oc0} 为参考温度 T_0 下的开路电压；α 为温度系数；T 为太阳能电池的实际温度。

根据式（4-39），随着温度的升高，开路电压会下降。这是因为温度的升高会导致半导体材料的载流子浓度增加，从而增加了载流子的复合速率，减小了开路电压。

温度也会对短路电流产生影响，具体表现为

$$I_{sc} = I_{sc0}[1 + \beta(T - T_0)] \qquad (4-40)$$

式中，I_{sc} 为实际温度下的短路电流；I_{sc0} 为参考温度 T_0 下的短路电流；β 为温度系数。

根据式（4-40），随着温度的升高，短路电流会增加。这是因为温度的升高会导致载流子的扩散速率增加，从而增加了短路电流。然而，需要注意的是，随着温度的继续升高，短路电流可能会饱和或略微下降，这是因为高温环境下载流子的发射率可能会降低。

此外，辐照度提高还会引起串联电阻损耗的提升。由于串联电阻损耗与电流的二次方成正比，电阻损耗随入射辐照度的增强而迅速增加。考虑入射辐照度增强时的工作温度升高和串联电阻损耗增加的影响，聚光效应对太阳能电池光电转换效率的提升会被部分或全部抵消。

4.5.3 弱光条件下太阳能电池的性能

弱光条件通常指的是低辐照度和短日照时间的自然环境。根据标准测试条件下太阳能电池性能评估的国际标准，低于正常阳光直射的标准值（约为 $1kW/m^2$）即为弱光。

在弱光条件下，太阳能电池的性能会显著下降。由于短路电流与辐照度成正比，因此在弱光条件下，短路电流会显著减小。开路电压与辐照度的对数关系使其在辐照度降低时也会减小，但减小幅度比短路电流小。填充因子和光电转换效率同样受到影响，由于短路电流和开路电压的下降，填充因子略有降低，光电转换效率也有所下降。此外，串联电阻和并联电阻的相对影响增加，导致输出电流和光电转换效率进一步下降。这些变化说明弱光条件下太阳能电池的整体性能显著降低，需要优化设计，以提升其在低辐照度环境下的表现。

在弱光条件下，并联电阻的影响变得越来越重要。并联电阻对太阳能电池性能的影响是多方面的。首先，随着辐照度的降低，太阳能电池的偏置点和电流也会降低，太阳能电池的等效电阻阻值可能开始接近并联电阻阻值。当这两个电阻阻值接近时，通过并联电阻的总电流成比例增加，从而增加了由于并联电阻分流而引起的部分功率损耗。并联电阻提供了一个低阻抗路径，使部分电流绕过太阳能电池，导致电流的分流效应，减少了通过负载的电流，从而降低了输出功率。

其次，并联电阻会引起电压降，特别是在弱光条件下，太阳能电池的输出电压已经降低，而并联电阻的存在会进一步降低负载获得的有效电压。这会影响到太阳能电池的输出功率和光电转换效率。

此外，并联电阻的变化还可能对填充因子产生影响。较大的并联电阻会增加太阳能电池的内部电压降，降低填充因子，从而降低太阳能电池的性能。

另外，并联电阻的变化可能会导致太阳能电池的温度特性发生变化。较大的并联电阻会增加太阳能电池内部的热耗散，可能导致太阳能电池温度升高，进而影响其性能参数，如开路电压和短路电流。因此，在设计太阳能电池系统时，需要合理选择并联电阻的阻值，以最大程度地减少其负面影响，并优化系统的性能。

因此，在弱光条件下，具有大并联电阻的太阳能电池会比具有小并联电阻的太阳能电池保留更多的原始功率。

弱光条件是太阳能电池工作过程中不可忽视的一个因素。了解弱光条件的定义及其特性有助于更好地理解和优化太阳能电池在弱光条件下的性能表现。在未来的研究中，开发新型材料、结构和设计策略以提高弱光条件下太阳能电池的性能将成为一个重要的研究方向。

4.6 温度对太阳能电池性能的影响

4.6.1 太阳能电池的温度效应

太阳能电池是一种将光能转换为电能的装置，其性能受到多种因素的影响，其中温度是一个重要的因素。温度对太阳能电池性能的影响主要表现在两个方面：一方面是温度影响太阳能电池内部的电子和空穴的复合速率，另一方面是温度影响太阳能电池的光吸收和光发射过程。随着温度的升高，太阳能电池内部的电子和空穴的复合速率加快，导致光电流减小，同时，温度升高也会使得太阳能电池的光吸收和光发射过程发生变化，进一步影响太阳能电池的光电转换效率。对于大部分太阳能电池来说，随着温度的上升，短路电流上升，开路电压下降，光电转换效率降低。图 4-15 所示为非晶硅太阳能电池输出特性随温度变化的情况。

温度之所以会对太阳能电池的性能产生影响，主要有以下三个原因：

1) 太阳能电池的工作原理基于半导体材料 PN 结的光生伏特效应。当太阳光照射到太阳能电池上时，光子的能量被吸收，激发电子从价带跃迁至导带，同时在价带中留下空穴，形成电子-空穴对。然而，温度的变化会影响半导体材料中电子和空穴的行为。随着温度的升高，电子和空穴的热运动速率加快，可能导致它们在 PN 结中的复合速率增加，从而减少了能够被收集的有效电荷数量，进而降低了太阳能电池的输出电压和电流。

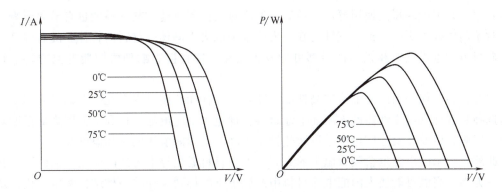

图 4-15　非晶硅太阳能电池输出特性随温度变化的情况

2）太阳能电池的光电转换效率与其内部电阻和能带结构密切相关。随着温度的升高，太阳能电池的内部电阻可能会发生变化，这会影响电荷的传输和收集效率。此外，温度升高可能导致半导体材料的能带结构发生变化，进而影响到光子的吸收和能量的转换过程。

3）太阳能电池的材料特性也会受到温度的影响。例如，半导体材料在高温下可能会发生老化，导致太阳能电池性能下降。同时，太阳能电池的结构和封装方式也可能在高温下产生热应力，影响太阳能电池的稳定性和可靠性。

温度会影响太阳能电池的多个性能参数，具体如下。

1）开路电压（V_{oc}）：太阳能电池的开路电压是指在没有接任何外部负载时，太阳能电池正负极之间的电势差。随着温度的升高，太阳能电池的开路电压通常会降低。这是因为温度升高会导致半导体材料中载流子的浓度增加，从而减小了内建电压，导致开路电压的降低。

2）短路电流（I_{sc}）：短路电流是指太阳能电池在短路状态下（即正负极直接相连）的电流输出。虽然短路电流随着温度的升高会略有增加，但由于开路电压的降低更为显著，总体而言，太阳能电池的最大输出功率还是下降的。

3）填充因子（FF）：填充因子是太阳能电池性能的一个重要指标，它反映了太阳能电池在输出最大功率时的性能优劣。温度对填充因子的影响较为复杂，但温度升高通常会导致填充因子减小。这是因为随着温度的升高，太阳能电池的电阻和内部损耗都会增加。

4）光电转换效率（η）：光电转换效率表示太阳能电池将光能转换为电能的能力，通常以百分比表示。温度升高会导致太阳能电池的光电转换效率降低，这是因为尽管短路电流有所增加，但开路电压的下降对太阳能电池的性能产生了更为显著的负面影响，导致太阳能电池的整体性能并未得到提升。

总体来说，温度是影响太阳能电池性能的重要因素，其影响主要体现在以下几个方面：首先，随着温度的升高，太阳能电池的输出功率会有所下降。这是因为太阳能电池的输出功率与其带隙有关，而带隙会随着温度的升高而缩小，从而导致输出功率的降低；其次，太阳能电池的光衰减是指太阳能电池在经历一定时间的光照后性能下降的现象。太阳能电池的光衰减速率通常会随着温度的升高而增大，尤其是新型太阳能电池中的有机和钙钛矿太阳能电池，光衰减会导致太阳能电池的长期工作性能下降，并造成全生命周期发电成本的上升。此外，过高的温度还会加速太阳能电池中的氧化还原反应和内部腐蚀，从而进一步降低其光电转换效率，并可能缩短其使用寿命。最后，温度对太阳能电池材料的性能也有显著影响。例如，对于晶体硅太阳能电池，其性能在很大程度上取决于晶体硅材料的特性。随着温度的变化，硅材料的电学性能和光学性能都可能发生变化，这直接影响到太阳能电池的光电转换效率。

因此，为了保持太阳能电池的高性能，需要在设计和使用过程中充分考虑温度因素。这包括选择具有优良高温性能的太阳能电池材料，优化太阳能电池结构和工艺以降低温度对其性能的影响，以及在实际应用中采取散热措施来降低太阳能电池的工作温度等。

此外，太阳能电池也会随着温度的升高，发生材料老化等不可逆的变化，从而影响其性能。一方面，高温可能使太阳能电池材料中的原子重新排列，导致晶格结构发生变化，从而影响其光电转换效率。另一方面，高温还会加速材料的老化过程，使其性能逐渐降低。

温度对太阳能电池寿命的影响也不容忽视。太阳能电池在高温环境下长期工作时，其性能会逐渐下降，甚至可能出现失效。这是因为高温会加速太阳能电池内部的化学反应和物理变化，从而导致其性能退化。此外，高温还可能引发太阳能电池内部的热应力，导致其结构发生变化，进一步缩短其使用寿命。

考虑到温度对太阳能电池性能的影响，优化太阳能电池结构以降低对温度的敏感程度可以从以下五个方面进行。

1）活性层结构优化：活性层是太阳能电池中的关键结构之一，其结构模型包括功率型、能量型和混合型。通过引入不同电子亲和力的材料，形成有利于电子传输和空穴传输的电场，或者利用不同材料之间的界面形成内建电压，可以使太阳能电池的光能利用更充分，从而提高光电转换效率并降低对温度的依赖。

2）透明导电层的优化：透明导电层对于太阳能电池的性能也有重要影响。通过优化其结构和材料选择，可以减小电阻，提高电子迁移速度，进一步提高太阳能电池的光电转换效率。

3）热管理结构设计：在太阳能电池的设计中，引入热管理结构，如散热片和热隔离层，可以有效地将太阳能电池内部产生的热量导出，防止高温对太阳能电池性能的影响。此外，合理设计太阳能电池的封装结构，也可以提高太阳能电池的热稳定性。

4）材料选择与导热性提升：可以选择具有高导热性的材料来提高太阳能电池的散热性能，如导热性能更好的封装膜、背板材料以及组件外壳材料等，这有助于将太阳能电池内部产生的热量快速导出，降低太阳能电池的工作温度。也可以在太阳能电池的设计中引入热管理措施，如散热片、液冷管道和毛细蒸发管道，将太阳能电池内部产生的热量及时导出，防止太阳能电池升温对性能的影响。此外，改变太阳能电池的工作环境，例如抬高支架促进太阳能电池背面的空气流通，在水面上建设光伏电站，利用水的蒸发和吸热降低环境温度，这些方法也可以有效实现太阳能电池的降温。

5）温度监控与调控策略：通过集成温度传感器，可以实时监控太阳能电池的工作温度。根据温度数据，可以调整太阳能电池的工作状态或启动散热系统，以保持太阳能电池在最佳的工作温度范围内。

综上所述，温度对太阳能电池性能的影响是多方面的，既涉及太阳能电池的输出功率和光电转换效率，也与太阳能电池材料的性能和稳定性密切相关。因此，在研究和应用太阳能电池时，需要充分考虑温度因素的影响，并采取相应的措施来优化和提升其性能。

4.6.2　太阳能电池的温度系数

太阳能电池的温度系数是指温度变化时，太阳能电池性能参数随温度的变化率，其单位通常为℃$^{-1}$或K^{-1}。这个系数通常用于评估太阳能电池在高温下的工作性能。一般而言，太阳能电池的光电转换效率随温度升高而降低，即光电转换效率的温度系数为负值，且该系数在一定的温度范围内相对恒定。

与所有其他半导体器件一样，太阳能电池对温度敏感。温度升高会导致原子振动加剧，化学键也会因扰动而失去稳定性，因此破坏共价键所需的能量更低。在半导体带隙的共价键模型中，共价键能量的降低意味着带隙的减小。因此，提高温度会减小带隙。

在太阳能电池中，受温度变化影响最大的参数是开路电压。图4-16所示为温度变化对太阳能电池 I-V 特性的影响。

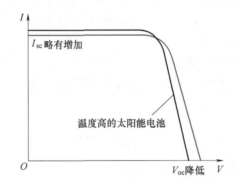

图 4-16　温度变化对太阳能电池 *I-V* 特性的影响

由于I_0与温度相关，开路电压随温度升高而降低。PN结一侧的I_0计算公式为

$$I_0 = qA\frac{Dn_i^2}{Ln_D} \tag{4-41}$$

式中，q为电子电荷；A为太阳能电池面积；D为少数载流子扩散率；L为少数载流子扩散长度；n_D为掺杂浓度；n_i为本征载流子浓度。

在式（4-41）中，多个参数都表现出一定的温度依赖性。但是温度变化对太阳能电池最显著的影响是由于本征载流子浓度n_i变化导致的开路电压变化。本征载流子浓度取决于带隙（较低的带隙可使太阳能电池具有较高的本征载流子浓度），以及载流子具有的能量（较高的温度可使太阳能电池具有较高的本征载流子浓度）。本征载流子浓度的计算公式为

$$n_i^2 = 4\left(\frac{2\pi k_B T}{h^2}\right)^3 (m_e^* m_h^*)^{\frac{3}{2}}\exp\left(-\frac{E_{G0}}{k_B T}\right) = BT^3\exp\left(-\frac{E_{G0}}{k_B T}\right) \tag{4-42}$$

式中，T为温度；h和k_B为常数；m_e^*和m_h^*分别为电子和空穴的有效质量；E_{G0}为线性外推至绝对零度的带隙；B为一个与温度基本无关的常数。

将式（4-42）代入式（4-41），并假设其他参数的温度依赖性可以忽略不计，则可得出

$$I_0 = qA\frac{D}{Ln_D}BT^3\exp\left(-\frac{E_{G0}}{k_B T}\right) \approx B'T^\gamma\exp\left(-\frac{E_{G0}}{k_B T}\right) \tag{4-43}$$

式中，B' 为与温度无关的常数。

当需要考虑其他材料性能参数随温度的变化时，指数用 γ 代替，以获得更具有普适性的温度关系。对于接近室温的晶体硅太阳能电池，温度每升高 $10\,^{\circ}\!\mathrm{C}$，I_0 大约增加 1 倍。

I_0 对开路电压的影响可以通过将 I_0 的表达式代入 V_{oc} 的表达式得出，即

$$V_{oc} = \frac{k_B T}{q} \ln\left(\frac{I_{sc}}{I_0}\right) = \frac{k_B T}{q} \ln I_{sc} - \frac{k_B T}{q} \ln\left[B' T^\gamma \exp\left(-\frac{q V_{G0}}{k_B T}\right)\right] = \frac{k_B T}{q}\left(\ln I_{sc} - \ln B' - \gamma \ln T + \frac{q V_{G0}}{k_B T}\right)$$

（4-44）

式中，$E_{G0} = q V_{G0}$。

假设 $\mathrm{d}V_{oc}/\mathrm{d}T$ 不依赖于 $\mathrm{d}I_{sc}/\mathrm{d}T$，则 $\mathrm{d}V_{oc}/\mathrm{d}T$ 为

$$\frac{\mathrm{d}V_{oc}}{\mathrm{d}T} = \frac{V_{oc} - E_{G0}}{T} - \gamma \frac{k_B}{q}$$

（4-45）

式（4-45）表明，太阳能电池的温度灵敏度取决于太阳能电池的开路电压，具有较大开路电压的太阳能电池受温度影响较小。对于晶体硅太阳能电池，E_{G0} 为 1.2，当 γ 为 3 时，开路电压降低速率约为 $2.2\,\mathrm{mV/\,^{\circ}\!C}$。

短路电流 I_{sc} 随着温度的升高而略微增加，因为带隙能量 E_g 降低，更多的光子具有足够的能量来产生电子-空穴对。然而，这是一个很小的影响，晶体硅太阳能电池短路电流的温度依赖性计算公式为

$$\frac{1}{I_{sc}} \cdot \frac{\mathrm{d}I_{sc}}{\mathrm{d}T} \approx 0.0006$$

（4-46）

硅的温度依赖性 D 可由以下等式近似计算，即

$$\frac{1}{D} \cdot \frac{\mathrm{d}D}{\mathrm{d}T} \approx \left(\frac{1}{V_{oc}} \cdot \frac{\mathrm{d}V_{oc}}{\mathrm{d}T} - \frac{1}{T}\right) \approx -0.0015$$

（4-47）

温度对最大输出功率 P_M 的影响为

$$P_{Mvar} = \frac{1}{P_M} \cdot \frac{\mathrm{d}P_M}{\mathrm{d}T} = \frac{1}{V_{oc}} \cdot \frac{\mathrm{d}V_{oc}}{\mathrm{d}T} + \frac{1}{D} \cdot \frac{\mathrm{d}D}{\mathrm{d}T} + \frac{1}{I_{sc}} \cdot \frac{\mathrm{d}I_{sc}}{\mathrm{d}T}$$

（4-48）

$$\frac{1}{P_M} \cdot \frac{\mathrm{d}P_M}{\mathrm{d}T} \approx -(0.004 \sim 0.005)$$

（4-49）

具体来说，太阳能电池的温度系数反映了太阳能电池在不同温度下的电流和电压变化率。在理想条件下，太阳能电池的温度系数为 0，即其电流和电压在任何温度下都不会发生变化。然而，在实际应用中，由于材料和工艺的限制，太阳能电池的温度系数往往不为 0，而是一个负值。这意味着随着温度的升高，太阳能电池的输出电流和电压会下降。

温度系数的大小对太阳能电池的性能有重要影响。较小的温度系数意味着太阳能电池的电压和电流随温度变化的程度较小，性能更稳定，适用于更广泛的环境条件。而较大的温度系数则表明太阳能电池的性能受温度影响较大，其适用范围可能较窄。因此，了解和控制太阳能电池的温度系数对于优化其性能和提高光电转换效率具有重要意义。在实际应用中，可以通过选择高性能的材料，优化结构设计以及采用有效的散热技术等方法来降低太阳能电池的温度系数，提高其性能稳定性。

温度系数对太阳能电池的光电转换效率具有显著影响。太阳能电池的光电转换效率是指

其将太阳能转换为电能的能力，而温度系数则反映了太阳能电池在不同温度下的性能变化。

太阳能电池温度系数对性能参数的影响主要体现在以下三个方面：

1. 温度系数直接影响太阳能电池的输出电压

随着温度的升高，太阳能电池内部的电场强度会减弱，导致输出电压降低。反之，在低温下，太阳能电池内部的电场强度会增强，输出电压也会增加。这种影响是温度系数最直接的体现，也是评估太阳能电池性能稳定性的重要指标之一。

2. 温度系数影响太阳能电池的输出功率

由于输出电压随温度升高而降低，同时短路电流随温度升高而略有增加，但增加的幅度小于输出电压下降的幅度，因此输出功率会随温度升高而下降。这意味着在高温环境下，太阳能电池的发电能力会受到限制，需要更多的太阳能电池数量来补偿输出功率损失。

3. 温度系数可能影响太阳能电池的寿命和可靠性

高温会加速太阳能电池内部的化学反应和老化过程，因此长期在高温环境下工作的太阳能电池可能会出现性能衰减和故障率增加的情况。因此，了解和控制温度系数对于确保太阳能电池的长期稳定运行至关重要。

为了优化太阳能电池的性能，提高能源利用效率，需要深入研究温度系数的变化规律，并采取相应的措施来降低其影响。因此，可以通过降低太阳能电池的温度系数来提高其光电转换效率、稳定性和可靠性。

表4-4给出了单晶硅、多晶硅和非晶硅太阳能电池输出特性的温度系数（温度变化1℃时对应参数的变化率）。

表 4-4　单晶硅、多晶硅和非晶硅太阳能电池输出特性的温度系数

种类	开路电压 V_{oc}	短路电流 I_{sc}	填充因子 FF	光电转换效率 η
单晶硅太阳能电池	-0.32%	0.09%	-0.10%	-0.33%
多晶硅太阳能电池	-0.30%	0.07%	-0.10%	-0.33%
非晶硅太阳能电池	-0.36%	0.10%	0.03%	-0.23%

可以看出，随着温度变化，开路电压变小，短路电流略微增大，导致光电转换效率降低。单晶硅与多晶硅太阳能电池的光电转换效率的温度系数几乎相同，而非晶硅太阳能电池因为带隙大，导致它的温度系数的绝对值较小。

在太阳能电池实际应用时，必须考虑它的输出特性受温度的影响，特别是室外的太阳能电池，由于阳光的作用，太阳能电池在使用过程中温度变化可能比较大，因此温度系数是在室外使用太阳能电池时需要考虑的一个重要参数。

思　考　题

1. 请简述太阳能电池的工作原理。

2. 请画出 PN 结在光照激发前后的能带示意图，并简要阐述其变化过程。

3. 当太阳能电池外接负载时，绘制出等效电路图，并回答以下问题：

1）太阳能电池输出参数的定义。

2）写出输出参数的表达式。

3）在理想状态下，计算面积为 $100cm^2$ 的晶体硅太阳能电池在 $100mW/cm^2$ 的辐照度下，开路电压为

600mV，短路电流为 3.3A，温度为 300K 时，其最大功率点的光电转换效率是多少？

4. 请简述辐照度对太阳能电池工作性能的影响。

5. 请简述太阳能电池中光生载流子的传输过程。

6. 请简述太阳能电池中载流子有哪些复合形式，它们主要影响太阳能电池的哪些性能。

参 考 文 献

［1］ GREEN M A. Solar cells: operating principles, technology, and system applications ［M］. Englewood Cliffs: Prentice-Hall, 1982.

［2］ NEUDECK G W, PIERRET R F. Modular series on solid state devices, volume VI: advanced semiconductor fundamentals ［M］. Reading: Addison-Wesley, 1987.

［3］ SHOCKLEY W. Electrons and holes in semiconductors with applications to transistor electronics ［M］. New York: Van Nostrand Reinhold, 1950.

［4］ GHOSH K. Heterojunctionand nanostructured photovoltaic device: theory and experiment ［D］. Phoenix: The United States, Arizona State University, 2011.

［5］ ALTERMATT P P, SINTON R A, HEISER G. Improvements in numerical modelling of highly injected crystalline silicon solar cells ［J］. Solar Energy Materials and Solar Cells, 2001, 65 (1): 149-155.

［6］ CUEVAS A. The recombination parameter J0 ［J］. Energy Procedia, 2014, 55: 53-62.

［7］ LINDHOLM F A, FOSSUM J G, BURGESS E L. Application of the superposition principle to solar-cell analysis ［J］. IEEE Transactions on Electron Devices, 1979, 26 (3): 165-171.

［8］ AUGUSTO A, HERASIMENKA S Y, KING R R, et al. Analysis of the recombination mechanisms of a silicon solar cell with low bandgap-voltage offset ［J］. Journal of Applied Physics, 2017, 121 (20): 205-704.

［9］ GREEN M A. Accuracy of analytical expressions for solar cell fill factors ［J］. Solar Cells, 1982, 7 (3): 337-340.

［10］ SPROUL A B, GREEN M A. Improved value for the silicon intrinsic carrier concentration from 275 to 375 K ［J］. Journal of Applied Physics, 1991, 70 (2): 846-854.

［11］ VANT-HULL L L, HILDEBRANDT A F. Solar thermal power system based on optical transmission ［J］. Solar Energy, 1976, 18 (1): 31-39.

［12］ SHOCKLEY W. The path to the conception of the junction transistor ［J］. IEEE Transactions on Electron Devices, 1976, 23 (7): 597-620.

第 5 章
太阳能电池设计

太阳能电池是一个典型的多层半导体器件，为了获得更高的光电转换效率，需要提高太阳能电池的光吸收效率，降低太阳能电池的光学损失，同时还需要降低电极电阻等电学损失。因此对太阳能电池的光学和电极结构进行优化设计，对提高太阳能电池的性能具有重要的意义。此外，太阳能电池中的载流子复合也是制约其性能的一个重要因素，需要通过表界面钝化等手段来降低载流子复合造成的性能下降。本章将讨论太阳能电池中的光学、电学、载流子复合等损失的来源，并介绍通过结构设计降低这些损失的方法。最后，本章还会介绍利用数值模拟方法对太阳能电池进行性能模拟仿真。

5.1 太阳能电池的光学损失与光学设计

太阳能电池的光学损失会减少太阳能电池中的光生载流子数目，从而导致太阳能电池的短路电流降低，因此降低光学损失是太阳能电池设计和优化过程中需要重点关注的问题之一。

5.1.1 光学损失的来源

如图 5-1 所示，光学损失主要来源于以下三个方面：
1）前表面反射。
2）顶部金属电极的遮挡或透明电极的吸收。
3）后表面反射及透射。

前表面反射的损失来源于光线入射太阳能电池时在不同介质的界面发生的反射，这包括空气或真空与玻璃等封装材料的界面，封装材料与太阳能电池的界面等。前表面反射的损失大小主要取决于相邻界面的反射率，同时也跟表面的平整程度有关。通过增加光学减反膜和表面粗糙化的绒面设计可以降低前表面反射的损失。

为了降低太阳能电池的串联电阻，通常需要在其前表面添加栅形金属电极，或者使用较厚的透明电极。金属电极的遮挡和透明电极的吸收虽然会导致光学损失，但它们通过减小串

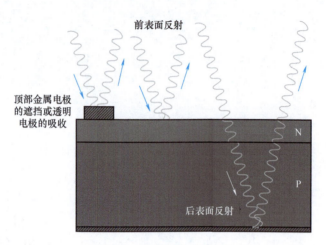

图 5-1　光学损失的来源

联电阻可以降低电学损失，从而弥补光学上的损失。因此，需要通过优化设计来平衡光学与电学上的损失。

当入射光到达太阳能电池的后表面时，会被后表面的金属电极反射，穿过吸光层后再次到达前表面，此时部分光线透射离开太阳能电池，部分光线在前表面再次发生反射，经多次反射后在吸光层中传播较长距离。当光线在后表面金属电极上发生漫反射时，光在吸光层中传播的距离可能更长，这有利于光的充分吸收和利用。对于后表面同样透明的双面太阳能电池或半透明的太阳能电池，光线除反射外，还可以直接透射离开太阳能电池，这同样造成了一定的光学损失。为降低太阳能电池后表面反射和透射的光学损失，与前表面类似，同样可以在太阳能电池后表面制备光学减反膜或使用粗糙表面，以提高太阳能电池对长波长光的吸收和利用。

5.1.2　光学减反膜及其设计

两种材料界面间的反射率计算公式为

$$R = \left(\frac{n_0 - n}{n_0 + n} \right)^2 \tag{5-1}$$

式中，R 为反射率；n_0 为周边环境的折射率，通常取空气的折射率为 1；n 为材料的折射率。

当两种材料的折射率相差较大时，界面的反射率较高。例如，玻璃（$n_{glass} = 1.5$）在空气（$n_{air} = 1$）中的反射率大约为 4%。而硅的平均折射率较高（$n_{silicon} = 3.5$），其在空气中的反射率超过 30%。减小相邻界面材料的折射率差可以降低界面的反射率。

太阳能电池中的光学减反膜是在太阳能电池表面添加的一层透明薄膜，调控该薄膜的厚度可使得其前、后表面反射光的相位相反，从而利用干涉效应实现反射光的消减。光学减反膜如果满足以下三个条件，可以实现反射光的最大限度消光：

1）反射光 R_1 与 R_2 相等。

2）反射光 R_1 与 R_2 的相位差为 $\pi/2$，即光学减反膜的厚度 d 是光在光学减反膜中波长（λ/n）的 1/4 的奇数倍。

3）界面和薄膜内不产生散射和吸收。

在满足以上条件的情况下，添加光学减反膜后的界面的反射率计算公式为

$$R = \left(\frac{n_0 n_s - n^2}{n_0 n_s + n^2} \right)^2 \tag{5-2}$$

式中，n_s 为基底的折射率；n 为光学减反膜的折射率。

要使反射率为 0，光学减反膜的折射率 n 应当取 $\sqrt{n_0 n_s}$。当周围环境为空气（$n_0 = 1$）时，光学减反膜的折射率 n 应为 $\sqrt{n_s}$，其厚度应选取 $\lambda/4n$。

考虑到入射光的波长并不唯一，通常选太阳光谱中能量最强部分的光的波长（600nm）来设计和计算光学减反膜厚度。对于不满足消光条件的波长为 λ' 的光，其反射率可以用更普遍的公式来计算，即

$$r_1 = \frac{n_0 - n}{n_0 + n}$$

$$r_2 = \frac{n - n_s}{n + n_s}$$

$$\delta = \frac{2\pi n d}{\lambda'}$$

$$R = |r^2| = \frac{r_1^2 + r_2^2 + 2 r_1 r_2 \cos 2\delta}{1 + r_1^2 r_2^2 + 2 r_1 r_2 \cos 2\delta} \tag{5-3}$$

图 5-2 所示为硅在不同条件下的反射率。在不添加光学减反膜时，硅的反射率高于 30%。使用玻璃封装后，硅的反射率降到 15% 左右。而使用了优化的光学减反膜（$n = 2.3$）后，硅的反射率在可见光范围内都能保持在 10% 以下。由于光学减反膜对不同波长的光的减反效果不同，硅片在添加光学减反膜后呈现深蓝色光泽。表 5-1 给出了常见材料的折射率。

表 5-1　常见材料的折射率（波长 600nm）

材料	折射率	材料	折射率
Si	3.67	MgF_2	1.38
Ge	5.69	SiO_2	1.46
GaAs	3.91	Al_2O_3	1.76
玻璃	1.51	SiO	1.8~2.0
ITO	1.81	Si_3N_4	2.01
AZO	1.82	TaO_2	2.1
EVA	1.46~1.48	CeO_2	2.2
PEO	1.45	TiO_2	2.46~2.9

目前，晶体硅太阳能电池通常采用 Si_3N_4 作为光学减反膜。Si_3N_4 减反膜使用等离子体增强化学气相沉积（PECVD）法制备，以硅烷和氨气为原料，制备过程中产生的副产物氢气可以同时钝化硅表面的缺陷。此外，银电极烧结可与 Si_3N_4 形成低阻值的欧姆接触，便于太阳能电池的制备。当使用 EVA 封装硅太阳能电池时，光学减反膜的最佳折射率在 2~2.2

之间。PECVD 制备的 Si_3N_4 减反膜的折射率在 $1.9\sim2.1$ 之间，通过提高 Si_3N_4 中 Si 与 N 的比值可以适当提高折射率。Ⅲ-Ⅴ族太阳能电池中的 GaAs 通常采用折射率更高的 TaO_2 作为光学减反膜，而采用太阳能玻璃及 ITO 透明电极作为入射面的薄膜太阳能电池，通常采用折射率较低的 MgF_2 作为光学减反膜。

沉积多层薄膜作为光学减反膜，可以进一步降低反射率，同时拓宽减反的波长范围。多层薄膜中最外层的薄膜折射率应当最小，折射率向内依次提高。在双层膜中，如果由外至内各层介质的折射率分别为空气 n_0、第一层膜 n_1、第二层膜 n_2 和半导体 n_s，则实现零反射的条件为 $n_2 = n_1\sqrt{n_0 n_s}$，且各层厚度都满足 1/4 波长要求。

多层光学减反膜的反射率计算过程比较复杂，总反射率 R_{sum} 可用式（5-4）计算，即

$$\delta_i = \frac{2\pi n_i d_i \cos\theta}{\lambda}$$

$$|R_{ij}| = \frac{n_i - n_j}{n_i + n_j}$$

$$R_{ij} = |R_{ij}| e^{[-2(\delta_i + \delta_j)]}$$

$$R_{sum} = \sum R_{ij} = \sum |R_{ij}| e^{[-2(\delta_i + \delta_j)]} \tag{5-4}$$

式中，θ 为光线的入射角；δ_i 为每一层光学减反膜的相位值；R_{ij} 为每两个界面 i、j 之间的反射率。

以图 5-3 所示的三层减反膜的反射率为例，其总反射率 R_{sum} 为

$$R_{01} = |R_{01}|$$

$$R_{12} = |R_{12}| e^{[-2\delta_1]}$$

$$R_{23} = |R_{23}| e^{[-2(\delta_1 + \delta_2)]}$$

$$R_{3s} = |R_{3s}| e^{[-2(\delta_1 + \delta_2 + \delta_3)]}$$

$$R_{sum} = R_{01} + R_{12} + R_{23} + R_{3s} \tag{5-5}$$

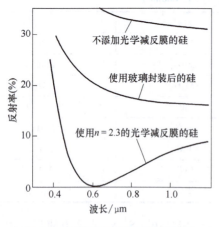

图 5-2　硅在不同条件下的反射率

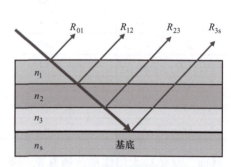

图 5-3　三层减反膜的反射率

多层光学减反膜的设计可以使用 TFCalc 软件实现，这是一款简单易用的光学薄膜设计软件，可以模拟多层薄膜的光学性质。通过设计多层薄膜的材料及厚度，可以实现比单层薄

膜更低的反射率及更宽的波长适用范围。光学元件使用多达10层薄膜的光学减反膜实现减反。商用的太阳能电池通常使用单层或双层光学减反膜，使用更多层数的光学减反膜对太阳能电池性能的提升有限。在实际生产中，还需要考虑光学减反膜制备工艺的经济性，以及光学减反膜对太阳能电池的钝化和保护作用。

5.1.3　绒面结构设计

充分吸收入射光是提高太阳能电池光电转换效率的重要途径，通过延长光线在半导体中的光程，可以提高光的吸收，降低由后表面反射及透射带来的光损失，尤其是对于光吸收系数较低的长波长光子。计算表明，厚度超过10mm的硅片可以全部吸收入射光，但当硅片厚度为$10\mu m$时，只有30%的入射光被吸收。增大硅片的厚度会带来许多问题，包括：

1）增加材料成本。

2）厚电池中的电场强度低，开路电压低。

3）厚电池中载流子迁移距离长，复合概率大。

因此，想在较小的厚度中实现更充分的光吸收，需要引入光陷阱结构。图5-4所示为光线在不同表面结构下经后表面反射后的光路。当前、后表面平行时，光在半导体中的光程为$2w$，w为半导体的厚度，如图5-4a所示。当前表面为锯齿形时，光线发生偏折，其光程增大为$2w/\cos\theta$，如图5-4b所示。当锯齿角度对称时，反射光回到前表面的入射角与入射时的折射角相同，光线经一次反射后离开半导体。当锯齿为非对称结构时，光线在一次反射后可能会达到全反射条件，光线经多次反射后才离开半导体，由此光程进一步增大，如图5-4c所示。全反射是光线从光密介质向光疏介质传播时，光线不发生透射的现象，发生全反射的条件是入射角θ_s大于临界角$\theta_c = \arcsin\dfrac{n_2}{n_1}$，其中$n_2$为光疏介质的折射率，$n_1$为光密介质的折射率。

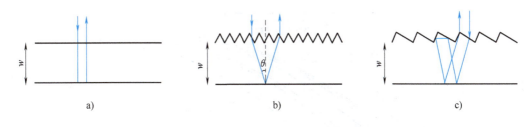

图 5-4　光线在不同表面结构下经后表面反射后的光路

a）镜面一次反射　b）对称锯齿形表面一次反射　c）非对称锯齿形表面多次反射

在硅表面制绒，即在硅表面形成金字塔形的凸起或凹陷的光陷阱，是晶体硅太阳能电池中常用的增大光程，提高光吸收效率的方法。图5-5所示为晶体硅太阳能电池表面的金字塔形结构。金字塔结构在三维方向上折射光线，与二维情形相比，其光程进一步增大。但三维方向上的光程计算也变得更为困难，PV Lighthouse提供的OPAL 2工具可以模拟计算硅绒面处理后的光吸收增强效果。由于表面形状越不对称则光程越长，硅绒面处理通常采用高低不

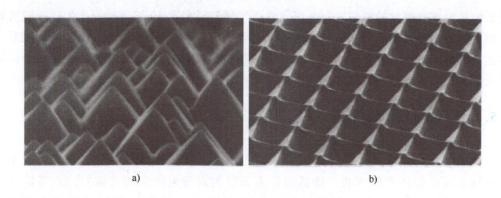

a)　　　　　　　　　　　b)

图 5-5　晶体硅太阳能电池表面的金字塔形结构

a）金字塔形　b）倒金字塔形

同，大小不一的随机金字塔形，以提高光陷阱的效果。在一些太阳能电池中，也会使用倒金字塔形绒面，倒金字塔形绒面有一定概率使出射的光线重新折射回硅内部，比金字塔形绒面的光陷阱作用更强。

在硅片后表面构造金字塔形的粗糙结构，并沉积高反射率的金属，也可以通过反射改变光的传播路径，在硅片内多次反射，从而增大光程。还可以在硅片后表面构造朗伯（Lambertian）背反射层，理想的朗伯背反射层可以将反射的光线完全随机化，借由随机反射增加光线大角度反射的概率，使其满足全反射条件，留在硅片内部。优化光陷阱设计，综合利用光学减反膜、金字塔形绒面和朗伯背反射层，可以大大延长光线在半导体中的传播路径。在较为理想的光陷阱条件下，半导体中的平均光程可以增大到原来的 $4n^2$ 倍，n 为半导体的折射率。硅半导体的理想光陷阱系数（光程与吸光层厚度的比值）可以达到 50，降低了太阳能电池实际需要的硅半导体厚度。图 5-6 所示为不同光陷阱结构的太阳能电池的短路电流密度。采用双面不规则金字塔结构与朗伯反射层结构的太阳能电池电流密度相当，都非常接近于理想光吸收（垂直板条结构）的情况。

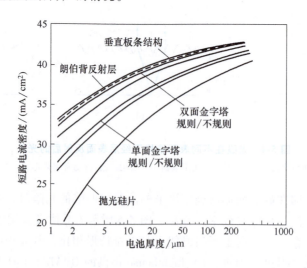

图 5-6　不同光陷阱结构的太阳能电池的短路电流密度

5.1.4　其他光陷阱结构

绒面结构在硅表面容易制备，因此在商用晶体硅太阳能电池中广泛应用，但普通的绒面结构的晶体硅太阳能电池反射率仍在 10%以上。此外，晶体硅太阳能电池的绒面结构通常在微米尺度，无法应用到厚度仅为几微米的薄膜太阳能电池中。随着纳米技术的发展，近年来研究人员开发了一些基于微纳结构的新型光陷阱结构，可以进一步提高光陷阱效率，并在薄膜太阳能电池中获得应用。

1. 多孔结构

多孔结构的等效折射率是由材料的孔隙率决定的。通过控制孔隙率，可以调控得到需要的等效折射率，并制备出梯度折射率的表面。通过 HF/HNO$_3$ 蚀刻，在多晶硅表面制备纳米级多孔硅，可产生反射率极低的"黑硅"，将 400～800nm 范围内的光反射率降低到 3%。在物理气相沉积过程中使用掠角沉积，利用沉积的纳米结构的自遮挡效应，可以制备出多种螺旋状的纳米多孔结构。在沉积过程中调控掠角，可以制备折射率渐变的光学减反膜。梯度折射率光学减反膜相比单层或多层光学减反膜具有更小的反射率和更好的波长适应性。

2. 微米/纳米阵列

微米/纳米阵列的表面可以引起入射光的散射，使光线在材料内部多次反射和散射，延长光的传播路径，增加光的吸收概率。在一些结构中，光还会被耦合进波导模式，在材料中定向传播，增强光的吸收。纳米线阵列可以用反应离子刻蚀（Reactive Ion Etching，RIE）方法制备，也可以通过化学气相沉积法，或填充多孔阳极氧化铝模板的方法制备。Atwater 等人制备的纳米线阵列，利用面积分数小于 5%的阵列实现了 96%的峰值吸收，阵列具有更高的近红外吸收能力，在更宽的入射角范围内提高日均光吸收效率，其光吸收效率超过等效体积的随机绒面硅的光吸收效率。Cui 等人通过制备上细下粗的纳米锥阵列，获得了比纳米线阵列更小的表面反射率。在纳米线阵列中加入电解液可以构建半导体/液相结，在纳米线阵列表面掺杂或沉积异质结材料可以构建径向结，这些方法都可以使载流子分离的方向（纳米线径向）垂直于光吸收方向（纳米线轴向），从而提高载流子分离效率。这种具有径向结的纳米线阵列在 CdTe/CdS 纳米线电池中获得了应用。

3. 蛾眼结构

蛾眼能够在很大的波长范围内显著降低光的反射，这对于夜间活动的蛾类来说非常重要，因为它们需要在夜间保持视觉清晰度，同时避免因反射光而被天敌发现。研究发现，蛾眼表面存在尺寸小于可见光波长的凸起，这些亚波长结构可以实现在宽光谱范围和广角度范围内的有效减反。人工仿蛾眼结构通常使用聚苯乙烯或二氧化硅小球模板制备。基于蛾眼结构的减反光陷阱结构，被用于提高非晶硅太阳能电池的光吸收效率。

5.2　太阳能电池的电学损失与电学设计

太阳能电池中不可避免地存在串联电阻和并联电阻带来的电学损失。其中并联电阻通常来源于太阳能电池工艺不当而产生的正负极局部短路，可以通过改进和优化制备工艺来解决。串联电阻通常来源于太阳能电池中的金属电极、发射层和透明电极的电阻，由于金属电极等结构会遮挡或吸收光线，减少太阳能电池的入射光子，因此需要通过电极结构的优化设计，在获得尽量多的入射光和减小电极电阻之间取得平衡，从而在保证太阳能电池工作的前提下尽量降低串联电阻的影响。

5.2.1　发射层电学损失

晶体硅太阳能电池的结构如图 5-7 所示，电荷经 PN 结分离之后，在高掺杂的发射层横向迁移，再被金属电极收集进入外电路。发射层的掺杂浓度越高，横向传输的电阻越小，串联电阻也越小。但当发射层掺杂浓度过高时，载流子复合加剧，少数载流子寿命缩短，晶体硅太阳能电池的蓝光响应变差，因此发射层掺杂浓度不能过高。

可以用焦耳定律计算发射层电阻造成的电学损失，如图 5-8 所示，在 dy 区域内的电学损失为

$$dP_{loss} = I^2 dR = I^2 \frac{\rho}{b} dy \tag{5-6}$$

式中，ρ 为发射层方阻；b 为栅线的长度；y 为 dy 区域到栅线中线的距离。

电流 I 与空间位置 y 有关，在栅线中线处的电流应为 0，向两边电流 I 随 y 线性增加，$I(y)$ 的表达式为

$$I(y) = Jby \tag{5-7}$$

式中，J 为太阳能电池的电流密度。

因此，栅线间的发射层电阻损失为

$$P_{loss} = \int I(y)^2 dR = 2\int_0^{S/2} \frac{J^2 b^2 y^2 \rho}{b} dy = \frac{b\rho J^2 S^3}{12} \tag{5-8}$$

式中，S 为栅线的间距。

由此可见，栅线的间距 S 越小，发射层电阻损失就越小。但考虑到金属电极对光线的遮挡效应，如果金属电极电阻可忽略不计，且金属电极宽度固定为 w，则光学损失为

$$P'_{loss} = bwJV = b(W-S)JV \tag{5-9}$$

式中，W 为太阳能电池中重复单元的宽度。

当太阳能电池在最大功率点工作时，其电压和电流密度分别为 V_m 和 J_m，则太阳能电池的总功率为

$$P = nbWJ_m V_m - n(P_{loss} + P'_{loss}) = n\left(bSJ_m V_m - \frac{b\rho J_m^2 S^3}{12}\right) \tag{5-10}$$

要取得 P 的最大值，则有

$$\frac{dP}{dS} = bJ_m V_m - \frac{3b\rho J_m^2 S^2}{12} = 0$$

$$S = 2\sqrt{\frac{V_m}{\rho J_m}} \tag{5-11}$$

栅线的间距有一个最佳值 $S = 2\sqrt{\dfrac{V_m}{\rho J_m}}$，可使太阳能电池的光学和电学损失总和最小，这

个值与发射层的方阻 ρ、太阳能电池最大功率点的电压 V_m 和电流密度 J_m 相关。以上分析同样适用于使用透明电极的薄膜太阳能电池，此时 ρ 为发射层或透明电极的方阻。

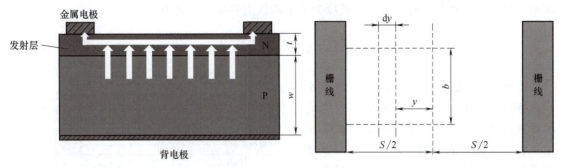

图 5-7　晶体硅太阳能电池的结构　　图 5-8　发射层电阻产生的电学损失计算

5.2.2　接触电阻与栅线电阻

在 5.2.1 节的模型计算中，未考虑栅线与半导体的接触电阻以及栅线自身电阻的影响。在实际的太阳能电池中，这两个电阻都不能忽略不计，它们对太阳能电池的设计也会产生较大影响。

接触电阻的大小与接触区域的半导体掺杂浓度有关，当接触区域附近的半导体掺杂浓度较高时，可以降低接触电阻，从而降低太阳能电池的串联电阻产生的电学损失。但考虑到高掺杂浓度会提高发射层中载流子的复合速率，降低太阳能电池对短波长光的响应，发射层的掺杂浓度也不能太高。如图 5-9 所示，在 Topcon 晶体硅太阳能电池中，正面的 P 型发射层可以使用银铝复合浆料，在银浆烧结过程中，铝的扩散形成局部强 P 型掺杂的区域，可降低栅极接触电阻，同时避免 P 型发射层的整体掺杂浓度上升和载流子寿命缩短。

在商用的晶体硅太阳能电池中，栅线通常用银浆烧结制成，烧结的电极通常分为主栅和副栅，主栅的宽度在 $1\sim2\mathrm{mm}$，而副栅的宽度在 $50\sim100\mu\mathrm{m}$。由于印刷银栅线的高度有限，较细的银栅线的自身电阻也是一个重要的串联电阻来源。图 5-10 所示为栅线自身电阻产生的电学损失计算。

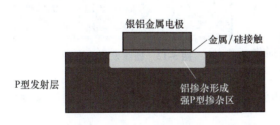

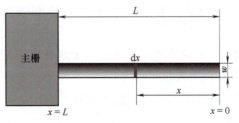

图 5-9　Topcon 晶体硅太阳能电池中银铝复合　　图 5-10　栅线自身电阻产生的电学损失计算
浆料形成的局部强 P 型掺杂区

考虑图 5-10 中 $\mathrm{d}x$ 区域的焦耳热损失，太阳能电池在最大功率点工作时，通过 $\mathrm{d}x$ 区域的电流大小为 xJ_mS，其中 x 为该点到栅线末端的距离，J_m 为最大功率点的电流密度，S 为栅线间距。若栅线的宽度为 w，高度为 d，栅线的电阻率为 ρ_f，则 $\mathrm{d}x$ 区域的电学损失为

$$dP_{loss,f} = I^2 R = (x J_m S)^2 \frac{\rho_f dx}{wd} \tag{5-12}$$

对电学损失进行积分，可以得到总长度为 L 的栅线上的电学损失为

$$P_{loss,f} = \int_0^L (x J_m S)^2 \frac{\rho_f dx}{wd} = \frac{1}{3} L^3 J_m^2 S^2 \frac{\rho_f}{wd} \tag{5-13}$$

根据式（5-13）可知，栅线的间距 S 越小，栅线的宽度 w 越宽，栅线电阻产生的电学损失就越小。但是考虑到栅线的宽度 w 增加也会产生更大的遮挡面积，因此需要进行精确的计算，以平衡电学与光学的损失。金属栅线的电阻损失与栅线的高度 d 成反比，因此对于相同宽度的栅线，其高度越高，栅线的电学损失就越低。如图 5-11 所示，提高栅线的高宽比，可以在不增加遮挡面积的条件下，降低栅线的电学损失。

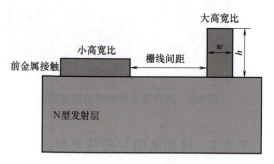

图 5-11 提高栅线的高宽比来降低电学损失

5.2.3 晶体硅太阳能电池中的栅线设计

从 5.2.1 节和 5.2.2 节的分析可知，晶体硅太阳能电池中电学损失的主要来源有：发射层电阻损失、栅线光学遮挡和栅线电阻损失，需要对三者进行综合考虑，可以用虚拟仿真数值模拟的方法对太阳能电池的栅线宽度和间距进行优化。栅线在设计上虽然可以采用任意的复杂结构，但是考虑到设计和制备的简便，栅线通常还是选择具有主栅和副栅的对称结构。如果把一组主栅和副栅当成一个重复单元，如图 5-12 所示，则栅线的优化设计方案大致遵循以下三条原则：

1）重复单元越小，栅线的宽度 w 越小，栅线间距 S 越小，太阳能电池整体的电学损失就越小。

2）主栅的最适宜宽度通常出现在其电阻损失与光学遮挡损失相同时。

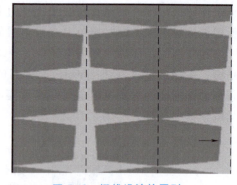

图 5-12 栅线设计的原则

3）栅线可以采用上宽下窄的结构，在远离汇聚点的方向，电流密度较小，栅线宽度可以减小。

遵循上面第 1）条设计原则，近年来晶体硅太阳能电池的主栅条数逐渐增加，如图 5-13 所示，从传统的 2 条（2BB）或 3 条（3BB）主栅逐渐向多主栅（MBB）和超多主栅（SMBB）方向发展。增加主栅条数可以减小电流在副栅中的传输距离，减小串联电阻，从而提高太阳能电池的填充因子和整体光电转换效率。此外，通过增加主栅条数，可以减小单个主栅的宽度，从而减少银浆的使用量，由于银电极的成本在太阳能电池制造的成本中占比

较高，超多主栅的设计可以降低太阳能电池的成本。目前还出现了无主栅（0BB）设计，无主栅设计取消了传统太阳能电池上的主栅，仅保留副栅，并使用金属导线连接副栅，使副栅互连以导出电流。金属导线比印刷烧结的银栅线导电性好，可以在减少光学遮挡，实现电流的高效收集和传输的前提下，显著降低银浆用量。

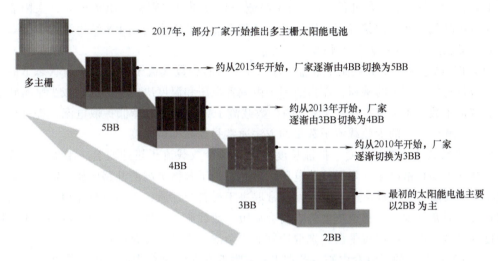

图 5-13 晶体硅太阳能电池的主栅条数变化趋势

5.3 太阳能电池的复合损失与结构设计

太阳能电池中的载流子复合直接影响太阳能电池中载流子被外电路收集的效率。载流子快速复合会降低太阳能电池的光生电流和电压，同时对填充因子也造成影响。太阳能电池中的载流子复合有众多原因，包括表面和界面缺陷、体杂质和晶界等，通过控制和优化表/界面性质和体相性质，可以获得更高的光电转换效率。

5.3.1 复合与光生电流

为了提高太阳能电池中光生载流子被收集的概率，需要尽量减少半导体中的载流子复合。在太阳能电池中，光生载流子必须在复合之前扩散到 PN 结的扩散长度内，才能被外电路收集形成光生电流。在表面或晶界等载流子复合严重的区域，只有靠近 PN 结的载流子才能被收集。通过减少表面和晶界的载流子复合，可以使远离 PN 结位置的载流子仍能够扩散到 PN 结而被收集。

太阳能电池的前表面和后表面通常存在较强的复合中心，这导致不同能量的光子产生的载流子被收集的概率不同。硅对蓝光的吸收系数高，蓝光吸收发生在接近前表面的区域。如果前表面是载流子复合较强的区域，蓝光的光生载流子容易复合，使得蓝光的量子效率偏低。硅对红光的吸收系数低，红光吸收更接近体相和后表面。如果体相和后表面的载流子复合较强，则会影响红光产生的载流子的收集，使得红光量子效率降低。通过分析晶体硅太阳能电池的量子效率，可以揭示表面和体相复合对晶体硅太阳能电池性能的影响。

5.3.2　复合与开路电压

太阳能电池的开路电压是正向偏置下的扩散电流与短路电流相等时的电压。扩散电流取决于 PN 结中的载流子复合过程，PN 结中载流子复合加快，则扩散电流增大，太阳能电池的开路电压降低。在正向偏置下，影响载流子复合速率的因素包括 PN 结边缘的少数载流子数量、扩散长度和 PN 结附近的强复合中心。

（1）PN 结边缘的少数载流子数量　注入 PN 结的少数载流子数量是平衡状态下的少数载流子数量与指数因子的乘积，而指数因子由偏置电压和温度决定。因此，减少平衡状态下的少数载流子数，可以减少注入 PN 结的少数载流子数量，从而降低扩散电流，提高开路电压。减少平衡状态下的少数载流子数量的方法通常是提高掺杂浓度。

（2）少数载流子扩散长度　扩散长度小会导致少数载流子迅速复合，增加了载流子注入量，从而提高扩散电流，降低开路电压。因此，为了获得更高的开路电压，需要增大少数载流子扩散长度。少数载流子扩散长度通常取决于材料的性质，并与材料体相和表面的缺陷密切相关。通常情况下，掺杂浓度的提高会缩短少数载流子扩散长度，因此需要在少数载流子浓度和扩散长度之间取得平衡，选取适宜的掺杂浓度来提高开路电压。

（3）PN 结附近的强复合中心　若在 PN 结附近存在强复合中心，则会捕获载流子引起复合，使扩散电流增大，降低开路电压。因此需要在靠近 PN 结的表面实施表、界面缺陷钝化，提高太阳能电池开路电压。

5.3.3　晶体硅太阳能电池的复合损失与钝化

硅片表面晶体的周期性破坏，表面原子出现悬挂键，悬挂键的电子无法形成共价键，便形成表面态和载流子复合中心。此外，硅片切割过程造成的表面损伤和晶格畸变、硅晶格中的位错、表面吸附的杂质和金属电极沉积都会引入缺陷能级，在硅片表面形成复合中心。单晶硅片中没有晶界，表面复合成为影响太阳能电池性能的主要因素，通过缺陷钝化抑制硅的表面复合，对提升太阳能电池性能有重要意义。晶体硅太阳能电池中的缺陷钝化通常有两种形式，分别为化学钝化和场钝化。化学钝化通过在硅表面制造一层与硅表面悬挂键形成共价键的薄膜（如 SiO_2、SiN_x 和氢化非晶硅等）来降低悬挂键密度，从而抑制表面复合。场钝化通过在硅表面形成内建电场来控制载流子的分布，从而减少表面复合。内建电场可以通过控制表面掺杂曲线实现，也可以通过沉积一层具有固定电荷的介质层来实现。例如，Al_2O_3 薄膜会与硅接触面形成固定负电荷，可以屏蔽 P 型硅中的少数载流子。而 PECVD 制备的 SiN_x 薄膜通常带有正电荷，可以屏蔽 N 型硅中的少数载流子。

太阳能电池的前表面是光生载流子浓度最高的区域，因此前表面复合对短路电流影响最大。商用太阳能电池中通常使用氮化硅钝化层，同时具有钝化和减反的效果。晶体硅太阳能电池的钝化层通常为绝缘材料，但金属栅线需要与硅形成欧姆接触，无法使用绝缘层钝化。通常会在接触区附近使用重掺杂，如图 5-14 所示，在重掺杂和轻掺杂之间形成电场，屏蔽少数载流子迁移，从而减少少数载流子复合，更高的掺杂浓度也可以降低欧姆接触的电阻。虽然较高的掺杂浓度会降低载流子扩散长度，但由于接触区被金属电极遮挡，光生载流子较

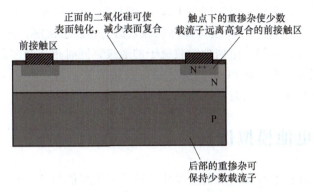

正面的二氧化硅可使
表面钝化，减少表面复合

触点下的重掺杂使少数
载流子远离高复合的前接触区

前接触区

N++

N

P

后部的重掺杂可
保持少数载流子

图 5-14　在接触区附近使用重掺杂

少，对电流影响不大。

　　晶体硅太阳能电池后表面与 PN 结的距离通常也小于载流子扩散距离，后表面复合对太阳能电池性能的影响也不能忽视。可以在晶体硅太阳能电池后表面制造一个由高掺杂区形成的背场（Back Surface Field），高掺杂区和低掺杂区之间形成的电场也可以阻碍少数载流子向后表面迁移，从而减少载流子的后表面复合。如图 5-15 所示，在铝背场太阳能电池中，P型硅后表面使用含铝的电极烧结，通过铝的扩散形成 P^{++} 重型掺杂。铝背场也可以不覆盖整个太阳能电池的后表面，而是仅在适当分布的开孔处形成金属接触，其余部分通过介质层钝化，载流子横向扩散到金属接触点，这就是 PERC（Passivated Emitter and Rear Cell）太阳能电池结构中的后表面钝化方式，TOPCon（Tunnel Oxide Passivated Contact）也是一种降低后

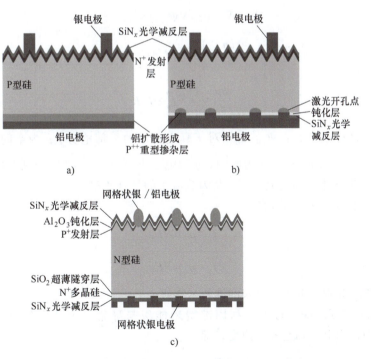

图 5-15　具有不同钝化结构的晶体硅太阳能电池

a）BSF 太阳能电池结构　　b）PERC 太阳能电池结构　　c）TOPCon 太阳能电池结构

表面复合的有效手段，它以一层厚度为 1~2nm 的超薄 SiO_2 层作为化学钝化层，在其上沉积重掺杂的多晶硅薄膜。超薄 SiO_2 层可以降低硅表面的界面态密度，同时允许电子隧穿通过。重掺杂多晶硅可以提供电场，阻挡少数载流子的通过，同时重掺杂多晶硅也降低了发射层的横向电阻和金属接触电阻。TOPCon 将钝化层与金属接触分离，同时减少了表面复合和金属接触复合，可以使晶体硅太阳能电池达到 25% 以上的光电转换效率。

5.4 太阳能电池模拟仿真

计算机模拟仿真技术在太阳能电池设计中扮演着重要的角色，它是设计和优化太阳能电池性能的有效手段。模拟仿真允许研究人员对太阳能电池的设计进行评估和优化，预测不同设计参数对太阳能电池性能的影响，从而指导实验和生产。通过模拟仿真，可以评估不同材料对太阳能电池性能的影响，包括吸收层、缓冲层和接触材料等，从而选择最适合的材料组合。仿真软件还能够模拟太阳能电池在不同光照、温度和负载条件下的性能。与传统的制备太阳能电池后再进行测试的试错方法相比，模拟仿真可以显著降低研发成本和缩短研发时间。它减少了实验中所需的材料和能源消耗。本节将介绍太阳能电池模拟仿真的基本原理和相关工具。

5.4.1 太阳能电池模拟仿真基本原理

半导体方程包括泊松方程和电子与空穴的连续性方程，即

$$\nabla \cdot (\varepsilon \nabla \Psi_{vac}) = -\rho \tag{5-14}$$

$$\frac{\partial n}{\partial t} = \frac{1}{q} \nabla \cdot \vec{J_n} + G - R \tag{5-15}$$

$$\frac{\partial p}{\partial t} = \frac{1}{q} \nabla \vec{J_p} + G - R \tag{5-16}$$

式中，ε 为半导体介电常数；Ψ_{vac} 为相对于真空能级的局部电势；ρ 为空间的电荷密度；n 和 p 分别为电子和空穴的浓度；t 为时间；q 为电子电荷量；$\vec{J_n}$ 和 $\vec{J_p}$ 分别为电子和空穴的电流密度；G 为光生载流子的生成速率；R 为载流子的复合速率。

电子和空穴的电流密度分别为

$$\vec{J_n} = \mu_n n \nabla E_{Fn} \tag{5-17}$$

$$\vec{J_p} = \mu_p p \nabla E_{Fp} \tag{5-18}$$

式中，E_{Fn} 和 E_{Fp} 分别为电子和空穴的准费米能级。

根据 Maxwell-Boltzmann 近似，利用准费米能级与导带、价带中的有效态密度（N_c、N_v），可以分别得到电子和空穴的浓度，即

$$n = N_c \exp\left(\frac{E_{Fn} - E_c}{k_B T}\right) = N_c \exp\left[\frac{E_{Fn} - (E_{vac} - q\chi)}{k_B T}\right] \tag{5-19}$$

$$p = N_v \exp\left(\frac{E_v - E_{Fp}}{k_B T}\right) = N_c \exp\left[\frac{(E_{vac} - q\chi - E_\mu) - E_{Fp}}{k_B T}\right] \tag{5-20}$$

式中，E_{vac} 为真空电势；χ 为电子亲和力；E_μ 为半导体的带隙或迁移率隙（Mobility Gap）。

在平衡态中，n 和 p 的乘积为

$$n_i^2 = N_c N_v \exp\left(\frac{E_V - E_C}{k_B T}\right) = N_c N_v \exp\left(-\frac{E_\mu}{k_B T}\right) \tag{5-21}$$

式中，n_i 为本征载流子浓度。

为了求解半导体方程，需要指定模拟域的边界条件。模拟仿真软件通常会提供欧姆（平带）接触或肖特基（含势垒）接触两种边界条件。除了需要知道接触处存在的势垒，还需要考虑半导体表面的复合速率，即

$$\overrightarrow{J_n} = -qR_n^{surf} = -qS_n(n - n_{eq}) \tag{5-22}$$

$$\overrightarrow{J_p} = -qR_p^{surf} = -qS_p(p - p_{eq}) \tag{5-23}$$

式中，S_n 和 S_p 分别为电子和空穴的表面复合速率；n_{eq} 和 p_{eq} 分别为边界处电子和空穴的平衡浓度。

通常假设薄膜硅太阳能电池的表面复合速率为无穷大，但实际上表面复合速率的理论最大值为载流子运动的最高速率，通常在 $10^7 \mathrm{cm/s}$ 的量级。

5.4.2 太阳能电池模拟仿真工具

1. AFORS-HET

AFORS-HET（Automat for Simulation of Heterostructures）是一个一维数值计算程序，用于对多层同质或异质结太阳能电池和太阳能电池子结构进行数值仿真，并可以模拟多种太阳能电池的测试过程，如 I-U、量子效率和电致发光测试等。因此可以将太阳能电池组件或整个太阳能电池的实际测试结果与模拟计算结果进行对比，从而校准模拟中使用的仿真参数，获得更可靠的太阳能电池性能预测。AFORS-HET 最初是为处理非晶/晶体硅太阳能电池而开发的，但也可以应用于其他类型（如 CIS 和 CdTe）的薄膜太阳能电池。AFORS-HET 是一个开源程序，可以通过互联网免费下载。

AFORS-HET 程序借助有限差分方法求解一维半导体方程（泊松方程以及电子和空穴的运输和连续性方程），可以求解以下 5 种情况下的电荷和电流分布：平衡态、稳态、附加微小正弦扰动的准稳态、简单瞬态（即瞬时开启/关闭外部输入）、一般瞬态（即允许外部输入任意变化）。

使用 AFORS-HET 程序模拟计算时，还可以引入一系列物理模型来模拟太阳能电池中的行为，包括：

（1）光学模型 光生载流子浓度和分布可以使用两种方式描述，分别是对于粗糙表面适用的 Lambert-Beer 吸收模型（需要使用实测的反射和吸收率）以及对于平表面适用的非相干/相干多次内部反射模型（需要使用各层的折射率）。

（2）半导体体相模型 对于半导体中的载流子运输特性，可以对半导体层内局域特性

进行设定，包括设定任意的缺陷态分布，以及由此产生的辐射复合、俄歇复合、Shockley-Read-Hall 复合等的复合速率。此外，超带隙或亚带隙的载流子生成/复合过程也可以处理。

（3）异质结界面模型　异质结界面的电流可以处理成漂移扩散或热载流子发射两种模型，也可以考虑跨异质界面的隧穿效应。

（4）边界模型　模拟区域的边界条件可以设定成欧姆接触型的平带或类肖特基结型的金属/半导体接触，也可以设定为金属/绝缘体/半导体边界和绝缘边界条件。

因此可以对太阳能电池内部参量进行计算，如能带图、准费米能级、局域载流子生成/复合速率、载流子密度、电流和相移等。AFORS-HET 程序能够模拟各种太阳能电池的测试过程，如 I-V、量子效率、瞬态或准稳态光电流、瞬态或准稳态表面光电压、瞬态或稳态光致/电致发光光谱、阻抗/导纳、电容-电压、电容-温度和电容-频率谱等测试过程。

若希望计算机数值模拟能给出可靠的结果，则需要对模型进行充分的校准，将模拟结果与各种不同的测试方法及测试条件下的太阳能电池性能进行比较。此外，太阳能电池的各组成部分，如半导体层和子电池，都可以根据模拟进行测试比较，校准模型的参数设定。经反复测试比较后，才能获得可靠的输入参数以及太阳能电池物理模型。

2. AMPS-1D

AMPS-1D 是一个薄膜硅太阳能电池模拟仿真程序。该程序提供了一个易于使用的图形用户界面。该程序有一个灵活的系统来定义施主和受主能级的间隙态分布，其中除指数型带尾分布和悬挂键缺陷的高斯分布等连续分布外，还可以引入带状离散能级。

3. ASA

ASA 是一款功能齐全、用途广泛的模拟仿真程序，可以用于模拟一般的无机半导体太阳能电池，特别是薄膜硅太阳能电池。ASA 程序是用 C 语言编写的，运行速度相对较快。程序中包含了几种缺陷池模型以及具有 Shah 和 Shockley 分布的两性缺陷，也包含了几种光学模型，包括薄膜光学模型和半相干光学模型。ASA 程序提供了图形用户界面，但它同时也可以使用命令行输入，可以将 ASCII 文本文件作为输入。其命令行版本相对灵活，可以在GNU Octave 和 MATLAB 等软件中轻松集成 ASA 程序。例如，ASA 程序允许使用 MATLAB 的内置例程对模拟参数进行非线性优化。一个很好的例子是用 GNU Octave 编写的体异质结太阳能电池模拟仿真程序，该程序使用对 ASA 命令行版本的迭代调用。通过这种方式，可以在不修改 ASA 程序本身的情况下，有效地将模型添加到 ASA 程序中。

4. PC1D

PC1D 是行业内太阳能电池模拟的常用软件。然而，它的主要关注对象是晶体硅太阳能电池，在薄膜太阳能电池的模拟方面存在不足。该软件从 1982 年开始开发，到了 2007 年，其源代码根据 GNU 通用公共许可证（GPL）发布，允许免费使用和修改，前提是修改后的源代码要根据 GPL 条款公开。

5. SCAPS

SCAPS 是一种数值模拟软件，在薄膜太阳能电池研究界广泛应用。它是专门为薄膜 Cu（In、Ga）Se$_2$ 和 CdTe 太阳能电池开发的，也可以被用于 Si 和Ⅲ-Ⅴ族太阳能电池模拟仿真。如今，SCAPS 软件在非晶和微晶硅太阳能电池中的适用性进一步增强，它可以模拟日常工作条件下的各种测试过程，并可以模拟在不同工况（电压、照明强度、光谱、波长和频率）下的太阳能电池行为。它的优点是具有直观、快速、交互式的用户界面，因此使用门槛很低。自问世以来，SCAPS 软件的功能不断扩展，现在还包括了带内隧穿、杂质光伏效应和渐变带隙等模型，其最新的扩展是实现了多价缺陷的模拟，这在模拟非晶硅太阳能电池中至关重要，在 Cu（In、Ga）Se$_2$ 太阳能电池中也很重要。

6. 光伏器件仿真设计平台

光伏器件仿真设计平台是一个线上仿真设计平台，具有中文操作界面和在线计算的优势。它可以进行晶体硅太阳能电池和有机、钙钛矿、叠层等新型高效太阳能电池的"光-电-热-量子"多物理场模拟仿真和"材料-器件-电路"多层级模拟仿真。其包含的功能有：光学仿真、电学仿真、电路仿真，并提供了多种材料和元器件数据库。

思　考　题

1. 简述太阳能电池中光学损失的来源。
2. 针对 550 nm 波长光的减反需求，使用 MgF$_2$ 作为光学减反层，其厚度应为多少？
3. 简述绒面结构和粗糙界面提高太阳能电池光吸收效率的原理。
4. 简述栅线过粗或过细对太阳能电池性能的影响，并总结栅线设计的原则。
5. 简述太阳能电池蓝光和红光响应较差的原因。
6. 在晶体硅太阳能电池中，有哪些表面钝化的手段？

参考文献

［1］ RAUT H K, Ganesh V A, Nair A S, et al. Anti-reflective coatings：A critical, in-depth review ［J］. Energy & Environmental Science, 2011, 4 (10)：3779-3804.

［2］ SOPORI B. Silicon nitride processing for control of optical and electronic properties of silicon solar cells ［J］. Journal of Electronic Materials, 2003, 32：1034-1042.

［3］ SWANSON R, SINTON R . High-efficiency silicon solar cells ［M］ //Advances in Solar Energy：1990, vol 6. Boston：Springer, 1990.

［4］ KELZENBERG M, BOETTCHER S, PETYKIEWICZ J, et al. Enhanced absorption and carrier collection in Si wire arrays for photovoltaic applications ［J］. Nature Materials, 2010, 9：239-244.

［5］ ZHU J, YU F, BURKHARD G. Optical absorption enhancement in amorphous silicon nanowire and nanocone arrays ［J］. Nano Letters, 2009, 9 (1)：279-282.

［6］ FAN Z, RAZAVI H, DO J. et al. Three-dimensional nanopillar-array photovoltaics on low-cost and flexible substrates ［J］. Nature Materials, 2009, 8：648-653.

［7］ SUN C H, JIANG P, JIANG B. Broadband moth-eye antireflection coatings on silicon ［J］. Applied Physics Letters, 2008, 92 (6)：061112.

［8］ FOSSUM J G. Physical operation of back-surface-field silicon solar cells ［J］. IEEE Transactions on Electron Devices, 1977, 24：322-325.

［9］ KIRCHARTZ T, PIETERS B E, TARETTO K, et al. Electro-optical modeling of bulk heterojunction solar cells ［J］. Journal of Applied Physics, 2008, 104 (9)：094513.

［10］ BURGELMAN M, NOLLET P, DEGRAVE S. Modelling polycrystalline semiconductor solar cells ［J］. Thin Solid Films, 2000, 361：527-532.

［11］ BURGELMAN M, VERSCHRAEGEN J, DEGRAVE S, et al. Modeling thin-film PV devices ［J］. Progress in Photovoltaics：Research and Applications, 2004, 12 (2-3)：143-153.

［12］ VERSCHRAEGEN J, BURGELMAN M. Numerical modeling of intra-band tunneling for heterojunction solar cells in SCAPS ［J］. Thin Solid Films, 2007, 515 (15)：6276-6279.

［13］ BURGELMAN M, MARLEIN J. Analysis of graded band gap solar cells with SCAPS ［C］. Proceedings of the 23rd European Photovoltaic Solar Energy Conference, Valencia, 2008：2151-2155.

［14］ DECOCK K, KHELIFI S, BURGELMAN M. Modelling multivalent defects in thin film solar cells ［J］. Thin Solid Films, 2011, 519 (21)：7481-7484.

［15］ WEI S H, ZHANG S B, ZUNGER A. Effects of Ga addition to $CuInSe_2$ on its electronic, structural, and defect properties ［J］. Applied Physics Letters, 1998, 72 (24)：3199-3201.

第6章
太阳能电池光电转换效率极限与叠层电池

光电转换效率是衡量太阳能电池将光能转换为电能的直接指标。在相同的光照条件下，太阳能电池光电转换效率的提高，将大幅降低光伏发电成本，有利于光伏技术的大规模应用。当前对新型太阳能电池材料和器件结构的研究，以及半导体缺陷对光电性能的影响研究，目的都是进一步提升太阳能电池的光电转换效率。

6.1 光电转换效率的热力学极限

根据热力学理论，可以计算出太阳能电池光电转换效率的热力学极限。热力学模型主要包括以下三个参数：

1）太阳的温度为 T_s。

2）太阳能电池为热源，其温度为 T。

3）太阳能电池通过自发辐射向环境传递能量，环境温度为 T_a。

假设太阳和太阳能电池分别是一定温度下的黑体。在热力学模型中，太阳能电池吸收太阳的电磁辐射，同时，太阳能电池本身也是黑体，也向外辐射能量。对于太阳能电池吸收的净辐射，其中一部分转换为电能，未能转换的部分以热能形式传递给环境。太阳能电池将吸收的太阳辐射通过做功的方式转换为电能，因此是一种热机，理想的热机是卡诺热机，其能量损失最小。因此，太阳能电池对外做功的功率为

$$P = (\sigma_s T_s^4 - \sigma_s T^4)\left(1 - \frac{T_a}{T}\right) \tag{6-1}$$

太阳能电池的输入功率为太阳的辐射功率，即

$$P_{in} = \sigma_s T_s^4 \tag{6-2}$$

那么，太阳能电池的光电转换效率的热力学极限为

$$\eta = \frac{P}{P_{in}} = \left[1 - \left(\frac{T}{T_s}\right)^4\right]\left(1 - \frac{T_a}{T}\right) \tag{6-3}$$

如果太阳的温度 T_s 为 6000K，太阳能电池的温度 T 为 2544K，环境温度 T_a 为 300K，由式（6-3）可得，其光电转换效率的热力学极限为 85.36%。在计算光电转换效率的热力学极

限的模型中，认为太阳辐射的能量可最大限度地转换为电能，但是该模型没有考虑到热耗散、半导体光吸收和带隙的影响。

6.2 Shockley-Queisser 效率极限

理想半导体仅能吸收能量大于其带隙的光子，对于能量小于其带隙的光子，因无法被吸收而无法利用。此外，当能量大于其带隙的光子被吸收后，价带的电子被激发进入导带，同时在价带留下空穴，形成电子-空穴对。此时由于光子的能量较大，被激发的电子的能量高于导带底能量，空穴的能量大于价带顶能量，但是电子和空穴会在皮秒的时间量级内就分别弛豫到导带底和价带顶，而光子能量大于带隙的部分转变为载流子的动能，以热量的形式耗散。因此，对于理想太阳能电池，如果不考虑载流子的复合，其仍存在以下两个重要的能量损失，如图 6-1 所示：

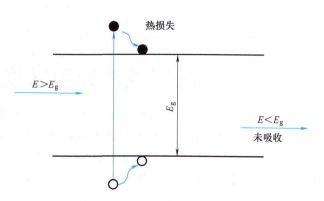

图 6-1　理想太阳能电池的能量损失

1）对于能量低于 E_g 的光子，其无法被半导体吸收，因此造成能量损失。

2）对于能量大于 E_g 的光子，由于载流子弛豫造成热损失，因此形成能量损失。

所以，对于理想的太阳能电池，会存在一个最优的带隙使其光电转换效率最高。

6.2.1 Shockley-Queisser 模型

1961 年，Shockley 和 Queisser 使用精细平衡的基本热力学原理分析了太阳能电池的理论效率极限，他们的分析结果被称为 SQ 效率极限。SQ 效率极限的推导基于太阳能电池的 Shockley-Queisser 模型（SQ 模型）。随着晶体硅太阳能电池和钙钛矿太阳能电池的光电转换效率越来越接近 SQ 效率极限，研究者们对 SQ 效率极限的关注也越来越多。

在 SQ 模型中，太阳能电池工作在太阳和周围环境中间，假设太阳和太阳能电池都为黑体，且太阳的温度为 6000K，此时太阳能电池吸收太阳辐射的光子，同时太阳能电池也向周围环境辐射光子。在太阳能电池电路方面，太阳能电池中产生的载流子通过外电路对外做功。太阳能电池的温度和环境温度相同，均为 300K。

对于理想的太阳能电池材料，不考虑杂质的影响，其能级包括价带和导带。价带中的电子吸收足够能量的光子后会跃迁进入导带。价带和导带之间的能量差异——带隙，是定义理想太阳能电池的唯一参数。

在不同的工作条件下，对于光谱有不同的处理方式。在 Shockley 和 Queisser 的原始论文中，使用 6000K 的黑体辐射光谱作为标准太阳光谱，现在则一般使用 AM1.5G 光谱作为标准太阳光谱。对于空间太阳能电池，可以使用 AM0 作为标准太阳光谱。对于室内光照条件下的太阳能电池，往往使用 LED 灯或者荧光灯的光谱作为输入光谱。

6.2.2　Shockley-Queisser 假设条件

光子和理想太阳能电池的作用过程可以分为三个步骤：

1）理想太阳能电池吸收光子并产生电子-空穴对。

2）电子和空穴分别弛豫到导带底和价带顶。

3）电子或空穴被提取到太阳能电池的两个电极并对外做功，或者电子和空穴发生辐射复合并对环境辐射光子。

在 SQ 模型中，存在五个假设条件，对以上三个步骤进行限定。

1）假定能量大于或等于半导体带隙 E_g 的光子都会被半导体吸收，能量小于 E_g 的光子不被吸收。因此，半导体因无法吸收低能量光子而发生能量损失。

2）每个被吸收的能量大于 E_g 的光子都会在半导体内产生一个电子-空穴对。

3）电子和空穴在皮秒的时间量级内分别弛豫到导带底和价带顶，超过 E_g 的能量以热能的形式传递给半导体晶格。

4）电子-空穴对只发生辐射复合，不考虑其他的复合形式。

5）未发生复合的载流子都会被传递到电极并对外做功，输出电压为 U，输出电流密度为 J，不考虑电极引起的损失。

根据假设条件 1）~5），能量大于或等于 E_g 的光子都会被吸收并产生电子-空穴对，因此光生电流密度的计算公式为

$$J_{sc}^{SQ} = q \int_0^\infty EQE_{SQ}(E) \phi_{sun}(E) \, dE \tag{6-4}$$

式中，$\phi_{sun}(E)$ 为太阳光谱光子通量；$EQE_{SQ}(E)$ 为 SQ 模型中理想太阳能电池的外量子效率。

根据假设条件 1）~5），可知

$$EQE_{SQ}(E) = \begin{cases} 0, & E < E_g \\ 1, & E \geqslant E_g \end{cases}$$

在 SQ 模型中，仅考虑辐射复合，不考虑其他类型的载流子复合过程。根据精细平衡原理，在热平衡状态下，太阳能电池向周围环境辐射光子的速率和太阳能电池从周围环境中吸收光子的速率是相等的，否则无法达到平衡条件。辐射复合电流密度等于太阳能电池从环境热辐射吸收光子产生的电流密度，辐射复合电流密度 J_0^{SQ} 的计算公式为

$$J_0^{SQ} = q \int_0^\infty EQE_{SQ}(E) \phi_{bb}(E) \, dE \tag{6-5}$$

式中，$\phi_{bb}(E)$ 为黑体辐射在温度为 T 时的光子通量。

太阳能电池的输出电流等于光生电流减去辐射复合电流。考虑到理想二极管方程，对于理想太阳能电池，存在

$$J = J_{sc}^{SQ} - J_0^{SQ} \left[\exp\left(\frac{qU}{k_B T}\right) - 1 \right] \tag{6-6}$$

式中，J_{sc}^{SQ} 为 SQ 模型中理想太阳能电池的光生电流密度，即短路电流密度；J_0^{SQ} 为 SQ 模型

中的辐射复合电流密度。

对于式（6-6），当令 $J=0$ 时，可以计算出 SQ 模型中的开路电压为

$$V_{oc}^{SQ} = \frac{k_B T}{q} \ln\left(\frac{J_{sc}^{SQ}}{J_0^{SQ}} + 1\right) \qquad (6-7)$$

对于给定带隙为 E_g 的太阳能电池，可以通过式（6-7）得到其极限开路电压 V_{oc}^{SQ}。

6.2.3　性能参数的理论效率极限

理想太阳能电池的输出功率为

$$P(V) = JV \qquad (6-8)$$

为了求最大输出功率，可对式（6-8）求一阶导数，得到最大功率点对应的电压 V_m 和电流密度 J_m，此时可以计算出带隙为 E_g 的理想太阳能电池在 SQ 模型中的效率为

$$PCE = \frac{J_m V_m}{P_{in}} \qquad (6-9)$$

式中，P_{in} 为光照的输入功率，可以根据输入光谱进行计算，即

$$P_{in} = \int_0^\infty E\phi_{sun}(E)\,dE \qquad (6-10)$$

在太阳能电池理论效率极限的研究中，可以使用温度为 6000K 的黑体辐射光谱作为太阳光谱的近似。由于没有考虑大气层的吸收等问题，使用黑体辐射近似计算时会有一定的误差。因此，可以使用 AM1.5G 光谱作为标准太阳光谱进行计算。图 6-2 所示为分别使用

AM1.5G 光谱和 6000K 黑体辐射光谱作为光源时，太阳能电池的理论效率极限与带隙的关系。当使用 AM1.5G 光谱作为光源时，太阳能电池在带隙为 1.34eV 时获得的理论效率极限为 33.69%。当使用 6000K 黑体辐射光谱作为光源时，太阳能电池在带隙为 1.29eV 时获得的理论效率极限为 31.30%。

在 SQ 模型中，不仅可以通过计算不同带隙时太阳能电池的理论效率极限来指导太阳能电池的效率提升，还可以分别计算不同带隙时太阳能电池的开路电压和短路电流密度极限，从开路电压和短路电流密度的角度分

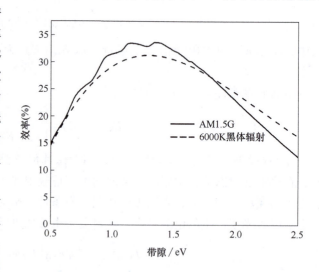

图 6-2　太阳能电池理论效率极限与带隙的关系

析当前太阳能电池的优化空间。图 6-3 所示为 SQ 模型中带隙对太阳能电池参数的影响。开路电压极限随着带隙的增加而逐渐增大，并且近似为线性关系。在 SQ 模型中，假设太阳能电池中只存在辐射复合，且外量子效率为阶跃函数，然而在实际的太阳能电池中，外量子效率并不满足阶跃函数关系，而且太阳能电池中存在非辐射复合，因此实际的开路电压要小于

开路电压极限。对于短路电流密度极限，其随着带隙增加而逐渐降低。这主要是由于随着带隙增加，太阳能电池吸收光子的数目会逐渐降低。

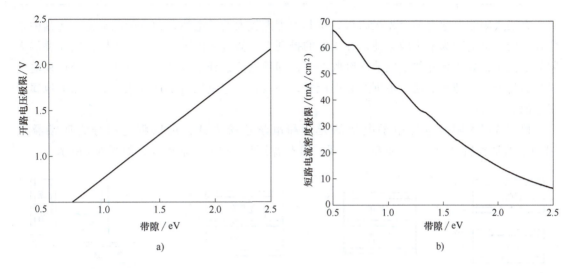

图 6-3　SQ 模型中带隙对太阳能电池参数的影响

a）开路电压极限　b）短路电流密度极限

6.3　叠层太阳能电池设计

根据 SQ 模型，单结太阳能电池的理论效率极限为 33.69%。该理论效率极限仅考虑了载流子的辐射复合，并未考虑缺陷等引起的非辐射复合，因此实际的太阳能电池很难达到理论效率极限。其次，目前晶体硅太阳能电池的实际效率极限超过 27%，钙钛矿太阳能电池的实际效率极限超过 26%，已经非常接近单结太阳能电池的理论效率极限。因此，如何进一步提升太阳能电池的效率变得非常重要。

在 6.2.3 节关于太阳能电池的理论效率极限的讨论中，理想太阳能电池仍存在以下两个重要的能量损失：

1）能量低于 E_g 的光子无法被半导体吸收，因此造成能量损失。

2）对于能量大于 E_g 的光子，在被半导体吸收后只能产生一个电子-空穴对，并且电子和空穴分别迅速弛豫到导带底和价带顶，光子能量大于带隙的部分则转变为载流子的动能，发生热耗散。

针对 1）的能量损失，可使用窄带隙的半导体来增加吸收的光子数量，但是窄带隙的半导体会引起严重的热损失。因此，对于单结理想太阳能电池，存在一个最优的带隙。

针对 1）和 2）的能量损失，可以使用叠层太阳能电池，它由窄带隙的半导体吸收低能量光子，提高光子利用率，同时由宽带隙半导体吸收高能量光子，降低热损失。叠层太阳能电池至少包含两个吸收层，比较常见的吸收层配置为双结、三结或者四结。双结叠层太阳能电池是目前研究最多的叠层太阳能电池，本书后续关于叠层太阳能电池的讨论，如无特殊说明，均基于双结叠层太阳能电池。

6.3.1　叠层太阳能电池结构分类

叠层太阳能电池有两个光吸收层，将其中带隙较大的子电池称为宽带隙电池，将其中带隙较小的子电池称为窄带隙电池。在光路的排列上，假设太阳光从上往下辐照，则在叠层太阳能电池中，处于顶部的子电池先吸收光子，即顶电池；处于底部的子电池吸收经过顶电池吸收后的光子，即底电池。根据光路的配置，一般宽带隙电池属于顶电池，窄带隙电池属于底电池。

根据叠层太阳能电池中子电池的光学和电学连接方式，可以将它们分为四端叠层（4T）、两端叠层（2T）、三端叠层（3T）和光谱分离叠层太阳能电池，如图6-4所示。

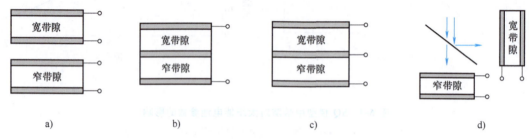

图6-4　叠层太阳能电池结构示意图

a）四端叠层　b）两端叠层　c）三端叠层　d）光谱分离叠层

构成四端叠层太阳能电池的两个子电池有各自的顶部和底部电极，上下两个子电池之间没有电学连接，仅存在光学耦合，两个子电池分别吸收不同波长范围的光子。四端叠层太阳能电池的两个子电池在电学上独立工作，不受彼此限制，因此可以分别优化各子电池的性能。但是，四端叠层太阳能电池中低能量光子先透过顶电池，然后透过子电池之间的空气间隙，最后被底电池吸收，其中空气间隙及界面的存在会造成较大的光学损失。四端叠层太阳能电池常用于对现有太阳能电池技术进行升级改进，例如现在晶体硅太阳能电池已有大量部署，在不改变现有晶体硅太阳能电池结构的基础上，可以在晶体硅太阳能电池上部署宽带隙的钙钛矿太阳能电池，形成四端叠层太阳能电池。

两端叠层太阳能电池只有顶部和底部的两个电极引出，两个子电池之间使用互连层进行电学和光学连接。在两端叠层太阳能电池中，两个子电池是串联的，因此流经子电池的电流必须相等。在两端叠层太阳能电池中，两个子电池之间既存在光学耦合，又存在电学耦合，因此对子电池的材料选择和器件优化具有更高的要求。因为两端叠层太阳能电池中没有子电池中间的空气间隙，所以光学损失较低。两端叠层太阳能电池的结构简单，引出电极少，易于集成和封装，是叠层太阳能电池的重要发展方向。

三端叠层太阳能电池有三个输出端，两个子电池之间存在光学耦合而没有电学耦合，两个子电池可以单独工作，因此不需要考虑电流匹配的限制。三端叠层太阳能电池既具有两端叠层太阳能电池的单片制备、透明电极数量少的优势，还具有四端叠层太阳能电池两个子电池单独工作的优势。三端叠层太阳能电池未来在背接触硅太阳能电池领域具有重要的应用前景。

不同于常规叠层太阳能电池中子电池按照光路依次叠加，光谱分离叠层太阳能电池利用光学元件将入射光分割为不同的光谱区间，然后将不同的光谱分别导入对应光子吸收范围的子电池。光谱分离叠层太阳能电池可以实现子电池空间分离，突破常规叠层太阳能电池的限制。同时，子电池可以根据入射光谱设计优化，对子电池的限制较少。但是，光谱分离叠层太阳能电池需要复杂的光学系统，这大幅增加了成本，因此目前研究和应用较少。

6.3.2 叠层太阳能电池光学匹配

叠层太阳能电池通过将两个子电池叠加，可以更有效地利用太阳光谱，提升光电转换效率。为了充分发挥叠层太阳能电池的潜力，在其结构设计中必须注重子电池之间的光学匹配。在理想情况下，顶电池吸收高能量的光子而透过低能量的光子，底电池吸收由顶电池透过的低能量光子。如果子电池之间的光学匹配设计不当，会导致光子利用率下降，从而影响太阳能电池的整体性能。下面基于 SQ 模型的假设条件，分析四端叠层太阳能电池和两端叠层太阳能电池中子电池带隙对叠层太阳能电池光电转换效率的影响。同时，为了简化模型，在分析过程中不考虑界面的光学损失。四端叠层太阳能电池和两端叠层太阳能电池由于工作方式的差异，对其光学匹配有不同的考虑。

假设顶电池和底电池的带隙分别为 E_{gt} 和 E_{gb}，并且有 $E_{gb} < E_{gt}$，同时假设顶电池和底电池的电压分别为 U_t 和 U_b，电流密度分别为 J_t 和 J_b。

对于顶电池，其光生电流密度为

$$J_{sct}^{SQ} = q \int_{E_{gt}}^{\infty} EQE_t^{SQ}(E) \phi_{sun}(E) dE \qquad (6-11)$$

式中，EQE_t^{SQ} 为顶电池的外量子效率。

对于底电池，其光生电流密度为

$$J_{scb}^{SQ} = q \int_{E_{gb}}^{E_{gt}} EQE_b^{SQ}(E) \phi_{sun}(E) dE \qquad (6-12)$$

在四端叠层太阳能电池结构里，两个子电池独立工作，叠层太阳能电池的功率 P 等于顶电池功率 P_t 和底电池功率 P_b 之和，其输出功率为

$$P = P_t + P_b = \max(U_t J_t) + \max(U_b J_b) \qquad (6-13)$$

图 6-5 所示为四端叠层太阳能电池理论效率和子电池带隙的关系。可以看出，四端叠层太阳能电池的理论效率极限达到了 46%。同时，四端叠层太阳能电池对于子电池带隙范围的限制较小，顶电池和底电池在较大的带隙范围内都可以实现或者接近理论效率极限。

在两端叠层太阳能电池结构里，两个子电池串联，因此流经两个子电池的电流密度必须相等，且为两个子电池电流密度的较小值。叠层太阳能电池的电压等于两个子电池的电压之和，即

$$J = \min(J_t, J_b) \qquad (6-14)$$

$$U = U_t + U_b \qquad (6-15)$$

$$P = \max(JU) \qquad (6-16)$$

图 6-6 所示为两端叠层太阳能电池理论效率和子电池带隙的关系。两端叠层太阳能电池的理论效率极限可以达到 45.72%。四端叠层太阳能电池和两端叠层太阳能电池的理论效率极限比较接近，但是对于两端叠层太阳能电池，满足理论效率极限或者接近理论效率极限的

子电池带隙被限制在一个较窄的范围内。因为两端叠层太阳能电池需要满足电流匹配条件，所以对子电池的带隙限制较多。

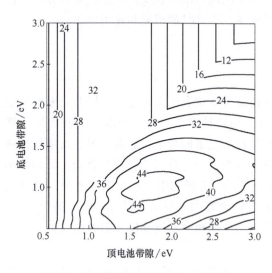

图 6-5　四端叠层太阳能电池理论效率和子电池带隙的关系

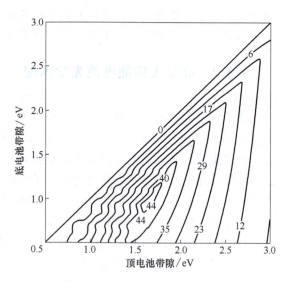

图 6-6　两端叠层太阳能电池理论效率和子电池带隙的关系

106

6.4　Ⅲ-Ⅴ族叠层太阳能电池

　　Ⅲ-Ⅴ族太阳能电池具有较高的光电转换效率，受到越来越多的关注。GaAs 太阳能电池是典型的Ⅲ-Ⅴ族太阳能电池，其带隙和标准太阳光谱的匹配程度较高。单结 GaA 太阳能电池的理论效率极限已经达到了 29.1%，是目前效率最高的单结太阳能电池。此外，除了单结太阳能电池，Ⅲ-Ⅴ族化合物半导体还可以用来制备双结、三结、四结叠层太阳能电池，其中四结Ⅲ-Ⅴ族叠层太阳能电池在聚光条件下可以达到 47% 的光电转换效率。Ⅲ-Ⅴ族叠层太阳能电池的研究开发和应用推广已取得很大成功，其主要应用在空间领域。特别是 GaAs 系太阳能电池，具有光电转换效率高、光谱响应特性好、温度特性好、抗辐射能力强等优点。

6.4.1　Ⅲ-Ⅴ族半导体材料

　　Ⅲ族元素具有 3 个价电子，Ⅴ族元素具有 5 个价电子。半导体材料中常见的Ⅲ族元素为硼（B）、铝（Al）、镓（Ga）和铟（In），常见的Ⅴ族元素为氮（N）、磷（P）、砷（As）和锑（Sb）。Ⅲ-Ⅴ族半导体材料是ⅢA 族元素和ⅤA 族元素形成的化合物，它们大多具有闪锌矿晶体结构，是两个面心立方晶格的叠加，GaAs 半导体材料的晶体结构如图 6-7 所示。

　　大多数Ⅲ-Ⅴ族半导体属于直接带隙半导体，因此其吸收系数比硅要高得多。此外，Ⅲ-Ⅴ族半导体还有成分可调的优势。GaAs 是典型的Ⅲ-Ⅴ族半导体，在太阳能电池领域具有重要应用。其他的Ⅲ-Ⅴ族半导体一般分为二元化合物和三元化合物。二元化合物如磷化铟

（InP）、锑化镓（GaSb）等；三元化合物如铝镓砷（$Al_xGa_{1-x}As$）、铟镓磷（$In_xGa_{1-x}P$）、铟镓砷（$In_xGa_{1-x}As$）等。InP 具有良好的抗辐射性能，非常适合制备空间应用的太阳能电池。$Al_xGa_{1-x}As$ 是典型的三元化合物，x 代表的是 GaAs 中 Ga 原子被 Al 原子替代的比例。

GaAs 和 InP 是典型的Ⅲ-Ⅴ族半导体，在室温下其带隙分别为 1.43eV 和 1.35eV，它们也是直接带隙半导体，因此它们对光子具有较高的吸收系数。GaAs 的带隙非常接近单结太阳能电池的最佳带隙，是太阳能电池的理想材料。同时，由于 GaAs 是直接带隙半导体，其吸收系数约是硅的 10 倍，因此常见的晶体硅太阳能电池的厚度需要达到 200 ~ 300μm 以实现对光子的充分吸收，而 GaAs 太

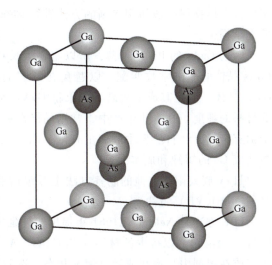

图 6-7　GaAs 半导体材料的晶体结构

阳能电池只需要 1~10μm 的厚度就可以满足光吸收的要求。GaAs 太阳能电池适宜制备薄膜太阳能电池，同时较小的厚度也降低了其本身的重量，更适宜空间太阳能电池的应用。

GaAs 还有一些独特的优势，使得其更适宜制备太阳能电池。首先 GaAs 的温度系数比硅要好。太阳能电池的光电转换效率随着温度的上升而降低。这是由于更高的温度会增加载流子的复合，并减小带隙。硅是一种间接带隙半导体材料，其载流子复合和声子的数量密切相关，而声子的数量随温度的增加而增加，因此硅的温度系数较大。GaAs 是直接带隙半导体，其在高温下的工作性能更好，因此适于制备空间太阳能电池和地面聚光太阳能电池。其次，GaAs 具有良好的防辐射性，在长时间暴露于空间辐射的情况下，GaAs 太阳能电池的效率衰减比晶体硅太阳能电池要小。

6.4.2　Ⅲ-Ⅴ族太阳能电池的制备

大多数Ⅲ-Ⅴ族太阳能电池都具有如图 6-8 所示的同质结电池结构。太阳光从上方照射到太阳能电池上，穿过一个薄层发射极和较厚的基极，光子在基极内被完全吸收。发射极的掺杂浓度一般比基极高一个数量级，光生载流子也具有较短的扩散距离。太阳能电池各层的最优厚度取决于光生载流子的产生以及扩散距离。由于大部分Ⅲ-Ⅴ族太阳能电池缺少合适的钝化材料，因此它们的结构中需要一个窗口层，防止由于少数载流子到达半导体表面而引起严重的表面复合。同时，基极的少数载流子也不可以扩散进入基底，因此需要一个背表面场。背表面场一般通过梯度掺杂或者宽带隙异质结来

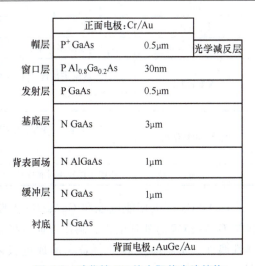

	正面电极:Cr/Au		
帽层	P^+ GaAs	0.5μm	光学减反层
窗口层	P $Al_{0.8}Ga_{0.2}As$	30nm	
发射层	P GaAs	0.5μm	
基底层	N GaAs	3μm	
背表面场	N AlGaAs	1μm	
缓冲层	N GaAs	1μm	
衬底	N GaAs		
	背面电极:AuGe/Au		

图 6-8　砷化镓 PN 结太阳能电池结构

107

实现。金属栅线一般使用光刻的方法进行制备，同时在太阳能电池表面制备光学减反层来降低光学损失。

因为 GaAs 的 PN 结很薄，所以需要生长在衬底上，以实现机械稳定。但是衬底需要与 GaAs 晶体的晶格常数匹配，以避免在背表面引入过多的晶格缺陷。最理想的衬底材料是 GaAs 晶体，但是其成本太高。如果将 GaAs 制备在 Si 衬底上，由于晶格常数不匹配，会降低材料的纯度。在工业生产中，常用晶格常数相似的 Ge 作为生长 GaAs 的衬底。但是 Ge 属于稀有金属，在自然界中的储量有限，因此大规模生产以 Ge 作为衬底的 GaAs 太阳能电池会造成 Ge 的短缺和成本上升。

Ⅲ-Ⅴ族太阳能电池的制备方法主要包括液相外延（LPE）和金属有机化合物化学气相沉积（MOCVD）方法。

LPE 方法是 Nelson 于 1961 年提出的外延生长方法，其原理是以低熔点的金属（如 Ga、In 等）为溶剂，以待生长材料（如 GaAs、Al 等）及掺杂剂（如 Zn、Te、Sn 等）为溶质，使溶质在溶剂中呈饱和或者过饱和状态，然后逐步降低温度，使溶质从溶剂中析出，结晶在衬底上，从而实现晶体的外延生长。20 世纪 70 年代，LPE 方法开始用于制备单结 GaAs 太阳能电池，通过在单晶 GaAs 衬底上生长 N 型 GaAs、P 型 GaAs 以及一层宽带隙 $Al_xGa_{1-x}As$ 窗口层，使得 GaAs 太阳能电池的光电转换效率得到明显提升。LPE 设备成本较低，技术较为简单，可以用于单结 GaAs/GaAs 太阳能电池的批量化生产。但是 LPE 方法也有很多缺点，如无法进行异质界面的生长、难以实现多层复杂结构的生长、难以精确控制外延层参数等，因此，从 20 世纪 90 年代开始，已经不再发展 LPE 方法。

MOCVD 方法是 Manasevit 于 1968 年提出的制备化合物半导体薄层单晶的方法，其原理是利用ⅢA 族、ⅡB 族元素的有机金属化合物，如 $Ga(CH_3)_3$、$Al(CH_3)_3$、$Zn(C_2H_5)$ 等，和ⅤA 族、ⅥA 族元素的氢化物，如 PH_3、AsH_3、H_2Se 等，作为晶体生长的原材料，以热裂解的方式在衬底上进行气相沉积，即以气相外延方法生长Ⅲ-Ⅴ族、Ⅱ-Ⅵ族化合物半导体，以及它们的三元、四元半导体单晶薄膜。LPE 和 MOCVD 方法的特点见表 6-1。

表 6-1 LPE 和 MOCVD 方法的特点

方法	LPE	MOCVD
反应原理	物理过程	化学过程
一次外延容量	单片多层或多片单层	多片多层
参数控制	厚度、载流子浓度等不易控制，难以实现薄层和多层生长	精确控制外延层厚度、组分和浓度，可以实现超薄层、薄层和多层生长，大面积均匀性较好
太阳能电池结构	外延层只有 1~3 层，太阳能电池结构比较简单	外延层可以多达几十层，可以引入超晶格结构，太阳能电池结构完善，可以制备多结叠层太阳能电池
衬底	不能实现异质衬底外延	能够实现异质衬底外延

GaAs/GaAs 太阳能电池和 GaAs/Ge 太阳能电池的制备工艺基本一致，其工艺流程主要包括 GaAs 薄膜的外延生长、制作背面电极正面电极图形制作、制作正面电极、窗口层的选择性腐蚀、光学减反膜的制备、形成电极欧姆接触以及划片成形等。具体的工艺流程如图 6-9 所示。

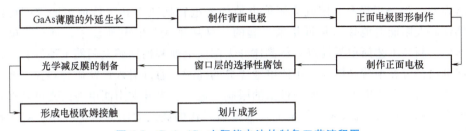

图 6-9　GaAs/Ge 太阳能电池的制备工艺流程图

6.4.3　Ⅲ-Ⅴ族叠层太阳能电池结构

GaInP$_2$ 是一种宽带隙半导体材料，并且其晶格常数和 GaAs 接近，两者能够实现良好的晶格匹配。同时，GaInP$_2$ 也具有良好的抗辐射性能，GaInP$_2$ 和 GaAs 组成双结太阳能电池后，可以得到更好的光电性能和更长的空间应用寿命。1984 年，美国可再生能源实验室首先研制出 GaInP$_2$/GaAs 双结叠层太阳能电池。该太阳能电池可以充分利用太阳光谱中的短波长和中等波长范围内的光子，但无法利用长波长光子的能量，因此其光电转换效率受到限制。同时，MOCVD 方法的发展，以及空间应用对高性能太阳能电池的需求，推动了三结GaAs 太阳能电池的发展。1996 年，美国光谱实验室成功研制出 GaInP$_2$/GaAs/Ge 三结叠层太阳能电池，其 AM0 效率达到了 25.7%。随着技术的进步，目前 GaInP$_2$/GaAs/Ge 三结叠层太阳能电池大规模批产效率达 30%。图 6-10 所示为 GaInP$_2$/GaAs/Ge 三结叠层太阳能电池的结构及各子电池的带隙。GaInP$_2$/GaAs/Ge 三结叠层太阳能电池的光电转换效率远高于晶体硅太阳能电池和 GaAs/Ge 单结太阳能电池，使用这种三结叠层太阳能电池制造的航天太阳能电池阵列的面积比功率和质量比功率都得到了明显的提升。

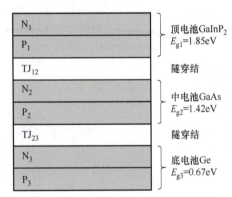

图 6-10　GaInP$_2$/GaAs/Ge 三结叠层太阳能电池的结构及各子电池的带隙

我国从 20 世纪 90 年代起对多结 GaAs 叠层太阳能电池开展研究，并且取得了快速发展，双结和三结 GaAs 叠层太阳能电池的理论效率极限已经分别突破了 26.5% 和 30.5%，GaInP$_2$/GaAs/Ge 三结叠层太阳能电池已经从研究阶段进入批量生产阶段，2011 年，其批量生产的平均效率已经达到了28.6%，并已经进入空间规模化应用。2014 以来，批量生产的效率达到 30% 的 GaInP$_2$/GaAs/Ge 三结叠层太阳能电池已经完成关键技术攻关，进入工程化应用阶段。在更高效率的多结太阳能电池研究方面，我国研制的 GaInP$_2$/GaAs/InGaAs 倒装三结太阳能电池在 2014 年实现了批量生产的效率高达 31%～32%，实验室理论效率极限达到了 32.4%。

6.5　钙钛矿/硅叠层太阳能电池

当前，晶体硅太阳能电池占据着光伏市场的主导地位。传统硅太阳能电池的理论效率极限在30%左右，进一步提升晶体硅太阳能电池的光电转换效率和降低成本的空间已经非常有限。钙钛矿太阳能电池技术是近年来兴起的一种新型太阳能电池技术，具有光电性能优异、成本低、制备工艺简单等优点。将晶体硅太阳能电池和钙钛矿太阳能电池结合，形成叠层太阳能电池，可在维持晶体硅太阳能电池优势的同时，通过引入钙钛矿材料提升光电转换效率，打破单结太阳能电池理论效率极限的限制，进一步提升太阳能电池的光电转换效率并降低其成本。钙钛矿/硅叠层太阳能电池技术是新一代的高效太阳能电池技术，对于推动光伏产业技术升级、实现可持续发展具有重要意义。

6.5.1　宽带隙钙钛矿

在室温条件下，硅的带隙是1.12eV。因此，在钙钛矿/硅叠层太阳能电池的结构里，晶体硅太阳能电池主要作为底电池，钙钛矿太阳能电池主要作为顶电池。图6-11所示为四端和两端钙钛矿/硅叠层太阳能电池理论效率极限和钙钛矿带隙的关系，此时把底电池的带隙固定为硅的1.12eV。可以看到，对于四端叠层太阳能电池，钙钛矿的带隙在一个较大的范围内都可以实现理论效率极限或者接近理论效率极限。然而，对于两端叠层太阳能电池，钙钛矿的带隙需要限制在一个较小的范围内，以便获得较高的理论效率极限，当钙钛矿带隙为1.73eV时，得到的理论效率极限为45.04%。因此，在钙钛矿/硅叠层太阳能电池中，一般需要带隙为1.7~1.9eV的宽带隙钙钛矿太阳能电池作为顶电池，使叠层太阳能电池达到最优效率。

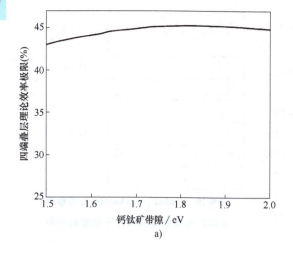 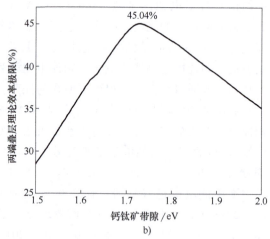

图6-11　钙钛矿/硅叠层太阳能电池理论效率极限和钙钛矿带隙的关系
a)　四端叠层　b)　两端叠层

钙钛矿材料的一个重要优势是其可以简单地通过改变材料的组分来调节其带隙，常见的钙钛矿组分中，$MAPbI_3$ 和 $FAPbI_3$ 的带隙分别为1.55eV和1.45eV，其中 MA 为 $CH_3NH_3^+$，FA 为 $CH(CH_2)_2^+$。一般可将钙钛矿 x 位的部分 I 离子替换为 Br 离子，以此来获得较大的带隙，Br 的含量越高，带隙越大。图6-12所示为 I 和 Br 混合钙钛矿材料带隙与 Br 含量的关系。从图 6-12 中可以看出，通过将 $MAPb(I_{1-x}Br_x)_3$ 钙钛矿中 Br 的比例 x 从 0 调节到 1，钙钛矿的带隙从 1.4eV 到 2.3eV 连续变化。

对于宽带隙钙钛矿太阳能电池的研究始于 2013 年，Noh 等人研究了 $MAPb(I_{1-x}Br_x)_3$ 材料的带隙与组分的关系，Eperon 等人研究了 $FAPb(I_{1-x}Br_x)_3$ 材料的带隙与组分的关系。由于 Br 的含量较高，此时宽带隙钙钛矿的光照稳定性较差。2016 年，Snaith 等人发现使用 FA/Cs 作为 A 位离子，可以提升宽带隙钙钛矿的温度稳定性和热稳定性。

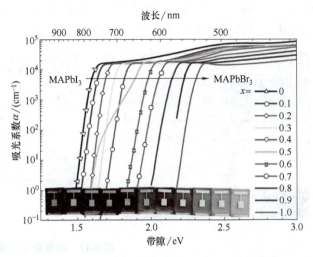

图 6-12　I 和 Br 混合钙钛矿材料带隙与 Br 含量的关系

6.5.2　四端钙钛矿/硅叠层太阳能电池

在四端钙钛矿/硅叠层太阳能电池中，钙钛矿顶电池和硅底电池之间仅存在光学耦合，不存在电学耦合，两个子电池互相独立工作。因此底电池和顶电池可以单独制备及优化。一般选取高效率的晶体硅太阳能电池作为底电池，重点优化钙钛矿顶电池。常规钙钛矿单结太阳能电池的金属电极主要为金（Au）、银（Ag）或铜（Cu）等，其厚度在 100nm 左右，金属电极除了用于电荷收集，还可以反射太阳光，增加钙钛矿的光吸收，提升光电转换效率。为了将未被宽带隙钙钛矿吸收的低能量光子传递到硅底电池中，需要将传统的金属电极替换为透明电极，一般将两个电极均为透明电极的宽带隙钙钛矿太阳能电池称为半透明太阳能电池。高效率且透光性好的半透明钙钛矿太阳能电池是实现高效率叠层太阳能电池的关键。

2015 年，Bailie 等人将 Ag 纳米线制作的透明电极用于半透明太阳能电池的制备，并和多晶硅太阳能电池组合形成四端叠层太阳能电池，获得了 17% 的光电转换效率。钙钛矿容易受到极性溶剂的破坏，因此限制了 Ag 纳米线的制备工艺，同时，Ag 纳米线向钙钛矿的扩散也会造成钙钛矿稳定性较差。黄劲松课题组使用 Cu/Au 复合超薄金属电极制备半透明钙钛矿太阳能电池，获得了 16.5% 的光电转换效率，其与晶体硅太阳能电池组合形成的四端叠层太阳能电池获得了 23% 的光电转换效率。刘生忠课题组采用 $MoO_3/Au/MoO_3$ 三明治结构的透明电极制备 N-I-P 结构的半透明钙钛矿太阳能电池，获得了 18.3% 的光电转换效率，和晶体硅太阳能电池组合形成四端叠层太阳能电池后获得了 27% 的光电转换效率，如图 6-13a 所示。在此结构中，Au 作为金属电极，主要起到导电的作用，其厚度为 7nm，属于半透明电极。其后，该课题组使用 Cr/Au 双金属电极，同时引入 MgF_2 光学减反层，将四端钙钛矿/硅叠层太阳能电池的光电转换效率提升至 28.3%。超薄金属对于近红外线光子的透过仍会造成一定的损失，目前常用溅射金属氧化物薄膜制作透明电极。但是溅射过程中的高能粒子极易破坏钙钛矿和传输层材料，因此需要额外的保护层。Bush 等人在 PCBM 电子传输层上使用溶液法制备了掺铝氧化锌缓冲层，保护 PCBM 免受溅射 ITO 过程的破坏，如图 6-13b

所示。Duong 等人在 Spiro-OMeTAD 上蒸镀 MoO_3 作为缓冲层,并溅射掺锌 ITO(IZO) 作为透明电极,使四端钙钛矿/硅叠层太阳能电池的光电转换效率达到了 26.2%。

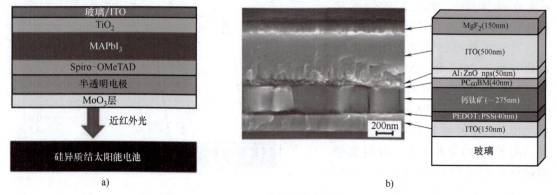

图 6-13　四端叠层电极结构
a)基于 $MoO_3/Au/MoO_3$ 透明电极　b)基于 ITO 透明电极

6.5.3　两端钙钛矿/硅叠层太阳能电池

如今,两端钙钛矿/硅叠层太阳能电池已取得了突飞猛进的进展,其理论效率极限达到了 33.9%,超过了单结太阳能电池的理论效率极限。

两端钙钛矿/硅叠层太阳能电池主要由上透明电极、钙钛矿顶电池、中间复合电极和硅底电池组成。顶电池中的电子(或者空穴)和底电池中的空穴(或者电子)会被提取并传输到中间复合电极,二者在中间复合电极完成复合,形成电流通路。同时,顶电池的空穴(或者电子)以及底电池的电子(或者空穴)会通过电极对外输出电能。至于顶电池和底电池中是电子还是空穴会被提取并传输到中间复合电极,主要由顶电池和底电池的结构决定。当钙钛矿顶电池是 N-I-P 结构时,其电子传输层和硅底电池连接;当钙钛矿顶电池是 P-I-N 结构时,其空穴传输层和硅底电池连接。因此,在设计叠层太阳能电池结构时,必须保证载流子在中间复合电极处复合,否则无法形成电流通路,这就对中间复合电极的导电性提出了一定的要求,必须满足电子和空穴复合的需求。

为了提升叠层太阳能电池的光电转换效率,需要尽可能降低其中的寄生吸收。寄生吸收是指载流子传输层或者中间复合电极对光子的吸收,寄生吸收会引起活性层的吸收降低。因此,在叠层太阳能电池中,需要对载流子传输材料以及中间复合电极材料进行设计优化,减少光学损失。

两端钙钛矿/硅叠层太阳能电池的一个重要挑战是高质量钙钛矿薄膜的制备工艺。在两端钙钛矿/硅叠层太阳能电池中,晶体硅太阳能电池作为底电池,钙钛矿顶电池需要以晶体硅太阳能电池为基底进行制备。在钙钛矿/硅叠层太阳能电池发展的早期,为了实现钙钛矿顶电池的旋涂制备,往往使用未进行表面制绒处理的晶体硅太阳能电池作为底电池。随着钙钛矿太阳能电池制备技术的发展,目前的高效率两端钙钛矿/硅叠层太阳能电池一般在制绒的硅基底上进行制备。

Mailoa 等人首次提出了两端钙钛矿/硅叠层太阳能电池,其钙钛矿顶电池为 N-I-P 结构。

在该两端叠层太阳能电池中，他们以 N 型硅为基础，制备了硅同质结底电池，使用 N^{++}/P^{++} 隧穿结连接顶电池和底电池，如图 6-14a 所示。由于硅的间接带隙特性，该隧穿结会促进载流子通过隧穿效应复合，同时抑制寄生吸收，如图 6-14b 所示。在该叠层太阳能电池中，硅底电池的表面是一个平面，没有陷光结构，便于钙钛矿的旋涂制备。同时，由于隧穿结的设计，无法在表面进行 P 型表面钝化处理。因此，单结硅太阳能电池的光电转换效率仅有 13.8%，远低于产业化平均水平。对于钙钛矿顶电池，它们在隧穿结上使用原子层沉积（ALD）方法制备了 TiO_2 阻挡层，然后旋涂 TiO_2 多孔层、钙钛矿层、Spiro-OMeTAD 空穴传输层，然后使用银纳米线作为半透明电极，蒸发 LiF 作为光学减反层。最终得到的两端叠层太阳能电池光电转换效率为 13.7%。该叠层太阳能电池的光电转换效率较低，主要是由于 Spiro-OMeTAD 空穴传输层产生了较大的寄生吸收。2016 年，Ballif 等人通过优化 Spiro-OMeTAD 空穴传输层的厚度来降低其寄生吸收，结果表明，当 Spiro-OMeTAD 空穴传输层的厚度为 150 nm 时，顶电池获得最优的电流密度，该钙钛矿/硅叠层太阳能电池的光电转换效率达到了 21.2%。2017 年，Wu 等人使用可耐受高温的发射极和背面钝化（PERC）硅太阳能电池作为底电池，在钙钛矿顶电池的致密 TiO_2、介孔 TiO_2 层进行 500℃ 退火后，硅底电池的性能不受影响。因此，钙钛矿顶电池的制备工艺限制较少，最终光电转换效率达到了 22.5%。

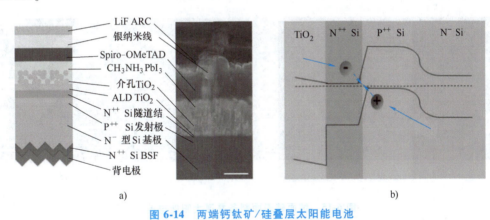

图 6-14　两端钙钛矿/硅叠层太阳能电池

a）电池结构示意图　b）隧穿结载流子复合示意图

对于硅太阳能电池而言，目前光电转换效率最高的类型是硅异质结（SHJ）太阳能电池，这主要得益于其表面非晶硅的钝化作用。然而，非晶硅钝化层无法承受 200℃ 以上的温度，否则就会造成非晶硅钝化层性能衰减。因此，SHJ 底电池和 TiO_2 层的高退火温度是不兼容的。为了使用 SHJ 底电池，需要开发低温电子传输层材料。Albrecht 等人在 2016 年首先提出了使用平面 N-I-P 钙钛矿太阳能电池和 SHJ 太阳能电池制备两端叠层太阳能电池。他们使用 ALD 低温制备 SnO_2 电子传输层，使叠层太阳能电池获得了 18% 的光电转换效率。其后，Zhou 等人优化了 SnO_2 的光学和电学性质，并使用三元钙钛矿组分，实现了叠层太阳能电池中两个子电池的电流匹配，获得了 22.2% 的光电转换效率。为了解决 Spiro-OMeTAD 材料的寄生吸收问题，Wolf 等人开发了透明 Spiro-TTB 和氧化钒作为空穴传输层，提升了太阳能电池的量子效率，基于 N-I-P 钙钛矿顶电池和 SHJ 底电池的叠层太阳能电池获得了 27% 的光电转换效率。

为了避免 N-I-P 钙钛矿顶电池空穴传输层材料的寄生吸收问题，基于 P-I-N 钙钛矿顶电池的叠层太阳能电池也在快速发展。在此结构中，因为寄生吸收的降低，叠层太阳能电池可以获得更大的电流密度。2017 年，Bush 等人首先提出了基于 P-I-N 钙钛矿/硅的两端叠层太阳能电池，并获得了 23.6% 的光电转换效率。然而，该叠层太阳能电池中的钙钛矿子电池贡献的电压较低，他们在优化钙钛矿材料组分和空穴传输层材料，同时减少光学反射损失和寄生吸收之后，叠层太阳能电池的光电转换效率提升至 25%。研究者们对叠层太阳能电池的研究主要集中于上表面抛光的硅底电池。这主要是因为其抛光的上表面可以和钙钛矿溶液法制备相兼容。然而，对上表面的抛光过程会导致成本增加，同时，由于没有光陷阱结构，光子的反射损失会增加。图 6-15a 所示为单晶硅表面制绒处理之后得到的金字塔结构 SEM 图片。Sahli 等人提出在完全制绒处理的硅片上制备叠层太阳能电池，通过减少光子反射损失来增大叠层太阳能电池的短路电流密度，最终获得了 19.5mA/cm^2 的短路电流密度如图 6-15b 所示。为了提升在制绒硅表面制备的钙钛矿薄膜的质量，Becker 等人提出在硅底电池表面制备周期性纳米结构，既可以减少光子的反射损失，又可以保证在表面旋涂高质量钙钛矿薄膜。其后，Liu 等人使用溅射方法在透明金属氧化物电极表面沉积一层厚 NiO$_x$，然后在其表面旋涂 2PACz，由此减少钙钛矿和透明金属氧化物电极之间的直接接触，避免出现电流短路路径，其制备的叠层太阳能电池获得了 28.84% 的光电转换效率。

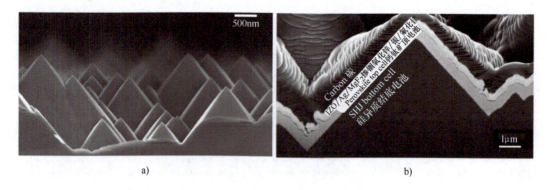

图 6-15　绒面硅表面制备叠层太阳能电池

a）单晶硅表面制绒处理之后得到的金字塔结构 SEM 图片
b）在制绒处理的晶体硅太阳能电池表面制备两端叠层太阳能电池 SEM 图片

6.6　钙钛矿/钙钛矿叠层太阳能电池

钙钛矿/钙钛矿叠层太阳能电池也被称为全钙钛矿叠层太阳能电池，即组成叠层太阳能电池的两个子电池都由钙钛矿材料制备而成。虽然钙钛矿/硅叠层太阳能电池展现了巨大的发展潜力，但其仍然需要依靠硅太阳能电池作为底电池，不能完全发挥钙钛矿材料的低成本制备、不需要高温高真空条件等优势。同时，钙钛矿材料的带隙可以通过化学组分调控实现精确调整，这使得利用钙钛矿材料设计和优化不同带隙的叠层太阳能电池变得更加灵活。因此，钙钛矿/钙钛矿叠层太阳能电池在原材料成本、制备方法和柔性应用等方面展现出巨大潜力，是钙钛矿叠层太阳能电池的重要发展方向。

6.6.1 窄带隙钙钛矿太阳能电池

钙钛矿材料的带隙易调节特点不仅包括增大其带隙，还包括可以通过调节其组分来降低带隙。将钙钛矿组分中的部分 Pb^{2+} 替换为 Sn^{2+}，形成混合铅锡钙钛矿，可以将其带隙调节至 $1.2 \sim 1.4eV$ 的近红外区域。带隙为 $1.2 \sim 1.4eV$ 的窄带隙钙钛矿太阳能电池既可以用于单结理想带隙钙钛矿太阳能电池，也可以用于和宽带隙钙钛矿结合形成的钙钛矿/钙钛矿叠层太阳能电池。混合铅锡钙钛矿的带隙和 Pb/Sn 比例并不呈线性关系，图 6-16 所示为混合铅锡钙钛矿的带隙和 Pb/Sn 比例的关系。当 Pb/Sn 的比例接近 1:1 时，其带隙最小，约为 $1.2eV$。窄带隙钙钛矿太阳能电池的发展仍面临一些挑

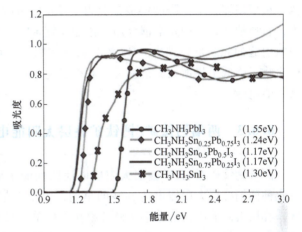

图 6-16 混合铅锡钙钛矿的带隙和 Pb/Sn 比例的关系

战，例如 Sn^{2+} 极易被氧化成 Sn^{4+}，造成混合铅锡钙钛矿薄膜存在较多缺陷，影响其光电转换效率和稳定性。

2014 年，Hayase 等人首先研究了基于 MA 阳离子的混合铅锡钙钛矿太阳能电池，获得了 $1.17eV$ 的带隙，比纯铅钙钛矿 $MAPbI_3$（带隙约 $1.55eV$）和纯锡钙钛矿 $MASnI_3$（带隙约 $1.35eV$）的带隙都要小，但是该太阳能电池的光电转换效率较低，仅有约 4%。随着太阳能电池制备工艺和结构的优化，Rajagopal 等人在 2017 年将 $MAPb_{0.5}Sn_{0.5}I_3$ 钙钛矿太阳能电池的光电转换效率提升至 15.6%。除了基于 MA 阳离子的窄带隙钙钛矿，Eperon 等人在 2016 年提出了基于 FA/Cs 阳离子的窄带隙钙钛矿 $FA_{0.75}Cs_{0.25}Pb_{0.5}Sn_{0.5}I_3$，并获得了 14.8% 的光电转换效率。随着基于 FA 阳离子的纯锡钙钛矿 $FASnI_3$ 的迅速发展，FA/MA 混合阳离子窄带隙钙钛矿引起了研究人员广泛的关注。Yan 等人研究了组分为 $(FASnI_3)_{0.6}(MAPbI_3)_{0.4}$ 的窄带隙钙钛矿太阳能电池，其带隙为 $1.25eV$，在优化厚度的基础上，可获得 17.5% 的光电转换效率。

6.6.2 四端钙钛矿/钙钛矿叠层太阳能电池

在四端钙钛矿/钙钛矿叠层太阳能电池中，宽带隙钙钛矿子电池和窄带隙钙钛矿子电池独立工作，不存在电学耦合，因此两个子电池可以分别制备，这降低了制备的难度。但是，宽带隙钙钛矿子电池仍需为半透明结构，以满足低能量光子透过的需要。

2016 年，Li 等人首次提出了四端钙钛矿/钙钛矿叠层太阳能电池的概念，在该叠层太阳能电池结构中，$MAPbBr_3$ 为顶电池材料，$MAPbI_3$ 为底电池材料，叠层太阳能电池的光电转换效率为 9.5%。Yang 等人提出了使用 $1.55eV$ 带隙的 $MAPbI_3$ 作为顶电池和 $1.33eV$ 带隙的 $FA_{0.5}MA_{0.5}Pb_{0.75}Sn_{0.25}I_3$ 作为底电池的四端叠层太阳能电池，获得了 19.1% 的光电转换效

率。随后，Eperon 等人在优化各吸收层互补吸收光谱的基础上，将 1.6eV 带隙的 $FA_{0.83}Cs_{0.17}Pb(I_{0.83}Br_{0.17})_3$ 作为顶电池，将 1.2eV 带隙的 $FA_{0.75}Cs_{0.25}Pb_{0.5}Sn_{0.5}I_3$ 作为底电池，构建了四端叠层太阳能电池，获得了 20.3% 的光电转换效率。Yan 等人将宽带隙的 $FA_{0.8}Cs_{0.2}Pb(I_{0.7}Br_{0.3})_3$ 作为顶电池，将 1.25eV 带隙的 $(FASnI_3)_{0.6}(MAPbI_3)_{0.4}$ 作为底电池，组成四端叠层太阳能电池，获得了 23.1% 的光电转换效率。在该四端叠层太阳能电池中，石蜡油作为一种光学耦合剂，添加在宽带隙顶电池和窄带隙底电池之间，减少由于空气间隙引起的光学反射损失。Hu 等人通过在窄带隙钙钛矿和电子传输层 C_{60} 之间加入富勒烯衍生物，降低了界面载流子损失，获得了光电转换效率为 24.8% 的四端钙钛矿/钙钛矿叠层太阳能电池。

6.6.3 两端钙钛矿/钙钛矿叠层太阳能电池

两端钙钛矿/钙钛矿叠层太阳能电池的性能主要受到窄带隙钙钛矿底电池性能的制约。在此种两端叠层太阳能电池发展的早期，由于窄带隙钙钛矿太阳能电池的光电转换效率较低，叠层太阳能电池的光电转换效率往往比单结铅基钙钛矿太阳能电池的光电转换的效率还低。随着窄带隙钙钛矿太阳能电池制备技术的发展，目前钙钛矿/钙钛矿叠层太阳能电池的理论效率极限已经超过了单结钙钛矿太阳能电池，展现出广阔的发展前景。

两端钙钛矿/钙钛矿叠层太阳能电池的制备过程较为复杂，其中间互连层不仅需要满足良好的电学匹配和光学透过率，还需要在制备过程中保护宽带隙钙钛矿薄膜，防止其受到窄带隙钙钛矿极性溶剂的影响。同时，中间互连层的制备过程也需要避免对宽带隙钙钛矿薄膜造成破坏。因此，两端钙钛矿/钙钛矿叠层太阳能电池对于传输层材料及制备过程有严格的要求。

Zhou 等人首次提出了两端钙钛矿/钙钛矿叠层太阳能电池，他们在顶电池和底电池中均将 $MAPbI_3$ 作为活性层材料。为了防止上层钙钛矿旋涂过程中的极性溶液对下层钙钛矿薄膜造成破坏，他们将 Spiro-OMeTAD/PEDOT：PSS/PEI/PCBM：PEI 作为中间连接层，获得了 7% 的光电转换效率，其光电转换效率较低主要由于中间复合层的电阻较大且活性层带隙不匹配。2015 年，Im 等人使用直接叠压的方式制备了两端叠层太阳能电池，他们分别在透明电极上制备 $MAPbI_3$ 和 $MAPbBr_3$ 子电池，结构分别为 $FTO/TiO_2/MAPbBr_3/P3HT$ 或 PTAA，以及 $ITO/PEDOT：PSS/MAPbI_3/PCBM$，然后在 P3HT 或 PTAA 尚未干燥的情况下，使用直接叠压的方式，将两个子电池结合在一起，获得的两端叠层太阳能电池的光电转换效率为 10.8%。随后，宽带隙钙钛矿子电池和窄带隙钙钛矿子电池组合形成叠层太阳能电池，满足了光学匹配的条件，进一步提升了叠层太阳能电池的光电转换效率。2016 年，Eperon 等人首次制备了由带隙为 1.8eV 的宽带隙钙钛矿 $FA_{0.83}Cs_{0.17}Pb(I_{0.5}Br_{0.5})_3$ 和带隙为 1.2eV 的窄带隙钙钛矿 $FA_{0.75}Cs_{0.25}Sn_{0.5}Pb_{0.5}I_3$ 组成的叠层太阳能电池，获得了 16.9% 的光电转换效率。他们使用溅射的 ITO 作为中间复合电极，既能满足载流子复合的需求，同时 ITO 又可以保护下层的钙钛矿子电池，防止其被上层钙钛矿溶液的极性溶剂破坏。但是，溅射 ITO 过程中的高能粒子仍会对底层钙钛矿薄膜和载流子传输层造成破坏，于是他们使用原子层沉积（ALD）法将 SnO_2 和 ITO 层结合，ALD 法制备 SnO_2 的过程不会破坏底层钙钛矿薄膜，同时也可保护底层钙钛矿薄膜免受溅射 ITO 的破坏。其后，Tong 等人使用 GuaSCN 添加剂提升窄带隙钙钛矿的结晶质量和光电性能，使得窄带隙钙钛矿的载流子寿命大于 $1\mu s$，同时窄带隙钙钛矿薄膜的厚度提升至 $1\mu m$，此时两端钙钛矿/钙钛矿叠层太阳能电池的光电转换效率达到了 23.1%。He 等人开发了新型自组装单分子层材料 4PADCB，以此作为宽带隙钙钛矿的空穴传输层材料，制备的两端叠层太阳能电池获得了 27% 的光电转换效率。

除了 ALD SnO_2/ITO 中间层结构外，Tan 等人开发了 ALD SnO_2/Au 中间层结构，使用 ALD 法制备的致密 SnO_2 可以防止上层钙钛矿溶剂对底层钙钛矿薄膜造成破坏，同时使用 1nm 左右的 Au 纳米颗粒来提升中间层的电学性质，促进载流子在中间层的有效复合。同时，该结构不使用溅射的 ITO，可以避免 ITO 光反射造成的光学损失。他们使用此结构制备的两端钙钛矿/钙钛矿叠层太阳能电池效率为 29.1%。

6.6.4　中间互连层

中间互连层是两端钙钛矿/钙钛矿叠层太阳能电池中的重要结构。其在叠层太阳能电池中的作用主要有三个方面：

1）提供良好的电学特性，满足载流子有效提取和复合的需要。

2）提供良好的光学特性，减少寄生吸收。

3）提供良好的化学保护作用，防止上层钙钛矿薄膜制备过程中的极性溶剂对底层钙钛矿薄膜造成破坏。

这里首先解释为什么需要中间互连层，以简单的 PN 模型描述单结太阳能电池，当两个 PN 结单结太阳能电池组成叠层太阳能电池的时候，子电池接触的地方必然形成一个 NP 结，叠层太阳能电池在正向偏压下，NP 结内通过的电流非常小，因此不能形成有效的电学连接，如图 6-17a 所示。为了解决这个问题，一般有两种策略：第一种是在 N、P 层之间添加一层中间复合电极，将 N 层、中间复合电极、P 层统称为中间互连层，如图 6-17b 所示；第二种是在 N 层和 P 层之间制备重掺杂层 N^{++} 和 P^{++}，形成隧穿结，将 N^{++} 和 P^{++} 层统称为中间互连层，如图 6-17c 所示。因此，中间互连层的第一个重要性质是电学特性。

中间互连层的第二个重要性质是光学特性。在叠层太阳能电池中，低能量的光子穿过宽带隙活性层而被窄带隙活性层吸收。因此希望中间互连层具有较高的光学透过率，从而降低寄生吸收和反射，减少光子损失。

中间互连层的第三个重要性质是化学保护作用。这既包括中间互连层可以防止下层钙钛矿薄膜受到上层钙钛矿极性溶剂的破坏，还包括中间互连层本身的制备过程不会对下层钙钛矿薄膜以及载流子传输层造成破坏。

透明金属氧化物（TCO）是中间互连层的重要结构。TCO 具有良好的导电性和光学透过率，在光电器件中具有广泛的应用。TCO 材料一般在可见光及近红外线区具有 90% 以上的光学透过率，而且其电导率可达到 $10^4 S/cm$，可以满足中间复合电极的需求。常见的 TCO 材料包括铝掺杂氧化锌（AZO）、ITO、锡掺杂氧化铟、锡掺杂氧化锌（IZO）等。由于熔点较高，TCO 薄膜一般使用高温条件下的磁控溅射制备。但是，由于底层钙钛矿薄膜无法承受高温，需要发展低温磁控溅射 TCO 技术。其中，ITO 是广泛使用的中间复合电极材料。在低温下制备的 ITO 由于没有经过退火过程，一般为非晶态，其电导率较差，但是可以满足载流子在中间复合电极的复合需求。ITO 溅射过程会产生高能粒子，这些高能粒子的直接撞

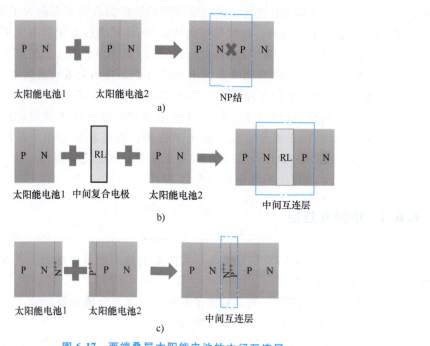

图 6-17　两端叠层太阳能电池的中间互连层

a）形成反向 NP 结　b）基于中间复合电极的中间互连层　c）基于重掺杂隧穿结的中间互连层

118

击会造成底层钙钛矿薄膜和有机载流子传输材料的损坏。因此，在 ITO 溅射之前，往往需要先制备一层缓冲层，保护下层的钙钛矿薄膜和载流子传输层。常见的缓冲层包括由热蒸镀法制备的 MoO_3 薄膜、由纳米颗粒旋涂法制备的 AZO 或 ZnO 薄膜、由原子层沉积法制备的 SnO_2 薄膜。缓冲层材料主要为无机材料，这样可以抵抗溅射过程中高能粒子的轰击。

聚合物材料也可用于中间复合电极。PEDOT：PSS 是一种重要的导电聚合物，它根据掺杂浓度的差异，在太阳能电池中主要用作空穴传输层或透明电极。一般情况下，PEDOT：PSS PH 1000 具有较好的导电性，可以用作中间复合电极。但是 PEDOT：PSS 一般分散在水溶液中，直接旋涂会造成下层钙钛矿薄膜被破坏。Zhou 等人使用干法转移来制备 PEDOT：PSS 中间复合电极，具体过程为先在 PDMS 基底上旋涂 PEDOT：PSS 薄膜，干燥一定时间后，将其转移、层压至 Spiro-OMeTAD 上，形成中间复合电极，具体结构如图 6-18a 所示。Forgács 等人使用热蒸镀法制备重掺杂有机隧穿结作为中间互连层。如图 6-18b 所示，其中间互连层结构为 N4,N4,N4″,N4″-tetra（[1,1′-biphenyl]4-yl)-[1,1′:4′,1″-terphenyl]-4,4″-di-amine（TaTm）/TaTm：2,2′-（perfluoronaphthalene-2,6-diylidene）（F6-TCNNQ)/C60：N1,N4-bis（tri-p-tolylphosphoranylidene)benzene-1,4-diamine（PhIm)/C_{60}，其中 F6-TCNNQ 和 PhIm 分别作为掺杂剂，用以提升 TaTm 和 C_{60} 的导电性，形成重掺杂隧穿结。

超薄金属及其合金，在一定的厚度范围内也具有良好的光学透过率和导电性，可以满足中间复合电极的性能需求。超薄金属的光学透过率对其厚度非常敏感，当超过特定厚度时，超薄金属的反射损失特别大。因此，作为透明电极或者中间复合电极的超薄金属，其厚度一般小于 10nm。超薄金属一般使用热蒸镀法制备，蒸镀的速度对于超薄金属的连续性、光学透过率和导电性有重要影响。Li 等人使用全氟硅烷在钙钛矿薄膜表面制备了疏水层，并开

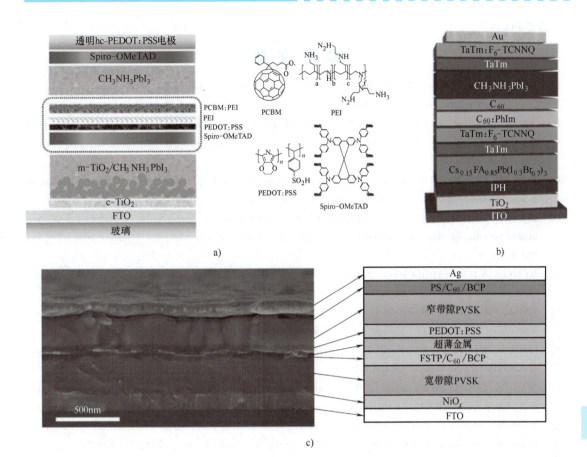

图 6-18 聚合物材料中间复合电极

发了基于铜金合金中间复合电极的中间互连层，具体结构为 FSIP（疏水层）/C_{60}/BCP/Cu：Au/PEDOT：PSS，如图 6-18c 所示。铜金合金的厚度被精确调节，以确保良好的光学透过率和化学防护作用。除了超薄金属薄膜，超薄金属纳米颗粒也可以用于中间复合电极，Tan 等人开发了 ALD SnO_2/Au 的中间复合电极，其中 Au 的厚度仅为 1nm，在这种情况下，蒸镀的 Au 一般不能形成薄膜，而是会形成金属颗粒。因为中间复合电极仅需满足两边载流子在此复合即可，所以不连续的金属颗粒也可以满足中间复合电极对电学性质的要求。考虑到中间互连层对下层钙钛矿薄膜的保护作用，需要使用致密的 ALD SnO_2 防止溶剂的穿透。

思 考 题

1. 从太阳能电池的应用端分析，提升太阳能电池的光电转换效率有哪些好处？

2. 根据 SQ 极限理论的分析，Ge、Si 和 SiC 中哪个更适合作为太阳能电池吸光层的材料？

3. 除了叠层太阳能电池策略，请查阅资料回答还有哪些潜在的策略可以使太阳能电池的光电转换效率突破 SQ 极限。

4. 在叠层太阳能电池中，四端叠层太阳能电池和两端叠层太阳能电池各自的优点和缺点分别是什么？

5. 在叠层太阳能电池的结构设计中，如何确定顶电池和底电池的带隙，以实现理论效率极限？

6. 在两端叠层太阳能电池中，中间互连层的作用是什么？中间互连层的材料应该满足哪些电学、光学和化学性质要求？

参 考 文 献

[1] HOKE E T, SLOTCAVAGE D J, DOHNER E R, et al. Reversible photo-induced trap formation in mixed-halide hybrid perovskites for photovoltaics [J]. Chemical Science, 2014, 6 (1): 613-617.

[2] JACOBSSON T J, CORREA-BAENA J P, PAZOKI M, et al. Exploration of the compositional space for mixed lead halogen perovskites for high efficiency solar cells [J]. Energy & Environmental Science, 2016, 9 (5): 1706-1724.

[3] NOH J H, IM S H, HEO J H, et al. Chemical management for colorful, efficient, and stable inorganic-organic hybrid nanostructured solar cells [J]. Nano Letters, 2013, 13 (4): 1764-1769.

[4] EPERON G E, STRANKS S D, MENELAOU C, et al. Formamidinium lead trihalide: a broadly tunable perovskite for efficient planar heterojunction solar cells [J]. Energy & Environmental Science, 2014, 7 (3): 982-988.

[5] MCMEEKIN D P, SADOUGHI G, REHMAN W, et al. A mixed-cation lead mixed-halide perovskite absorber for tandem solar cells [J]. Science, 2016, 351 (6269): 151-155.

[6] BAILIE C D, CHRISTOFORO M G, MAILOA J P, et al. Semi-transparent perovskite solar cells for tandems with silicon and CIGS [J]. Energy & Environmental Science, 2015, 8 (3): 956-963.

[7] CHEN B, BAI Y, YU Z S, et al. Efficient semitransparent perovskite solar cells for 23.0%-efficiency perovskite/silicon four-terminal tandem cells [J]. Advanced Energy Materials, 2016, 6 (19): 1601128.

[8] WANG Z, ZHU X, ZUO S, et al. 27%-Efficiency four-terminal perovskite/silicon tandem solar cells by sandwiched gold nanomesh [J]. Advanced Functional Materials, 2020, 30 (4): 1908298.

[9] YANG D, ZHANG X, HOU Y, et al. 28.3%-efficiency perovskite/silicon tandem solar cell by optimal transparent electrode for high efficient semitransparent top cell [J]. Nano Energy, 2021, 84: 105934.

[10] BUSH K A, BAILIE C D, CHEN Y, et al. Thermal and environmental stability of semi-transparent perovskite solar cells for tandems enabled by a solution-processed nanoparticle buffer layer and sputtered ITO electrode [J]. Advanced Materials, 2016, 28 (20): 3937-3943.

[11] DUONG T, PHAM H, KHO T C, et al. High efficiency perovskite-silicon tandem solar cells: effect of surface coating versus bulk incorporation of 2D perovskite [J]. Advanced Energy Materials, 2020, 10 (9): 1903553.

[12] MAILOA J P, BAILIE C D, JOHLIN E C, et al. A 2-terminal perovskite/silicon multijunction solar cell enabled by a silicon tunnel junction [J]. Applied Physics Letters, 2015, 106 (12): 121105.

[13] WERNER J, WENG C H, WALTER A, et al. Efficient monolithic perovskite/silicon tandem solar cell with cell area >1 cm² [J]. Journal of Physical Chemistry Letters, 2016, 7 (1): 161-166.

[14] WU Y L, YAN D, PENG J, et al. Monolithic perovskite/silicon-homojunction tandem solar cell with over 22% efficiency [J]. Energy & Environmental Science, 2017, 10 (11): 2472-2479.

[15] ALBRECHT S, SALIBA M, BAENA J P C, et al. Monolithic perovskite / silicon-heterojunction tandem solar cells processed at low temperature [J]. Energy & Environmental Science, 2016, 9 (1): 81-88.

[16] QIU Z, XU Z, LI N, et al. Monolithic perovskite/Si tandem solar cells exceeding 22% efficiency via optimizing top cell absorber [J]. Nano Energy, 2018, 53: 798-807.

[17] AYDIN E, LIU J, UGUR E, et al. Ligand-bridged charge extraction and enhanced quantum efficiency enable efficient n-i-p perovskite/silicon tandem solar cells [J]. Energy & Environmental Science, 2021, 14 (8): 4377-4390.

[18] BUSH K A, PALMSTROM A F, YU Z S J, et al. 23.6%-efficient monolithic perovskite/silicon tandem

solar cells with improved stability [J]. Nature Energy, 2017, 2 (4): 17009.

[19] BUSH K A, MANZOOR S, FROHNA K, et al. Minimizing current and voltage losses to reach 25% efficient monolithic two-terminal perovskite-silicon tandem solar cells [J]. ACS Energy Letters, 2018, 3 (9): 2173-2180.

[20] SAHLI F, WERNER J, KAMINO B A, et al. Fully textured monolithic perovskite/silicon tandem solar cells with 25. 2% power conversion efficiency [J]. Nature Materials, 2018, 17 (9): 820-826.

[21] TOCKHORN P, SUTTER J, CRUZ A, et al. Nano-optical designs for high-efficiency monolithic perovskite-silicon tandem solar cells [J]. Nature Nanotechnology, 2022, 17 (11): 1214-1221.

[22] MAO L, YANG T, ZHANG H, et al. Fully textured, production-line compatible monolithic perovskite/silicon tandem solar cells approaching 29% efficiency [J]. Advanced Materials, 2022, 34 (40): e2206193.

[23] WRIGHT M, STEFANI B V, JONES T W, et al. Design considerations for the bottom cell in perovskite/silicon tandems: a terawatt scalability perspective [J]. Energy & Environmental Science, 2023, 16 (10): 4164-4190.

[24] HAO F, STOUMPOS C C, CHANG R P, et al. Anomalous band gap behavior in mixed Sn and Pb perovskites enables broadening of absorption spectrum in solar cells [J]. J Am Chem Soc, 2014, 136 (22): 8094-8099.

[25] OGOMI Y, MORITA A, TSUKAMOTO S, et al. $CH_3NH_3Sn_xPb_{(1-x)}I_3$ perovskite solar cells covering up to 1060 nm [J]. The Journal of Physical Chemistry Letters, 2014, 5 (6): 1004-1011.

[26] EPERON G E, LEIJTENS T, BUSH K A, et al. Perovskite-perovskite tandem photovoltaics with optimized band gaps [J]. Science, 2016, 354 (6314): 861-865.

[27] LIAO W, ZHAO D, YU Y, et al. Fabrication of efficient low-bandgap perovskite solar cells by combining formamidiniumtin iodide with methylammonium lead iodide [J]. Journal of the American Chemical Society, 2016, 138 (38): 12360-12363.

[28] ZHAO D W, YU Y, WANG C L, et al. Low-bandgap mixed tin-lead iodide perovskite absorbers with long carrier lifetimes for all-perovskite tandem solar cells [J]. Nature Energy, 2017, 2 (4): 17018.

[29] LI Z, BOIX P P, XING G, et al. Carbon nanotubes as an efficient hole collector for high voltage methylammonium lead bromide perovskite solar cells [J]. Nanoscale, 2015, 8 (12): 6352-6360.

[30] YANG Z, RAJAGOPAL A, CHUEH C C, et al. Stable Low-Bandgap Pb-Sn Binary Perovskites for Tandem Solar Cells [J]. Advanced Materials, 2016, 28 (40): 8990-8997.

[31] ZHAO D W, WANG C L, SONG Z N, et al. Four-terminal all-perovskite tandem solar cells achieving power conversion efficiencies exceeding 23% [J]. ACS Energy Letters, 2018, 3 (2): 305-306.

[32] HU H, MOGHADAMZADEH S, AZMI R, et al. Sn-Pb mixed perovskites with fullerene-derivative interlayers for efficient four-terminal all-perovskite tandem solar cells [J]. Advanced Functional Materials, 2022, 32 (12): 2107650.

[33] TONG J, SONG Z, KIM D H, et al. Carrier lifetimes of >1 μs in Sn-Pb perovskites enable efficient all-perovskite tandem solar cells [J]. Science, 2019, 364 (6439): 475-479.

[34] HE R, WANG W, YI Z, et al. All-perovskite tandem 1 cm^2 cells with improved interface quality [J]. Nature, 2023: 1-3.

[35] LIN R, XU J, WEI M, et al. All-perovskite tandem solar cells with improved grain surface passivation [J]. Nature, 2022, 603 (7899): 73-78.

[36] GREEN M A, DUNLOP E D, YOSHITA M, et al. Solar cell efficiency tables (Version 63) [J]. Progress in Photovoltaics: Research and Applications, 2024, 32 (1): 3-13.

[37] LI C, WANG Y, CHOY W C H. Efficient interconnection in perovskite tandem solar cells [J]. Small

Methods, 2020, 4 (7): 2000093.

[38] FORGACS D, GIL-ESCRIG L, PEREZ-DEL-REY D, et al. Efficient monolithic perovskite/perovskite tandem solar cells [J]. Advanced Energy Materials, 2017, 7 (8): 1602121.

[39] LI C, WANG Z S, ZHU H L, et al. Thermionic emission-based interconnecting layer featuring solvent resistance for monolithic tandem solar cells with solution-processed perovskites [J]. Advanced Energy Materials, 2018, 8 (36): 1801954.

第 7 章
太阳能电池组件化与封装技术

太阳能电池在实际应用中，单个电池可以提供的电压和功率较低，通常需要将多个太阳能电池连接起来组成光伏组件，以此提高输出电压和功率。光伏组件还需要封装，以保持其机械完整性和结构稳定性，将电路与环境隔离，保护电路免受风化腐蚀，避免操作人员触电。本章将探讨如何将太阳能电池连接和封装成实用化的光伏组件，并介绍由互连和封装引起的一些可靠性问题。本章将首先介绍光伏组件的电气布局以及行业中常用的连接和封装工艺与材料。随后将讨论光伏组件的可靠性和耐久性问题，包括光伏组件的可靠性测试标准和流程，光伏组件运行中常见的失效模式和原因。通过本章的学习，读者将理解光伏组件的设计与制造过程，了解提高其性能和可靠性的方法，掌握保障光伏系统长期稳定运行的理论和实践知识。

7.1 晶体硅太阳能电池组件

7.1.1 晶体硅太阳能电池组件结构设计

晶体硅太阳能电池是最早出现的太阳能电池，也是当下技术最为成熟的太阳能电池。2023 年，晶体硅光伏组件占到整个光伏市场份额的 95% 以上，这得益于其较为成熟的制造工艺、更高的光电转换效率和良好的稳定性。晶体硅太阳能电池的输出电压和功率较低，需要将多个电池进行电气连接，组成一个更实用的发电装置，即为光伏组件。晶体硅光伏组件的结构设计是指通过合理的布局设计，将尽量多的晶体硅太阳能电池单元集成到一个模块中，以提高电池组的整体性能、稳定性和安全性。封装太阳能电池的主要目的是保护它们及其互连线免受使用环境的恶劣条件影响。例如，太阳能电池相对较薄，若不加保护，容易受到机械损伤。此外，太阳能电池表面的金属栅线和互连线可能会被氧化腐蚀。封装的两大关键功能是防止太阳能电池受到机械损伤，以及防止电气接触点被氧化腐蚀。图 7-1 所示为晶体硅太阳能电池组件结构设计。

晶体硅太阳能电池组件结构设计存在五个关键点：

1）太阳能电池单元的排列：合理排列太阳能电池单元，通常采用串联和并联的方式，以满足电压和容量要求。串联增加电压，并联增加容量。

2）电气连接与导电材料：采用普通焊接、超声波焊接或激光焊接等方法，确保电气连接的稳定性和低阻抗。使用高电导率材料（如铜或铝）制作连接线，以减少电能损耗。

3）封装材料：用于黏附太阳能电池组件中的太阳能电池与前表面和背板，形成三明治结构。封装材料应在高温和紫外线下保持稳定，并有良好的透光性和低热阻抗。

4）框架：应设计坚固的框架，通常使用轻质且高强度的材料（如铝合金或碳纤维），以保护太阳能电池并提供必要的机械支撑，增强太阳能电池的可靠性和延长寿命。

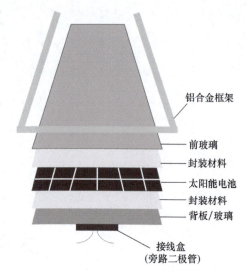

铝合金框架

前玻璃
封装材料
太阳能电池
封装材料
背板/玻璃

接线盒
（旁路二极管）

图 7-1　晶体硅太阳能电池组件结构设计

5）安全保护：旁路二极管充当保险装置的作用。在某个太阳能电池或模组被阴影遮挡或出现故障而停止发电时，在旁路二极管两端可以形成正向偏压，实现电流的旁路，而不是形成反向偏压加在太阳能电池两端，且不影响其他正常太阳能电池的发电。

光伏系统的性能和寿命取决于组件结构对太阳能电池的保护。大多数制造商使用的基本组件制造流程是从光伏技术发展初期就开发出来的。在组件中，太阳能电池通常以串联的方式排列。为此，一般使用镀锡（或镀银）铜带（引线）将一个太阳能电池的正面连接到相邻太阳能电池的背面，以形成串联结构，如图 7-2 所示。通过这种方式，通常可以形成由 9~12 个串联太阳能电池组成的太阳能电池串。

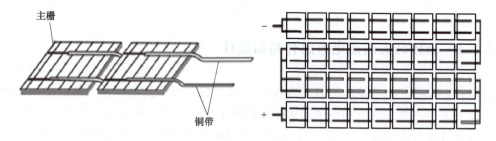

主栅

铜带

图 7-2　串联结构

常见的组件包含 60 或 72 个太阳能电池，并配有 3 个旁路二极管。60 电池组件最初用于住宅，其质量较小，便于搬运与安装。较重的 72 电池组件多用于大型公共设施。然而，只要系统的其余部分能够应对较大尺寸，72 电池组件也完全可以用于住宅安装。

晶体硅光伏组件的寿命和保修期超过 20 年，这显示出晶体硅光伏组件的封装的稳定性。典型的保修条款保证晶体硅光伏组件在前 10 年内保持其额定功率的 90%，并在长达 25 年的时间内保持其额定功率的 80%。

7.1.2 晶体硅太阳能电池组件连接与焊接工艺

7.1.1节提到，太阳能电池通常使用镀锡铜带将一个太阳能电池的正面连接到相邻太阳能电池的背面，以此来达成串联的目的。太阳能电池的电流通过铜带导出，因此铜带的质量直接影响整体模组的电流收集。为降低铜带与主栅的接触电阻，并减少对光的遮挡，引线必须沿着主栅的长度大范围重叠。每个太阳能电池采用两条（或对于较大的太阳能电池采用三条）铜带，从而允许在电气连续性因某些故障中断时仍能维持电流传输。铜带提供了太阳能电池之间的非刚性连接，可适应热膨胀带来的影响。

在过去，焊接是通过两步工艺完成的：首先将铜带焊接到太阳能电池的正面，然后再焊接到另一片太阳能电池的背面。然而，近年来硅片厚度已减少到低于 $200\mu m$。在这种情况下，由于硅和铜的热膨胀系数不同，在焊接过程中会导致太阳能电池产生较大的弯曲，如图7-3所示。这种弯曲会在随后的背面焊接和层压步骤中（尤其是层压步骤中），增加太阳能电池的破损率。

图7-3 焊接过程中导致的弯曲

为了解决这个问题，现在采用同时在同一太阳能电池上连接铜带（前面和背面）的工艺。然而，在加热和冷却过程中引起的热应力会导致微裂纹，如图7-4所示，这些微裂纹会在实际使用一段时间后降低组件的功率。

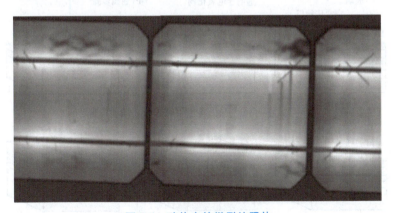

图7-4 硅片中的微裂纹照片

为了减少焊接过程中引起的热应力，可以使用导电环氧树脂或低温合金钎料来替代传统的钎料。对于需要避免损坏钝化层的异质结太阳能电池，则应使用导电胶（ECA）黏结的低温工艺代替焊接。此外，使用光辅助或感应加热来替代传统的烙铁加热，可减少焊接中的热应力，同时保证焊接质量，提高组件的可靠性和耐久性。

7.2 薄膜太阳能电池组件结构与制备技术

7.2.1 薄膜太阳能电池组件结构

薄膜太阳能电池是利用薄膜技术将微米或纳米级的光电材料沉积在非半导体的衬底上制备的器件。薄膜太阳能电池减少了半导体材料的用量，工序更少，制造能耗更低，具有降低太阳能电池制造成本的潜力。目前主要用于薄膜太阳能电池的材料有碲化镉（CdTe）、非晶硅（a-Si）、铜铟镓硒（CIGS）、钙钛矿等。

薄膜太阳能电池组件与晶体硅太阳能电池组件类似，都需要提高输出电压和功率。但与将晶体硅单体太阳能电池串联的过程不同的是，薄膜太阳能电池制备过程通常是一体化沉积大面积薄膜，再通过划线步骤将太阳能电池划分成更小的单元，并进行连接。在薄膜光伏行业中，为了实现这一目的，业界广泛采用了标准化的划线方案，该方案由三个基本的划线步骤组成（通常被称为 P1、P2 和 P3 划线），这些步骤会根据单个大面积衬底上所需的子电池数量进行重复操作。

薄膜太阳能电池组件制造流程如图 7-5 所示。P1 划线步骤通常在基板涂覆前电极后进行。前电极通常是透明导电氧化物（TCO），如氟掺杂的氧化锡（FTO）或铟掺杂的氧化锡（ITO）。P1 划线步骤用于将前电极分割成适当大小的子电池单元。P2 划线步骤在吸收层等光电器件层沉积后，顶电极（或称背电极）沉积之前进行，以 N-I-P 结构的钙钛矿太阳能电

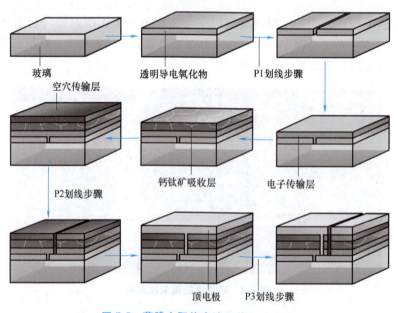

玻璃 　　透明导电氧化物 　　P1划线步骤

空穴传输层

P2划线步骤 　　钙钛矿吸收层 　　电子传输层

顶电极 　　P3划线步骤

图 7-5 薄膜太阳能电池组件制造流程

池为例，P2 划线步骤会移除电子传输层（ETL）、钙钛矿吸收层和空穴传输层（HTL），露出 P2 划线区域内的前电极。P2 划线步骤后，通常会沉积另一种 TCO 或金属导电层作为顶电极。顶电极会覆盖太阳能电池顶部并填充 P2 通道，此时填充的导电材料将 P1 划线一侧的顶电极与 P1 划线另一侧的前电极连接起来，即两个相邻子电池串联。最后，在顶电极材料沉积后，进行 P3 划线步骤，将相邻子电池之间的顶电极相互隔离，以完成相邻子电池的互连。

此外，薄膜太阳能电池通常已经沉积在玻璃衬底上，因此模组不需要额外的背板，只需要添加封装层和防护层，保护内部的太阳能电池和它们的连线不受其周围环境的破坏。值得注意的是，薄膜太阳能电池组件由于采用单片互连技术，难以加入旁路二极管，需要通过划线样式设计来防止遮挡带来的热斑效应。

7.2.2　薄膜太阳能电池组件设计与优化

薄膜太阳能电池组件设计的关键是尽量减少与划线区域相关的功率损耗，这些区域用于形成互连，不会对光电流产生贡献，通常称为无效区域或死区。因此，应将死区相对于总面积的比例降到最低。光活性区域与总面积的比值称为几何填充因子（Geometry Fill Factor，GFF）。提高 GFF 的方法有两种，一种方法是增加每个子电池的尺寸，或者等效地减少子电池的数量。然而，这种方法会增加每个子电池的生成电流，导致更高的电阻损耗，因此需要平衡与优化子电池的尺寸。另一种方法是减小划线的宽度和/或 P1-P2-P3 划线距离，使死区最小化，但这种方法取决于划线使用的设备和工艺。而且当划线宽度太小时，可能会对组件的性能造成影响，缩小划线的宽度虽然可以提高组件的几何填充因子，提高太阳能电池的面积利用率，但是划线也需要达到一定的宽度，以实现分割和连接子电池的目的。如果 P2 划线过窄，会导致 P2 互连区域的接触电阻过大，显著提高互连区域的电阻损耗。如果 P3 划线过窄，容易出现子电池之间的短路和漏电。通过模拟计算，可以对划线的宽度进行优化。图 7-6 所示为不同死区宽度（W_d）下组件总损耗（死区面积损耗及互连电阻损耗）与子电池宽度的关系。该计算假设 P2 划线可以完全去除透明电极的上层材料且不损伤透明电极，形成理想的欧姆接触。至于接触电阻的影响，在最近的一项研究中，研究人员使用了更真实的模型进行研究，即接触电阻改变了最佳 GFF 的值，但

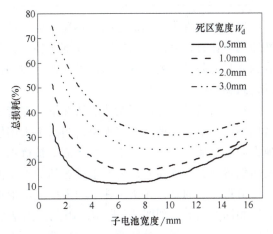

图 7-6　不同死区宽度（W_d）下组件总损耗与子电池宽度的关系

没有改变 GFF 和组件性能的变化趋势。根据这一分析，研究人员展示了一个具有 95% GFF 的组件。随着太阳能电池面积从小于 $1cm^2$ 增加到大于 $200cm^2$，太阳能电池和组件设计的重要性显著提升。模拟结果显示，基于带隙为 1.48eV（如 $FAPbI_3$）且开路电压（V_{oc}）为 1.15V 的材料制成的小型太阳能电池可以实现 25% 的光电转换效率，然而当其面积增加至大

于 $200cm^2$ 时，光电转换效率在不优化的情况下可能降至低于 5%。这种显著的光电转换效率下降并非源于钙钛矿薄膜，而是由于 TCO 基板的限制所致。

一些常见的材料和太阳能电池优化方法包括通过掺杂和合金化技术改善 CIGS 和 CdTe 材料的电学和光学性能、改善透明导电氧化物材料的透光性和导电性、采用更高精度的激光切割等。此外，还可以通过设计更优化的串联和并联方案，减少电阻损失和电流的不均匀性。

一些对水蒸气较为敏感的材料（如 CIGS、钙钛矿等），需要在模组边缘采用封边技术来阻隔水蒸气的入侵，避免产生潜在的连锁反应。常用的封边材料为聚异丁烯加填充干燥剂。额外的封边需要去除边缘部分的活性区域，这也会降低模组的 GFF。因此，封边技术的优化也是较为重要的研究方向。

P1、P2、P3 划线可以通过机械方式或激光方式完成。机械划线难以实现产业化应用，因为它相对较慢，并且由于工具在重复使用后会有磨损，可能导致薄膜分层、剥落和不一致。激光划线可以通过调整激光条件（如波长、功率、重复率、划线速度和脉冲之间的重叠）来控制刻划材料的选择性与划线的烧蚀宽度和深度，由此适应特定的材料堆叠方式。激光划线可以产生更小的互连接触电阻，并且精度更高，其死区面积比机械划线产生的死区面积小。

7.3 局部遮挡与热斑效应

7.3.1 热斑效应及其产生原因

在光伏组件中，局部遮挡与热斑效应是两个紧密相关且常见的问题，它们对光伏组件的性能和寿命有显著的负面影响。局部遮挡，指的是光伏组件上部分区域因受到遮挡而无法接收到充足的阳光照射。这种遮挡可能源自多种因素，如建筑物、树木、电杆、通信设备及邻近建筑物的阴影等。

在光伏组件遭遇局部遮挡的情况下，尽管未被遮挡的区域仍能继续正常工作，但被遮挡区域的影响不容忽视。具体来说，当某个太阳能电池单元被遮挡或受损时，它可能无法像其他太阳能电池单元那样正常产生电流。被遮挡的太阳能电池单元会因太阳光照射不足而处于反向偏置状态，进而开始消耗未被遮挡的太阳能电池单元所产生的功率。

值得注意的是，光伏组件中的太阳能电池单元是串联的，这意味着所有太阳能电池单元流过相同的电流，如图 7-7 所示。因此，当某个太阳能电池单元因遮挡或损坏而无法产生正常电流时，它实际上会转变为一个电阻，开始"消耗"来自其他正常发电的太阳能电池单元的功率，在这些区域会耗散巨大的功率，产生局部过热，而当热量难以散失时就会产生热斑，即热斑效应。这种现象不仅降低了光伏组件的整体效率，还可能对光伏组件造成长期损害，进而影响其使用寿命。这种反向偏置现象及其伴随的功率消耗，可能会使被遮挡的太阳能电池单元面临超出其承受范围的温度或反向偏压。长时间处于这种状态下，太阳能电池单元可能会受到永久性的损害，如材料退化、电极脱落或内部短路。因此，在安装和使用光伏组件时，必须注意避免遮挡和损坏太阳能电池单元，以确保光伏组件的高效、安全运行。

9个未被遮挡的太阳能电池单元　　　　　　　　　　1个被遮挡的太阳能电池单元

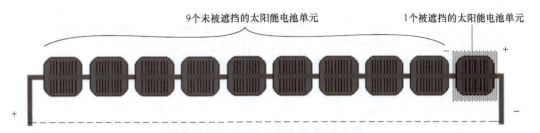

图 7-7　10 个太阳能电池单元的光伏组件

　　由于局部遮挡或故障，其中一个或多个太阳能电池单元的短路电流可能比串联中的其他电池正常工作时小得多，出现热斑，如图 7-8 所示。如果有缺陷的太阳能电池单元被迫通过超过其发电能力的电流，它们会变成反向偏置，甚至击穿状态，此时会消耗功率而不是产生功率。

图 7-8　太阳能组件出现热斑的红外成像照片

7.3.2　利用旁路二极管消除热斑效应

　　旁路二极管可用来绕过电路中的特定组件或部分电路。它的主要作用是保护电路中的太阳能电池单元，使其免受反向电压、过电流或其他故障状态的影响。

　　在光伏组件中，旁路二极管被用来绕过可能出现问题的太阳能电池单元，如图 7-9 所示。当某个太阳能电池单元因为遮挡、损坏或其他原因无法正常工作时，该太阳能电池单元可能会成为整个光伏组件的负担，降低整个光伏组件的输出功率。通过在每个太阳能电池单元的两端并联一个旁路二极管，可以在出现问题的太阳能电池单元上形成一个绕过路径，保持其他太阳能电池单元的正常工作，从而提高整个光伏组件的输出功率和延长使用寿命。旁路二极管与太阳能电池单元并联，但极性相反。在正常工作的情况下，每个太阳能电池单元都是正向偏置的，因此旁路二极管将反向偏置，并且实际上处于开路状态。但是，若有太阳能电池单元反向偏置，则旁路二极管会导通，从而允许来自未遮挡太阳能电池单元的电流流入外部电路，而不是让每个正常工作的电池被正向偏置。无法正常工作的电池上的最大反向偏置电压减小到约一个旁路二极管的压降，从而限制电流大小并防止热点发热。

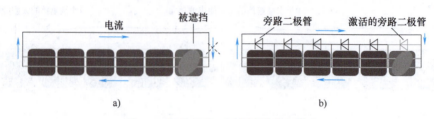

图 7-9   利用旁路二极管消除热斑效应

a）无旁路二极管   b）有旁路二极管

在实际应用中，每个太阳能电池单元配备一个旁路二极管的成本太高，因此旁路二极管通常放置在一串太阳能电池单元之间。当串内的某个太阳能电池单元被遮挡或电流较低时，该单元上的电压等于其他与之共用一个旁路二极管的串联单元的正向偏置电压加上旁路二极管上的电压。

未遮挡太阳能电池单元上的电压取决于低电流太阳能电池单元的遮挡程度。若有太阳能电池单元被完全遮挡，则未遮挡太阳能电池单元将由其短路电流正向偏置，电压约为 0.6V。若有太阳能电池单元仅被部分遮挡，则一些来自未遮挡太阳能电池单元的电流可以流过电路，其余电流用于正向偏置每个 PN 结，从而降低每个太阳能电池单元上的正向电压。

被遮挡太阳能电池单元的最大功率耗散大致等于该组所有太阳能电池单元的发电能力。为了避免损坏，每个旁路二极管的最大串联太阳能电池单元数量约为 15 个。相应来说，一个 36 太阳能电池单元的模组需要使用三个旁路二极管，以确保模组不容易受到热斑效应的影响而损坏。

旁路二极管通常选择肖特基二极管，因为它们具有低正向压降和快速的反应时间，在需要时能够迅速导通，形成旁路路径。

7.4   封装与可靠性测试

7.4.1   封装材料

在太阳能电池组件的夹层结构中，封装材料具有多种重要用途。它们不仅用于黏合不同的材料和层，将各种部件（如太阳能电池和互连件）固定在正确的位置，还需承受机械应力，提供电气隔离，并在一定程度上保护太阳能电池免受外部环境（如湿气、氧气和其他气体）的侵蚀，防止腐蚀和其他降解机制。此外，封装材料还可以改善不同材料之间的光学耦合，减少反射损失。一种优质的封装材料必须能长期提供所有这些功能，即使在暴露于紫外线辐射、潮湿、机械应力和高温的情况下也能保持性能稳定。业界已经尝试了多种封装材料，这些材料包括热塑性聚合物（或称为热塑性塑料）和热固性聚合物（或称为弹性体）。这两类聚合物的主要区别如下：

1）热塑性聚合物在化学上呈线性结构（它们不交联），而热固性聚合物具有三维交联结构。

2）热塑性聚合物在加热时会变软和熔化，而热固性聚合物在加热时不会变软，反而会由于交联而变硬。

3）热塑性聚合物可以重新塑形，而热固性聚合物则不能重新塑形。

热塑性聚合物包括 PVB（聚乙烯醇缩丁醛）、TPU（热塑性聚氨酯）、TPO（热塑性聚烯烃）和离子聚合物。太阳能行业所使用的 EVA（乙烯-醋酸乙烯酯共聚物）和 POE（聚烯烃弹性体）材料是特别配制的，以成为热固性聚合物。多年来，EVA 已成为行业内的首选材料，尽管它并非是最优材料，但它以合理的成本和总体令人满意的性能，得到广泛应用。事实上，如今全球超过 90%的太阳能电池都以 EVA 为封装材料。

此外，随着社会对提升生产率的需求日益增长，特别是在寻求缩短加工周期的同时，对玻璃/玻璃结构（主要应用于双玻组件）的应用也日益增多，这一趋势为采用创新替代材料铺平了道路。在此背景下，行业内大多认为聚烯烃材料（作为传统 EVA 材料的革新替代）前景光明，展现出巨大的市场潜力和应用价值。实际上，EVA 的一个主要缺点是在暴露于紫外线下（与热和湿气结合）时，容易发生光降解，生成醋酸。醋酸会降低封装材料的透明度，并可能导致互连线和太阳能电池的腐蚀。由于聚合物背板的透气性，传统的玻璃/箔片结构往往能释放醋酸，部分缓解了醋酸生成带来的影响，但在更坚固的密封结构中（即在渗透性较低的结构中），如玻璃/玻璃结构，醋酸会被困在其内部，可能对太阳能电池的长期性能构成严重威胁。因此，对于玻璃/玻璃结构来说，用聚烯烃（或其他封装材料）替代 EVA 可能会延长其使用寿命。

从长远来看，封装材料的耐候性和稳定性在很大程度上取决于其配方中使用的添加剂。以 EVA 为例，几种添加剂被添加到基础材料或树脂中，这些添加剂包括热激活的过氧化物，用于在高温下促进交联；硅烷，用于促进 EVA 与无机表面（如玻璃）之间的黏附；紫外线吸收剂，用于减少紫外线辐射的影响；此外还有抗氧化剂等。在过去的三十年里，EVA（及其他封装材料）的配方得到了极大的改进，因此这些聚合物的稳定性也有所提高，尤其是在变色（发黄或发棕）、光热降解、水解和黏附性降低等问题的应对方面。

当选择聚合物薄膜作为太阳能电池组件的封装材料时，相关的属性如下：

1）水蒸气透过率。它衡量了聚合物阻止水蒸气进入太阳能电池组件夹层的能力。虽然典型的封装材料无法完全阻止水蒸气的进入，但能有效延缓其侵入。然而，与阻止水蒸气进入相比，封装材料与太阳能电池、玻璃或其他材料之间长期的强大黏附性更为重要，因为强黏附性可以防止水蒸气积聚，从而避免腐蚀和电气绝缘的损失。

2）电气体积电阻率。它是衡量材料在电场作用下，其内部对电流流动所展现出的阻碍能力的一种固有物理特性。封装材料中相对较小的电阻值与高漏电流、高压诱导衰减（PID）以及薄膜技术中透明导电层的电化学腐蚀相关。在高温或聚合物中的水分被困时，聚合物的电阻率会降低。具有高电阻率的材料，如离子聚合物、某些聚烯烃或高电阻率的 EVA，已被证明可以防止或显著减少高压诱导衰减的发生。

3）光学透过率。聚合物需要具有高光学透过率，以避免太阳能电池光电转换效率降低。为了确保聚合物长期保持高光学透过率，封装材料的抗紫外线稳定性至关重要。

7.4.2　封装工艺流程

目前，太阳能电池组件所用的封装技术主要包括 EVA 胶膜封装、真空玻璃封装和紫外固化封装，其中 EVA 胶膜封装是应用最为广泛的晶体硅太阳能电池组件封装方式。本节也主要介绍 EVA 胶膜封装工艺。

典型的晶体硅太阳能电池组件制造过程通常由以下工艺步骤（及相应设备）组成，在大多数情况下，这些工艺步骤都是全自动化的。

1）预串接（Pre-stringing）：在此步骤中，玻璃被拆包，并在洗玻璃机中清洗和干燥。所有其他材料（包括太阳能电池和封装材料）也都进行准备和检查。

2）串接（Stringing）：使用串接机组装太阳能电池并连接成串。在这一步骤中，带状导线被焊接（或黏接）到太阳能电池的汇流条上。正确的焊接和高附着力对确保太阳能电池/组件的长期性能至关重要。电致发光（EL）成像可用于在串接步骤后验证太阳能电池的完整性。

3）堆叠（Lay-up）：将互连的太阳能电池串嵌入两层封装材料中，并置于前后覆盖层之间，形成太阳能电池组件的夹层结构。

4）层压（Lamination）：这一步骤通常使用平板单膜真空层压机进行。短暂的抽真空（或脱气）步骤（1~2min）用于排出太阳能电池组件夹层内的空气。夹层随后被放置在层压机内的加热板上，太阳能电池组件的温度在约3min内升至50~60℃（预热）。在这个温度下，EVA 通常会软化，并且固化过程可以开始。通过膜施加压力，可以避免气泡和空隙的形成，并防止太阳能电池错位。封装材料的实际固化（即聚合物的交联）通常在130~160℃的温度下进行，并会持续几分钟。然后移除膜，并让空气进入层压室来排气。可选的冷却步骤可以减轻由于太阳能电池组件不同部分热膨胀系数不匹配而产生的机械应力，从而提高太阳能电池组件的耐久性（对某些聚合物还可提高其光学透过率）。整个层压过程可以持续10~20min。由于加热板的操作温度较高（145~160℃），该过程的能耗较大。层压步骤的工艺质量对确保太阳能电池组件的长期性能和耐久性至关重要，需要仔细优化和调整层压工艺的参数（温度、压力、时间和加热速率）以适应所用的聚合物。层压机最关键的质量参数是加热板上的温度分布均匀性。在高质量的层压机中，温度分布均匀性的波动应限制在±2%以内。不均匀的温度分布可能导致 EVA 的交联程度不同，从长期来看，这可能导致太阳能电池组件部分区域的附着力不足和脱层。

5）成品处理（Finishing）：完成层压后，过量的聚合物材料会被从边缘去除（修边），在带框架的太阳能电池组件边缘安装阳极氧化铝框架（装框），并将太阳能电池组件的电气接线焊接到接线盒中。玻璃/箔片结构的太阳能电池组件通常有框架。玻璃/玻璃太阳能电池组件由于具有优越的机械稳定性，通常可以无框架制造。

6）质量检查（Quality Inspection）：质量检查通常包括在标准测试条件（STC）下的功率测量、低辐照度性能（200W/m^2，可选）检查以及电致发光成像检查。

7.4.3　封装导致的太阳能电池衰减

为了确保太阳能电池免受老化和风化的侵害，一个坚固的封装是不可或缺的。研究表明，这些太阳能电池组件可以拥有 25~30 年甚至更长的使用寿命。然而，需要明确的是，使用寿命的定义并非是固定不变的，它取决于具体的应用场景和系统的使用方式。在太阳能电池组件/系统的使用寿命定义中，一个被广泛接受的标准是当其功率损失超过一定阈值，即降至初始额定功率的80%以下时，便认为其达到了使用寿命的终点。实际上，太阳能电池组件的性能会随着时间逐渐下降，这一过程会受到以下多种因素的影响：

1）自然环境。太阳能电池组件的性能受到其所在地区的气候条件影响，例如高湿度、高温、高紫外线强度以及极端的天气事件（如风暴、冰雹等）都可能加速封装材料的老化，导致太阳能电池组件性能下降。

2）维护和保养。定期的维护和保养对于延长太阳能电池组件的使用寿命至关重要。这包括清洁太阳能电池组件表面以去除尘埃和污垢，检查并修复任何潜在的损坏或缺陷，以及进行必要的性能测试。

3）材料选择和封装工艺。选择高质量、耐老化的封装材料，优化封装工艺，可以显著提高太阳能电池组件的耐久性和可靠性。

4）系统设计和配置。整个系统的设计和配置也会影响太阳能电池组件的性能和使用寿命。

由封装导致的常见衰减问题是材料老化与黄变。封装材料（如 EVA、POE 等）在长期的户外使用过程中，会受到紫外线、高温和湿度等环境因素的影响，导致材料老化。封装材料中的 EVA 等在紫外线长期照射下，会发生化学反应，导致材料变黄。黄变现象会降低封装材料的透光性，增加光线的反射和散射，从而减少太阳能电池组件接收到的太阳辐射量，导致性能下降。如果封装过程中存在缺陷，如封装材料边缘密封不良或材料中存在气泡等，会导致水分侵入太阳能电池组件内部，加速太阳能电池材料的腐蚀和老化，影响太阳能电池组件的性能和使用寿命。衰减实例如图 7-10 所示。

此外，太阳能电池组件在户外使用过程中，由于温度的变化会产生热应力。如果封装材料的热膨胀系数与太阳能电池不匹配，会导致封装材料

图 7-10　EVA 老化对模组影响

与太阳能电池之间产生应力，进而引发太阳能电池产生裂纹或封装材料开裂，影响太阳能电池的性能和寿命。在安装、运输和维护过程中，太阳能电池组件也可能会受到机械损伤，如划伤、碰撞等。这些损伤会破坏封装材料的完整性，导致水分侵入或太阳能电池受损，从而加速太阳能电池的衰减。

选择高品质的封装材料，如耐老化、透光性好的 EVA 或 POE，可以减缓材料老化对太阳能电池性能的影响。对材料、封装工艺和结构设计的改进与创新，可以有效抑制太阳能电池衰减。另外，对太阳能电池组件进行定期检查和维护，及时发现并处理潜在问题，有助于防止封装材料老化和性能下降。

7.4.4　太阳能电池组件可靠性测试流程

太阳能电池组件长期运行在室外环境中，必须能够反复耐受各种恶劣的气候条件及多变的环境，并保证在相当长的时间内（通常要求 20 年以上）其电性能不发生严重衰退。因此，在成品出厂之前，必须按规定进行抽样性能测试和模拟环境试验。目前，国际上已存在

一些相关标准，如针对晶体硅和薄膜太阳能电池组件的 IEC 61215 标准，这些标准涉及太阳能电池组件的长期性能。它们包含了一系列加速老化测试，旨在对太阳能电池组件进行压力测试，评估其在一般的露天气候，尤其是温带气候中的耐久性。电气和机械安全要求在安全标准中得到体现，如图 7-11 所示。

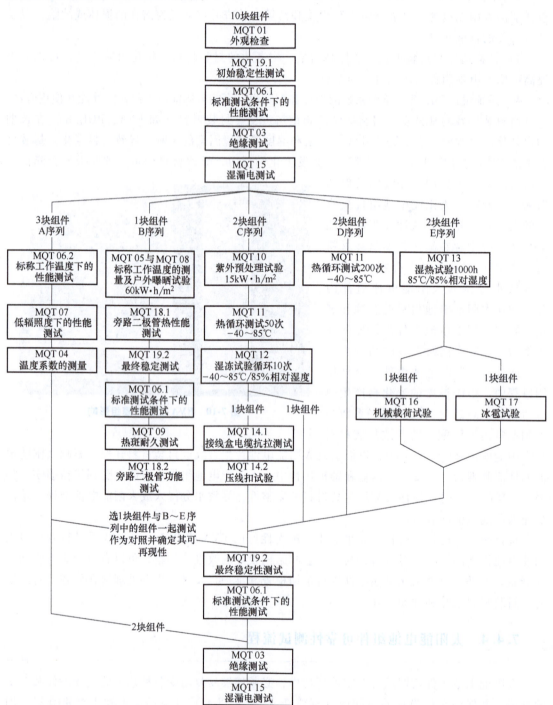

图 7-11　IEC 61215 标准测试序列

常规测试包括组装工艺质量检查和性能安全测试。组装工艺质量检查主要针对的是外观质量，检查内容包括太阳能组件表面、串并联接点的焊接质量及封装板的胶接质量。性能安全测试则包括电性能测试、电致发光测试、机械载荷测试、湿热湿冷测试、紫外老化测试和冲击测试等。这些测试用于确保太阳能电池组件在各种恶劣条件下的可靠性和安全性，保证其在预期使用寿命内持续稳定地发挥作用。

（1）电性能测试 类似于单个太阳能电池，太阳能电池组件的性能通过短路电流（I_{sc}）、开路电压（V_{oc}）、最大功率点（MPP）的电流（I_{mpp}）、最大功率点的电压（V_{mpp}）、填充因子（FF）、最大功率（P_{max}）和在标准测试条件（$1000W/m^2$，AM1.5，25℃）下的效率（η）来表征。鉴于太阳能电池组件的定价和销售均基于其每瓦峰值功率，确保在标准测试条件（STC）下进行准确的功率表征，对于精确评定太阳能电池组件性能等级而言具有无可比拟的重要性。太阳能电池组件的功率评级过程条件敏感，容易受到一系列误差与测量挑战的干扰，包括但不限于光谱失配带来的误差、测试过程中温度和辐照度与标准值的偏离，以及被测光伏器件因内部机制（如电容效应）导致的信号响应延迟。这些综合因素可能对功率测量结果产生显著影响（特别是在高效晶体硅太阳能电池组件中），进而直接关系到太阳能电池组件的性能评估与市场定位。在实际操作条件下，太阳能电池组件的实际能量输出受到多种因素的影响，这些因素可以在受控的实验室条件下或户外环境中测定，包括太阳能电池组件的入射角响应、低辐照性能、光谱响应和温度行为（温度系数）。图 7-12 所示为不同太阳能电池组件的最大功率 P_{max} 与温度的函数关系，从图中可以看出，由于不同太阳能电池组件的温度系数不同，在与 STC 比较时，某些太阳能电池组件（如传统的 Al-BSF 晶体硅组件）在较高工作温度下的功率损失会更加明显，而其他太阳能电池组件（如 a-Si 或 CdTe 组件）则较少。

图 7-13 所示为不同太阳能电池组件的光谱响应。光谱响应表示某种太阳能电池对不同波长的敏感度，这对于确定光谱在一年中或一天中变化时，该太阳能电池组件的户外性能影响变化具有重要意义。

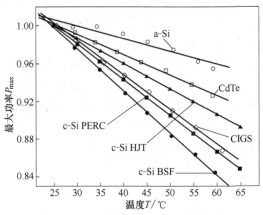

图 7-12 不同太阳能电池组件的最大功率 P_{max} 与温度的函数关系

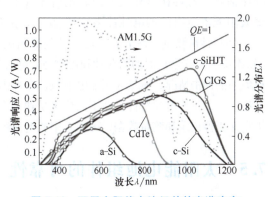

图 7-13 不同太阳能电池组件的光谱响应

（2）电致发光（Electroluminescence）测试 电致发光测试通过检测太阳能电池组件中电池单元发光亮度的差异，发现太阳能电池组件中的裂片（包括隐裂和显裂）、劣质片及焊接缺陷。电致发光是光伏效应的逆过程，给太阳能电池通电，使其发光，通过成像系统将信号发送到计算机软件中，经过处理后将太阳能电池的电致发光图像显示在屏幕上。太阳能电池的电致发光亮度与少数载流子扩散长度和电流密度成正比。

通过对电致发光图像的分析，可以有效地发现硅材料缺陷、印刷缺陷、烧结缺陷、工艺污染和裂纹等问题。硅材料的脆度较大，在太阳能电池生产过程中，易产生裂片，裂片分为显裂和隐裂，前者肉眼可直接观察到，后者则不行，且后者在太阳能电池组件的制作过程中更容易产生碎片等问题。通过对电致发光图像的分析，可以有效地发现硅片、太阳能电池组件在各个生产环节中可能存在的问题，从而改进工艺，提高效率，稳定生产。

（3）机械载荷测试　机械载荷测试通过在太阳能电池组件表面逐渐施加载荷，监测短路、断路、外观缺陷、电性能衰减率和绝缘电阻等参数，以此评估太阳能电池组件承受风、雪和覆冰等静态载荷的能力。该测试通常使用机械载荷试验机进行，这种试验机能够在不同安装角度下模拟静态和动态载荷的情况。

机械载荷试验机采用动态持压技术，可模拟实际载荷条件，评估太阳能电池组件的抗压能力。在测试过程中，太阳能电池组件被置于不同的安装角度，模拟实际使用中的各种情况，通过反复施加和解除载荷，确保太阳能电池组件在各种环境条件下的可靠性和耐久性。

机械载荷测试广泛应用于检测太阳能电池组件的耐压强度，有助于发现潜在的设计缺陷，并为改进产品结构和提高太阳能电池组件性能提供重要数据支持。

（4）湿热湿冷测试　湿热湿冷测试将太阳能电池组件置于具有自动温度控制和内部空气循环的气候室内，使太阳能电池组件在特定温度和湿度条件下反复循环，并保持一定的恢复时间，在测试过程中监测可能产生的短路、断路、外观缺陷、电性能衰减和绝缘电阻等参数。这些气候室能够模拟低温、高温、低湿和高湿等复杂的自然环境，提供全面的测试条件，以确保太阳能电池组件在各种极端环境下的可靠性和稳定性。

（5）紫外老化测试　紫外老化测试用于检测太阳能电池组件暴露在高湿和高紫外辐射环境中时是否具有抗衰减能力。该测试可使用紫外光老化试验箱进行，通过模拟自然光中的紫外辐射，对材料进行加速耐候性试验，以获得材料耐候性的结果。例如，紫外老化测试可以评估封装材料在紫外线下的老化情况（黄变、开裂等），评估太阳能电池钝化层衰减并测试太阳能电池组件的电性能参数变化，评估长期效率衰减。

（6）冲击测试　冲击测试是一种关键测试，用于评估太阳能电池组件在遭受外部物理冲击（如冰雹、碎石等）时的耐久性和可靠性。通过使用专门设计的冲击试验设备，测试会模拟实际环境中的冲击情况，测量太阳能电池组件在冲击前后的电性能变化，并监测其结构完整性。测试过程中，太阳能电池组件会在不同位置受到多次冲击，以评估其各个区域的抗冲击性能。通过分析高速摄像记录和测量数据，确定太阳能电池组件的抗冲击能力和潜在的设计缺陷。

7.5　太阳能电池组件的可靠性

7.5.1　电势诱导衰减

尽管目前已经商用的太阳能电池组件长期以来在现场使用条件下是非常可靠的，其发生衰减和故障的概率较低，但随着研究的深入，研究人员发现太阳能电池组件仍然容易受到几种失效机制的严重影响。在这些可靠性问题中，电势诱导衰减（Potential-induced Degradation，PID）近年来成为研究的重点。

太阳能电池通常是串联的，以增加电压输出，而其框架出于安全考虑是接地的。根据光伏系统中使用的逆变器类型，在模组串两端的模组中，太阳能电池和框架之间会产生电位差，如图 7-14 所示，这个电位差会驱动太阳能电池组件内部的离子发生迁移，从而导致电势诱导衰减。

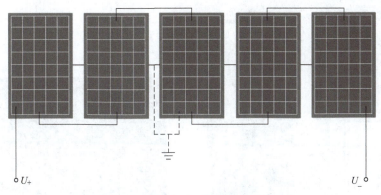

图 7-14　太阳能电池和框架之间的电位差

美国喷气推进实验室于 1985 年首次报道了晶体硅（c-Si）和非晶硅（a-Si）薄膜太阳能电池组件的电势诱导衰减现象，经过多年的研究，研究人员已经提出了几种电势诱导衰减的机制，主要有分流型（PID-shunting）、腐蚀型（PID-corrosion）和极化型（PID-polarization），不同类型的太阳能电池组件产生电势诱导衰减的机制也不尽相同。

分流型电势诱导衰减常见于传统的 P 型晶体硅太阳能电池组件，其衰减与分流电阻的降低、饱和暗电流和理想因子的增加密切相关。在负偏压条件下，钠离子（Na^+）从封装材料中漂移到硅与抗反射膜的界面处，并扩散渗入穿过 N^+P 结的晶体缺陷中。这会导致太阳能电池出现显著的旁路现象，从而降低其效率。受到分流型电势诱导衰减影响的太阳能电池中的短路区域与硅和抗反射膜之间钠的积累位置密切相关，如图 7-15 所示，在电子束诱导电流测量（EBIC）图像上，通过精细叠加处理，直观地展示了利用飞行时间二次离子质谱（ToF-SIMS）技术获取的 SiN_x/Si 界面区域钠离子分布的具体轮廓，实现了对界面层中钠离子分布状况的高精度可视化。强烈的 Na^+ 信号区域与短路位置（暗斑）基本吻合。对于钠离子的来源，大量研究认为其主要来自太阳能电池组件封装时使用的钠钙玻璃与 EVA。

腐蚀型电势诱导衰减常见于薄膜太阳能电池组件，这种衰减是由于 TCO 层受到偏置电压影响造成的。腐蚀型电势诱导衰减也主要归因于钠离子迁移。在薄膜太阳能电池组件中，PID 现象展现出两种不同的形态，其发生的核心因素在于水分是否成功渗透至组件内部。在无水分侵入的情况下，即便环境可能呈现干燥或一定程度的潮湿状态，只要这些水分尚未有效渗透至组件内部，PID 现象便倾向于一种特定模式：Na^+ 被还原为 Na。Na 的积累会极大地影响电学性能，但这种情况在反向偏压下是可逆的。当水分渗透到太阳能电池组件中时，Na^+ 的还原和水分进入的结合将导致二氧化锡（Sn_2O）基 TCO 层的不可逆电化学腐蚀。相关反应的化学过程为：

1）$Na^+ + e^- \longleftrightarrow Na$。

2）$H_2O+Na \longrightarrow NaOH+H$。

3）$4H+SnO_2 \longrightarrow Sn+2H_2O$。

在水分未进入薄膜太阳能电池组件时，化学反应过程仅局限于第1）步，因而此时的衰减是可逆的。但当水分进入之后，反应过程往后两步进行，此时的衰减就是不可逆的，并存在连锁反应，因此造成的效率下降是无法恢复的，如图7-16所示。

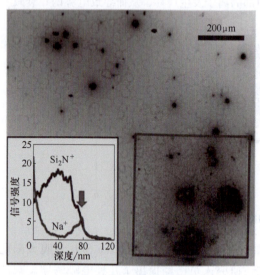

图7-15 晶体硅太阳能电池局部
电子束诱导电流分布图

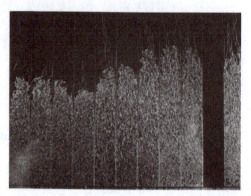

图7-16 发生腐蚀的薄膜太阳能电池组件

极化型电势诱导衰减是由电荷积累影响少数载流子引起的。众多基于N型晶体硅的太阳能电池组件，如采用钝化发射极及后部接触（PERC）、钝化发射极后局部扩散（PERL）、隧道氧化物钝化接触（TOPCon）以及全背电极接触（IBC）技术制造的组件，均展现出了显著的极化衰减现象。该现象的核心原因在于，这些太阳能电池的结构普遍依赖于复杂的介电钝化层设计，这些设计在提升太阳能电池性能的同时，也引入了潜在的电荷积累问题。具体而言，正面抗反射涂层或钝化层上的电荷累积能够构建出电场，该电场会对少数载流子的传输路径造成不利影响，从而导致极化衰减。与其他的电势诱导衰减相比，极化型电势诱导衰减往往发生速度最快。

电势诱导衰减与温度、湿度和电压等因素密切相关。高温会加速离子的迁移，高湿度会增加封装材料的导电性。系统配置中的电压极性、系统电压和接地配置对电势诱导衰减有显著影响。负极性电压更容易引发离子迁移，较高的系统电压会增加漏电流，不当的接地配置可能导致电场集中，增加局部电压，从而加剧衰减。

此外，封装材料、抗反射涂层和电极材料的选择对电势诱导衰减也有较大影响。优质的封装材料可以有效阻止离子迁移，合适的抗反射涂层可以提高离子进入太阳能电池的壁垒，而耐腐蚀性强的电极材料可以减少电化学反应的发生，从而减缓电势诱导衰减。

需要注意的是，电势诱导衰减在一定程度上是可逆的。对于以上提到的三种机制，其发生的物理机制，都是由于某些离子在高电压的驱动下产生迁移，进而产生一系列影响，所以大多数电势诱导衰减可以通过施加反向电压来减缓或消除。

7.5.2　蜗牛纹

蜗牛纹是指丝网印刷太阳能电池正面银浆发生灰色/黑色变色产生线状图案的现象。在太阳能电池组件中，这种变色看起来就像太阳能电池组件前玻璃上的蜗牛轨迹，图 7-17 所示为蜗牛纹的典型图像。

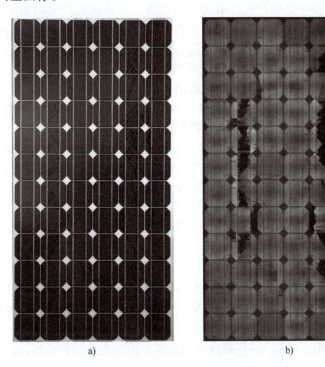

a)　　　　　　　　　　　b)

图 7-17　蜗牛纹的典型图像

a）太阳能电池组件上的蜗牛纹　b）同一太阳能电池组件的电致发光图像

蜗牛纹通常在安装太阳能电池组件后 3 个月至 1 年内发生，其发生速度取决于季节和环境条件，在夏季和炎热的气候中，蜗牛纹发生得更快。受蜗牛纹影响的太阳能电池组件表现出高泄漏电流的趋势，如图 7-18 所示。

蜗牛纹的出现是一个综合的过程，EVA膜中的助剂、太阳能电池片表面银浆的构成、太阳能电池片的隐裂以及水分的催化等因素都会对蜗牛纹的形成起促进作用，而蜗牛纹的出现也不是必然的，而是有它偶然的引发因素，同一批次太阳能电池组件中，并不是所有的太阳能电池组件都会出现蜗牛纹。蜗牛纹产生的原因有以下五种。

（1）微裂纹　太阳能电池组件在生产、

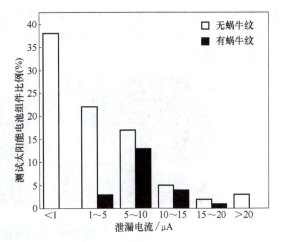

图 7-18　蜗牛纹对太阳能电池组件的影响

运输和安装过程中可能会受到机械应力，导致太阳能电池片出现微裂纹。这些微裂纹可能会随着时间的推移而扩展，从而在太阳能电池组件表面形成蜗牛纹。此外，太阳能电池组件在制造和使用过程中会经历多次温度循环，温度的变化会引起材料的膨胀和收缩，特别是不同材料的热膨胀系数不同，容易在材料接合处产生应力，导致微裂纹的形成。

（2）银电极腐蚀　　在某些环境条件下，太阳能电池组件中的银电极可能会发生腐蚀，例如封装材料（如 EVA）可能会在高湿度环境下吸收水分。这些水分可以渗透到太阳能电池组件内部，与银电极发生化学反应，形成腐蚀产物。另外就是在太阳能电池组件工作时，电极的电位差可能导致电化学反应的发生，特别是在存在水分的情况下。这种电化学反应会导致银电极腐蚀，腐蚀产物聚集在微裂纹附近，就会形成肉眼可见的蜗牛纹。

（3）封装材料问题　　太阳能电池组件使用的封装材料（如 EVA）质量不佳或老化，会导致封装层变色或与内部材料发生反应，进而出现蜗牛纹。

（4）环境因素　　长期暴露在高湿度、高温或强紫外线的环境中，会加速太阳能电池组件内部材料的老化和化学反应，导致蜗牛纹的形成。

（5）制造工艺问题　　在太阳能电池组件的制造过程中，焊接质量和切割工艺是影响蜗牛纹产生的两个关键因素。如果焊接质量不佳，会在焊点附近形成应力集中区，容易导致微裂纹的产生，而在硅片切割过程中，如果切割参数控制不当，硅片边缘可能会产生微裂纹，这些微裂纹在后续工艺中会扩展并形成蜗牛纹。

7.5.3　接线盒故障

接线盒是固定在太阳能电池组件背面的容器，用于保护太阳能电池组件中的太阳能电池串与外部终端的连接。通常，接线盒包含旁路二极管，用于在热点或局部遮挡的情况下保护太阳能电池串。在现场观察到的接线盒故障包括：

1）接线盒与背板固定不良。一些黏合剂的短期黏附性良好，但长期黏附性较差。

2）由于制造工艺不良，接线盒敞开或封闭性差。

3）水分侵入导致接线盒内的连接和太阳能电池串互连线腐蚀。

4）布线不良导致接线盒内部产生电弧。

太阳能电池串互连线的焊接接触如果不够牢固，可能会导致高电阻，从而在接线盒中产生过热现象。在极端情况下，这将显著增加火灾的风险。这些不稳定的焊接接触往往是焊接温度不足或前一道生产工序在焊接接头上留下的化学残留物造成的。图 7-19 所示为几种典型的接线盒故障。

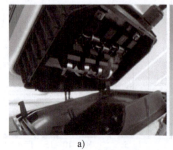  

a) b) c)

图 7-19　几种典型的接线盒故障

a) 接线盒敞开　b) 背板接线不良　c) 接线盒接线不良

7.5.4　封装材料黄化

太阳能电池组件的降解机制之一是 EVA 或其他封装材料黄化，如图 7-20 所示。这种类型的降解主要被认为是一个美学问题。在确认太阳能电池组件电流下降之前，黄化现象已经较为明显。EVA 的黄化可能是大多数硅太阳能电池组件中观察到的缓慢降解的一个因素。有总结报告指出，因 EVA 黄化平均降解率小于 0.5%/年，这种降解主要由短路电流的损失主导。

EVA 通常会与添加剂一起配制，包括紫外线稳定剂和热稳定剂。然而，如果添加剂选择不当或浓度不足，EVA 就可能会黄化。具体而言，添加剂之间的不兼容可能会产生发色团，导致 EVA 黄化。此外，某些添加剂（如紫外线稳定剂）会随时间耗尽，也可能使 EVA 更容易黄化。在热量和紫外线的作用下，氧气或反应产物（如乙酸）扩散，可能导致现场观察到的黄化模式变得非常复杂。

图 7-20　封装材料黄化

然而，除非黄化非常严重且仅限于单个太阳能电池，从而导致旁路二极管开启，EVA 的黄化一般不会引起严重的安全问题。

7.5.5　背板老化

背板老化的表现包括变色、开裂、分层和脆化等，如图 7-21 所示。背板材料可能会因紫外线和高温的作用而变黄或变棕，热应力和机械应力的积累会导致背板表面出现裂纹或裂缝，背板的多层结构可能发生分层，从而影响其保护性能。此外，背板的强度大幅降低，变得易碎，会显著影响太阳能电池组件的整体稳定性和使用寿命。

141

a)　　　　　　　　　　b)　　　　　　　　　　c)

图 7-21　背板老化的失效事例

a）变色　b）开裂　c）分层

　　背板老化主要受到紫外线辐射、温度变化、水分侵入以及化学侵蚀等环境因素的影响。长时间暴露在阳光下会导致背板材料发生光降解，温度的交替变化会引起热膨胀和收缩，水分侵入会导致背板材料的水解反应，而大气中的污染物（如臭氧和硫化物）会加速背板材料的化学侵蚀。这些因素共同作用，会逐渐降低背板的强度和绝缘性能。

思　考　题

1. 在太阳能电池组件的实际应用环境中，哪些因素会导致太阳能电池组件的功率衰减？
2. 在薄膜太阳能电池组件的激光划线中，P1-P2-P3 划线的设计要考虑哪些因素？如何优化？
3. 太阳能电池串联的目的是什么？并联的目的是什么？
4. 简述旁路二极管的工作原理。
5. 简述电致发光测试原理，通过电致发光测试可以分析太阳能电池组件的哪些缺陷？
6. 总结硅太阳能电池组件设计与薄膜太阳能电池组件设计之间的异同。
7. 思考太阳能电池组件设计的改进方案，有没有可能做出几乎无衰减的太阳能电池组件？
8. 太阳能电池组件出厂前已经过可靠性测试并满足相关标准要求，为什么仍可能出现各类可靠性问题？

参 考 文 献

[1]　王鑫. 太阳能电池技术与应用［M］. 北京：化学工业出版社，2022.

[2]　詹新生，张江伟，刘丰生. 太阳能光伏组件制造技术［M］. 北京：机械工业出版社，2015.

[3]　薛春荣. 太阳能光伏组件技术.［M］. 3 版. 北京：科学出版社，2019.

[4]　马胜红，陆虎俞. 太阳能光伏发电技术（11）独立光伏系统与并网光伏系统［J］. 大众用电，2006（11）：42-43.

[5]　EMERY K. Measurement and Characterization of Solar Cells and Modules［J］. Handbook of Photovoltaic Science and Engineering, 2003：701-752.

[6]　PARK N G, ZHU K. Scalable Fabrication and Coating Methods for Perovskite Solar Cells and Solar Modules ［J］. Nature Reviews Materials, 2020, 5 (5)：333-350.

[7]　ALONSO-GARCIA M C, HACKE P, GLYNN S, et al. Analysis of Potential-Induced Degradation in Soda-Lime Glass and Borosilicate-Glass Cu (In, Ga) Se$_2$ Samples［J］. IEEE Journal of Photovoltaics, 2019, 9 (1)：331-338.

[8]　PREISER K. Photovoltaic Systems［J］. Handbook of Photovoltaic Science and Engineering, 2003：753-798.

[9]　AGHAMEI M. Review of Degradation and Failure Phenomena in Photovoltaic Modules［J］. Renewable and Sustainable Energy Reviews, 2022, 159：112160.

[10]　IEC 61215-1：2021, Terrestrial photovoltaic (PV) modules-Design qualification and type approval, 2021.

第 8 章
太阳能电池测试表征技术

太阳能电池的性能直接关系到太阳能发电系统的整体效能。因此，准确测试和表征太阳能电池的电学、光学及结构特性，是太阳能电池应用和优化的关键。本章将详细介绍用于太阳能电池测试表征的重要技术，包括电流-电压特性（I-V）曲线测试、量子效率测试、瞬态光电测试、载流子寿命与迁移率测试、电致发光成像技术等，并探讨这些测试表征技术的工作原理，以及在太阳能电池中的具体应用。

8.1 *I-V* 曲线测试

太阳能电池的 I-V（电流-电压）曲线测试是评估太阳能电池性能的关键测试。光照对 P-N 结的伏安特性的影响如图 8-1 所示。在测试时，通常将太阳能电池置于模拟太阳光照下，利用数字源表对太阳能电池施加一系列连续变化的偏压，并记录相应偏压下的电流，获得太阳能电池的 I-V 曲线。太阳能电池的 I-V 曲线可以视为太阳能电池二极管的暗态 I-V 曲线和光电流的叠加，光照产生的光电流使 I-V 曲线向下移动 I_L，因此，太阳能电池的电流为

$$I=I_0\left[\exp\left(\frac{qV}{nk_BT}\right)-1\right]-I_L \tag{8-1}$$

为了便于比较太阳能电池的性能，通常将光电流取为正值，即将电流值的正负翻转，I-V 曲线方程满足

$$I=I_L-I_0\left[\exp\left(\frac{qV}{nk_BT}\right)-1\right] \tag{8-2}$$

因为其指数项通常远大于 1，式（8-2）中的（−1）项通常可以忽略，除了电压低于 100mV 的情况。此外，在低电压下，光生电流 I_L 主导了 I_0 项，所以在光照条件下可认为不需要（−1）项，即有

$$I=I_L-I_0\left[\exp\left(\frac{qV}{nk_BT}\right)\right] \tag{8-3}$$

将式（8-3）的 I-V 关系绘制成曲线，即得到如图 8-2 所示的 I-V 曲线。I-V 曲线中太阳能电池的最大输出功率出现在最大功率点（Maximum Power Point，MPP），即电流和电压乘

积最大的点，此时输出功率记为 P_{max}，对应的电压和电流分别为 V_m 和 I_m。太阳能电池的光电转换效率（Photoelectric Conversion Efficiency，PCE）等于最大输出功率与入射功率的比值。为了比较不同面积的太阳能电池的性能，通常将太阳能电池的电流除以其光照面积 A，获得太阳能电池的电流密度 J。太阳能电池中的重要性能参数有开路电压（V_{oc}）、短路电流密度（J_{sc}）和填充因子（FF），如图 8-2 所示，它们之间满足

$$FF = \frac{P_{max}}{I_{sc}V_{oc}} = \frac{I_m V_m}{I_{sc}V_{oc}} = \frac{J_m V_m}{J_{sc}V_{oc}} \qquad (8-4)$$

$$PCE = \frac{P_{max}}{P_{in}} = \frac{I_m V_m}{P_{in}} = \frac{I_{sc}V_{oc}FF}{P_{in}} = \frac{\left(\frac{I_{sc}}{A}\right)V_{oc}FF}{\frac{P_{in}}{A}} = \frac{J_{sc}V_{oc}FF}{E} \qquad (8-5)$$

式中，E 为太阳能电池接收到的太阳光的辐照度，单位为 W/m^2 或 mW/cm^2。

测试通常使用 AM1.5G 光谱，其辐照度为 1000 W/m^2（100 mW/cm^2）。

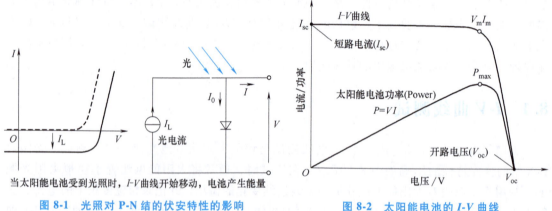

当太阳能电池受到光照时，I-V 曲线开始移动，电池产生能量

图 8-1　光照对 P-N 结的伏安特性的影响　　　　**图 8-2　太阳能电池的 I-V 曲线**

J_{sc} 与材料的带隙紧密相关，带隙越小的材料，其吸收光谱越能更大程度地覆盖太阳光谱，将更多的光能转换为电能，因此，带隙较小的材料通常能够产生更大的短路电流密度。此外，J_{sc} 还与材料的厚度密切相关，较厚的材料可以吸收较多的光子，从而产生较多的光生载流子。载流子的传输性质也非常重要，高效的载流子传输能够减少复合损失，提高 J_{sc}。因此，材料的结晶质量、缺陷密度和掺杂浓度等因素都会对 J_{sc} 产生显著影响。

V_{oc} 很大程度上受到 N 型材料和 P 型材料的能级差影响，较大的能级差通常会导致较大的 V_{oc}。然而，V_{oc} 不仅取决于材料本身的能级结构，还受到界面性能的影响。界面性能包括界面缺陷密度、能级对准和界面复合等。与电极的接触情况也非常重要，欧姆接触优于肖特基接触，能够减小接触电阻，提升 V_{oc}。此外，载流子复合，尤其是在界面和体相中的非辐射复合，会显著降低 V_{oc}。因此，减少载流子复合、优化界面和电极接触是提高 V_{oc} 的关键。

FF 反映的是太阳能电池的理想程度，它受到串联电阻和并联电阻的影响。理想情况下，太阳能电池应具有小串联电阻和大并联电阻，以最大化 FF。串联电阻包括电极、太阳能电

池内部及接触电阻，大串联电阻会导致功率损失，使 FF 减小。并联电阻主要与漏电路径和太阳能电池缺陷有关，小并联电阻会导致漏电流增加，使 FF 减小。因此，优化太阳能电池结构、改善材料质量和减少缺陷是提高 FF 的重要手段。

$P_{\max}$ 是工作电压和工作电流的乘积达到最大值时的功率，代表太阳能电池实际工作的最佳状态。$P_{\max}$ 是太阳能电池的一个重要参数，它与入射光功率的比值即为太阳能电池的光电转换效率，也是最受关注的指标，它表示太阳能电池将光能转换为电能的能力，直接关系到太阳能电池的实用价值。为了提高 $P_{\max}$ 和光电转换效率，需要综合优化 J_{sc}、V_{oc} 和 FF，可通过材料工程、界面工程和太阳能电池结构设计来实现。

8.1.1　太阳光模拟器

太阳光模拟器是用于测试和评估太阳能电池性能的重要设备，其目的是提供可控且稳定的光源，模拟真实太阳光的光谱和强度。根据光源的脉冲特性，可将太阳光模拟器分为稳态太阳光模拟器和脉冲太阳光模拟器。稳态太阳光模拟器在工作时输出辐照度稳定不变的模拟太阳光，在连续照射下，测量工作无需快速测量与采集，其光学系统以及供电系统较为庞大，因此适合小面积太阳能电池以及短时间的 I-V 曲线测试。脉冲太阳光模拟器在工作时可以设置脉冲宽度，其瞬间功率很大，但平均功率较小，测试工作在极短的时间内完成，可以降低被测太阳能电池的热输入影响，保证被测太阳能电池与环境的温度一致。此外，这种太阳光模拟器在大面积范围内的辐照度均匀性较好，能够支持大尺寸太阳能电池组件的 I-V 曲线测试。

太阳光模拟器的分级主要基于光谱匹配、时间均匀性和空间均匀性。下面简要介绍太阳光模拟器的结构（图 8-3）、分级标准、校准方法及光源老化问题。

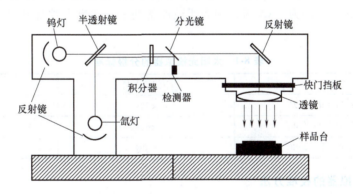

图 8-3　太阳光模拟器的结构

1. 太阳光模拟器的结构

1）光源：常用的光源有氙灯、钨灯与 LED 阵列等。到达地面的太阳光谱相当于 6000K 黑体辐射光谱，为了模拟太阳光谱，通常使用氙灯，或将钨灯与氙灯结合作为太阳光模拟器的光源。

2）滤光片系统：用于调整和校正光源的光谱，使其匹配标准太阳光谱（AM1.5G）。

3）光学系统：包括透镜、半透射镜、分光镜和反射镜等，用于均匀分布光线，确保照射在太阳能电池上的光强度均匀。

4）电源和控制系统：提供稳定的电力供应和光强度控制，确保光源的稳定性和可调节性。

2. 太阳光模拟器的分级标准

太阳光模拟器主要采用的三个分级标准为 ASTM E927-10、IEC 60904-9 和 JIS Z 8720：2012，这些分级标准对光谱匹配度、空间均匀性和时间均匀性三个主要参数划分等级，用以评定太阳光模拟器的品质。首先，太阳光模拟器的光谱辐照度分布应与 AM1.5G 标准太阳光谱辐照度分布相匹配。其次，空间均匀性被用来描述太阳光模拟器光束的辐照度在空间上的均匀程度，真实的太阳光辐照度在空间上的分布非常均匀，因此要求太阳光模拟器光束照射在指定测试区域内的辐照度应达到一定的均匀度。空间均匀性是对测试平面上不同点的辐照度而言的，假设测试平面内各点的辐照度不随时间变化，则空间不均匀度为

$$空间不均匀度 = \frac{E_{\max}(x,y) - E_{\min}(x,y)}{E_{\max}(x,y) + E_{\min}(x,y)} \times 100\% \tag{8-6}$$

辐照度需用合适的探测器测量，探测器的尺寸应不超过有效辐照面积的 1/64 或 400cm^2，取两者中较小的尺寸。

时间均匀性指的是在规定时间间隔内进行测量时，在有效辐照区域内任意位置的辐照度随时间变化的最大相对偏差。为保证测试的准确性和可重复性，太阳光模拟器需要在长时间内保持稳定的辐照度。假设测试平面内各位置的辐照度保持一致，通过测试单一测量点的辐照度随时间的变化，计算得到太阳光模拟器的辐照时间不稳定度为

$$时间不稳定度 = \frac{E_{\max}(t) - E_{\min}(t)}{E_{\max}(t) + E_{\min}(t)} \times 100\% \tag{8-7}$$

按照光谱匹配度、空间均匀性和时间均匀性的不同，太阳光模拟器可分为 A、B、C 三个等级。若太阳光模拟器为 AAA 级，则表明该设备的三个关键参数都满足 A 级标准。具体的分级标准见表 8-1。

表 8-1　太阳光模拟器的分级标准

级别	光谱匹配度	空间均匀性	时间均匀性
A 级	$0.75 \leqslant M \leqslant 1.25$	<2%	<2%
B 级	$0.60 \leqslant M \leqslant 1.40$	<5%	<5%
C 级	$0.40 \leqslant M \leqslant 2.00$	<10%	<10%

3. 太阳光模拟器的校准方法

太阳光模拟器的校准主要通过标准太阳能电池实现，校准步骤如下：

1）选择标准太阳能电池：标准太阳能电池是经过严格校准的参考电池，通常由国家计量机构或权威实验室提供，且标准太阳能电池具有已知的响应范围和精确的响应曲线。标准太阳能电池的响应范围应当与被测试太阳能电池的响应范围相同，且光谱响应度相似。通常使用的标准太阳能电池为晶体硅太阳能电池，其响应范围为 300~1100nm，比较适合在测试晶体硅太阳能电池时校准光源辐照度。当测试其他类型的太阳能电池时，应当使用相应类型的标准太阳能电池。如果没有相应类型的标准太阳能电池，也可将晶体硅标准太阳能电池加装特定滤光片，得到与该类型太阳能电池相似的光谱响应度，模拟对应类型的标准太阳能

电池。

2）安装标准太阳能电池：将标准太阳能电池放置在太阳光模拟器下的测试位置，确保其接收均匀的光照。

3）测量电流和电压：使用高精度源表测量标准太阳能电池在不同辐照度下的电流和电压。

4）调整辐照度：根据标准太阳能电池的已知响应曲线，调整太阳光模拟器的辐照度，使其输出匹配标准太阳光谱（AM1.5G）的辐照度（通常为 $1000W/m^2$）。

5）记录数据：记录校准过程中的所有数据，用于校准其他测试电池。

4. 太阳光模拟器的光源老化问题

光源老化是影响太阳光模拟器精度的重要因素。光源老化会导致辐照度降低和光谱分布改变，从而影响测试结果的准确性。因此，建议每隔一定时间（如每 3 个月）使用标准太阳能电池重新校准太阳光模拟器，以补偿光源老化带来的误差。同时应根据光源的使用寿命和性能变化情况来定期更换光源（如氙灯），以保证辐照度和光谱的一致性，并使用辐照度监测设备（如光电二极管）实时监测辐照度变化，及时调整光源输出。

8.1.2　稳态法 I-V 曲线测试

稳态法 I-V 曲线测试是评估太阳能电池性能的标准方法。为了得到准确的测试结果，应注意太阳能电池放置的垂直度、温度系数、数字源表、接线方法和太阳能电池面积等。此外，测试钙钛矿太阳能电池时的扫描速率和扫描方向，以及钙钛矿太阳能电池稳态输出测试的设置也需要额外注意，以获得真实的太阳能电池工作性能。

1. 太阳能电池放置的垂直度

太阳能电池需要垂直于测试光源放置（偏差尽可能小于5°），避免光照角度偏差导致的辐照度不均匀造成实测性能的偏差。可以使用水平仪或激光对准工具对测试平台和夹具进行校准，尽可能确保太阳能电池工作面积与光源平面垂直。若光源的均匀光照面积不足以同时容纳标准太阳能电池和被测太阳能电池，则可先用标准太阳能电池调整光源，达到所需辐照度之后，再将被测太阳能电池放置于测试位置，进行 I-V 曲线的测量。

2. 温度系数

半导体材料在不同温度条件下的带隙存在差异，因此太阳能电池温度以及测试环境温度将影响光电性能参数。测试太阳能电池温度系数必须明确标出辐照度的大小和温度范围，且测试结果只在所测的温度范围内适用，标准测试温度为（25±2）℃，可使用控温设备与热电偶实时监控并调节测试环境温度，避免温度波动造成测试结果失准。

3. 数字源表及接线方法

数字源表可同时作为电源和测量仪器使用，它提供可调节的电压/电流，并精确测量响应的电流/电压。数字源表通过内部控制电路调节输出，使用高精度 A/D 转换器和 D/A 转换器进行电压、电流测量和转换。在 I-V 曲线测试中，数字源表逐步扫描电压或电流，并记录对应的电流或电压。为使测试结果准确可靠，所用数字源表须经过认真鉴定，使其测量电压和电流的准确度达到±2%。通常可采用两种接线方法进行测试，其一为两线接线法，即电流和电压测量共用同一对线，这种接线方法中，导线电阻会引起电压降，因此测量精度受到限制。其二为四线接线法，即使用两根电流线和两根电压线分别测量，这种接线方法可以有效避免导线电阻引起的电压降误差，适用于高精度测试。

4. 太阳能电池面积的确定

太阳能电池面积用于计算短路电流密度（J_{sc}）和光电转换效率（PCE）。可使用精确测量工具（如游标卡尺、显微镜）测量太阳能电池有效光吸收区域的尺寸，确保不包括边缘或无效区域，也可在进行测试时为太阳能电池装载已知精确面积的掩模版，对太阳能电池的有效工作面积进行限定。

5. 扫描速率和扫描方向

扫描速率影响一些太阳能电池的 I-V 曲线形状，过快或过慢的扫描速率会引入迟滞效应或导致太阳能电池性能降低，因而需要根据太阳能电池的响应特性，选择适当的扫描速率，一般在 $10\sim1000\text{mV/s}$ 之间。正向扫描（从 0V 到 V_{oc}）和反向扫描（从 V_{oc} 到 0V）可能产生形状不同的 I-V 曲线，特别是对于钙钛矿太阳能电池而言，其具有的界面缺陷、PN 结势垒、铁电效应和离子迁移等会导致迟滞效应更加明显，如图 8-4 所示，因此应当进行双向扫描（正向和反向）来比较结果，确保测试数据的可靠性和重复性。

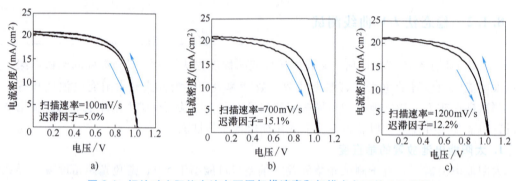

图 8-4　钙钛矿太阳能电池在不同扫描速率和扫描方向下的 I-V 曲线
a）100mV/s　b）700mV/s　c）1200mV/s

6. 稳态输出测试

由于部分太阳能电池存在 I-V 曲线随扫描速率和扫描方向的变化，为了获得准确的输出功率，排除瞬态效应的影响，需要将太阳能电池置于恒定光源下，施加固定工作电压（通常为最大功率点电压）并持续一段时间（如几分钟到数小时），同时记录输出电流随时间的变化。观察光电流随时间的变化趋势，评估太阳能电池是否达到了稳定工作状态，以及计算稳定输出功率的大小。

8.1.3　瞬态法 I-V 曲线测试

瞬态法 I-V 曲线测试（即闪光测试法），通常使用氙灯或 LED 阵列，产生短暂的高强度光脉冲，通过这种短暂强光照射太阳能电池或组件，并瞬间记录其电流-电压（I-V）特性。此方法特别适用于大面积太阳能电池组件和聚光光伏系统的测试。这种方法通常采用脉冲太阳光模拟器，以便迅速记录太阳能电池或组件在这一瞬间的 I-V 曲线。测试能在极短时间内（通常为几毫秒到几百毫秒）完成，避免了长时间光照引起的温度变化和太阳能电池老化问题。

1. 测试系统的构成

1）可控脉冲模拟光源：氙灯或 LED 阵列，光学系统中应包含用于分布光线的透镜和反射镜，确保测试区域辐照度一致，并应有可精确控制光脉冲强度与持续时间的软件控制系统。

2）数字源表：用于提供快速电压扫描并测量电流，或提供电流扫描并测量电压。

3）温控系统：监测并控制太阳能电池或组件的温度，标准测试温度为（25±2）℃。

4）测试软件：用于调节测试参数并储存测试数据文件。

2. 光学校准

使用标准太阳能电池（如晶体硅太阳能电池）校准辐照度，以确保脉冲太阳光模拟器的光谱与标准太阳光谱（AM1.5G）匹配。将标准太阳能电池置于脉冲太阳光模拟器下，调整光源和滤光系统，使其输出光谱与标准太阳光谱匹配。使用高精度仪器测量辐照度，即放置仪器在测试区域内，触发脉冲太阳光模拟器，记录读数，调整光源输出，直到脉冲太阳光模拟器在测试区域内的辐照度为 $1000\mathrm{W/m}^2$。

3. 电学扫描和测试步骤

1）电压扫描：逐步增大或减小施加在太阳能电池上的电压，同时测量对应的电流。

2）电流扫描：逐步增大或减小流经太阳能电池的电流，同时测量对应的电压。

3）测试步骤：使用标准太阳能电池和相关仪器校准脉冲太阳光模拟器的光谱和辐照度；确保太阳能电池或组件的迎光面清洁，垂直于光源放置在测试区域内；将数字源表的电压和电流测量端口连接到太阳能电池或组件的电极上；启动温控系统，确保测试温度恒定；控制系统触发脉冲太阳光模拟器，发出光脉冲，在光脉冲期间，数字源表逐步扫描电压或电流，记录对应的电流或电压值。

8.2　量子效率测试

I-V 曲线测试可获得太阳能电池中产生的实际 I_{sc}，然而这种简单的测试不能反映出太阳能电池的光生电流损失的内在机理。理想的太阳能电池在受到光子能量（$E > E_{\mathrm{g}}$）激发时，会产生光生电子-空穴对，并将它们分别收集到两极。然而在实际状态下，这样的光生电子-空穴对并不会完全被采集，这也引发了研究人员对造成这些光生载流子损失的原因的思考。测试太阳能电池的短路电流密度（J_{sc}）与激发波长（λ）之间的关系是一种恰当的方式来揭示太阳能电池的光响应能力。

1. 外量子效率（External Quantum Efficiency，EQE）

外量子效率是太阳能电池在特定波长的光照射下所产生电流中的电子数与入射光子数之比，通过将不同波长下的量子效率曲线与太阳光谱中对应波长的光子数目的乘积进行积分，即可以得到太阳能电池的短路电流密度（J_{sc}）。外量子效率的计算公式为

$$EQE(\lambda) = \frac{\text{电池光电流}(I_{\mathrm{cell}})}{\text{入射光子数}(N_{\mathrm{photons}})q} \tag{8-8}$$

式中，q 为元电荷；λ 为波长。

积分短路电流密度的计算公式为

$$J_{sc}(EQE) = \int EQE(\lambda) \cdot S_{AM1.5G}(\lambda)\mathrm{d}\lambda \tag{8-9}$$

2. 内量子效率（Internal Quantum Efficiency，IQE）

内量子效率是光子被吸收后产生的电子（没有诸如电子空穴复合过程引起的电子损失）与被吸收的光子之比。如果太阳能电池的反射率为 R，透过率为 T，吸收率为 A，则内量子效率与外量子效率的关系为

$$IQE(\lambda) = \frac{EQE(\lambda)}{A(\lambda)} = \frac{EQE(\lambda)}{1-R(\lambda)-T(\lambda)} \tag{8-10}$$

8.2.1 单结太阳能电池的量子效率测试

量子效率测试系统如图 8-5 所示，其主要包含以下组成部分。

1）光源：通常使用可调谐单色光源（如氙灯或卤素灯配合单色仪），以产生特定波长的光。

2）单色仪：用于将宽光谱光源分解为单色光。

3）标准太阳能电池：已知量子效率的太阳能电池，用于测定和校准单色光辐照度。

4）测量系统：包括电流/电压转换器、锁相放大器等。

5）计算机及配套软件：用于数据采集和处理。

测试分为两个步骤，分别测试标准太阳能电池（Si 或 Ge）和待测太阳能电池。标准太阳能电池被用来测量经过单色仪分光后不同波长的光的强度，从而获得光源输出的不同单色光的光子数。通常，经单色仪分光后的单色光强度较弱，待测太阳能电池产生的光电流非常微弱，容易受到环境中的电磁噪声干扰。为了提高测试的灵敏度，量子效率测试设备通常利用锁相放大器（Lock-in Amplifier）来降低噪声干扰，其工作原理主要包含以下部分。

1）产生调制信号：使用光斩波器将光源的光调制为周期性光信号。

2）参考信号输入：由光斩波器向锁相放大器提供一个参考信号，其频率与光调制信号一致。

3）待测信号检测：测量太阳能电池产生的周期变化光电流，并将其与参考信号进行相位匹配。

4）相干检测：通过相干检测（相位匹配）提取出与参考信号同频率、同相位的信号，有效滤除其他频率和相位的噪声，得到高信噪比的光电流信号。

此外，为了避免偏振态对测试结果的影响，通常也会给太阳能电池外加非偏振光进行测试。偏光器（如偏振片或偏振分束器）可使光在测试过程中保持均匀的偏振态，从而消除偏振影响，提高测试结果的准确性和可重复性。

量子效率测试可以指导太阳能电池的系统设计和应用，通过分析不同波长的光对太阳能电池的贡献，可以选择更适合当地光谱分布的太阳能电池类型，并根据量子效率曲线进行光谱匹配和光谱修正，提高太阳能电池的输出稳定性和可靠性。量子效率测试也可用于评估太阳能电池与组件的光谱匹配程度，计算光谱失配因子（Spectra Mismatch），从而优化太阳能电池设计和光谱匹配，具体方法如下：

1）获得光源的光谱功率分布。通过光谱仪测试参考光源的光谱功率分布 $S_{ref}(\lambda)$，例如

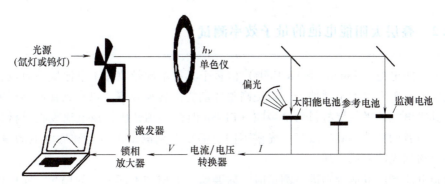

图 8-5　量子效率测试系统

标准太阳光谱 AM 1.5G（IEC 60904-3 标准），以及测试光源的光谱功率分布 $S_{\text{test}}(\lambda)$。

2）获得待测太阳能电池的外量子效率曲线。

3）计算太阳能电池在参考光源和测试光源下的响应 R_{ref} 和 R_{test}，它们的计算公式分别为

$$R_{\text{ref}} = \int EQE(\lambda) \cdot S_{\text{ref}}(\lambda) \, \mathrm{d}\lambda \tag{8-11}$$

$$R_{\text{test}} = \int EQE(\lambda) \cdot S_{\text{test}}(\lambda) \, \mathrm{d}\lambda \tag{8-12}$$

4）计算光谱失配因子 M。光谱失配因子的定义为测试光源和参考光源下响应的比值，即

$$M = \frac{R_{\text{test}}}{R_{\text{ref}}} \tag{8-13}$$

对于单结太阳能电池的量子效率测试，通常将单结太阳能电池水平放置于测试平台上，使用夹具连接太阳能电池对应的公共电极和工作电极。使用单色仪将光源分解为单色光，覆盖待测太阳能电池的吸收范围（通常为 300~1100nm）。单色仪输出的光的波长应逐步变化，间隔可根据测试需求调节，通常以 5nm 或 10nm 步进。在每个波长点上，用光电探测器测量入射单色光的功率，记录光功率 $P_{\text{photon}}(\lambda)$，通过锁相放大器测量太阳能电池在不同波长的单色光照射下的电流 $I(\lambda)$，由此得到的太阳能电池在不同波长下的 $EQE(\lambda)$ 为

$$EQE(\lambda) = \frac{I(\lambda)}{q\Phi_{\text{photon}}(\lambda)} \tag{8-14}$$

式中，q 为电子电荷；$\Phi_{\text{photon}}(\lambda)$ 为光子通量，可由光功率 $P_{\text{photon}}(\lambda)$ 计算得到。

光子通量的计算公式为

$$\Phi_{\text{photon}}(\lambda) = \frac{P_{\text{photon}}(\lambda)}{\dfrac{hc}{\lambda}} = \frac{P_{\text{photon}}(\lambda)\lambda}{hc} \tag{8-15}$$

式中，λ 为波长；h 为普朗克常数；c 为光速。

151

8.2.2 叠层太阳能电池的量子效率测试

叠层太阳能电池（Tandem Solar Cells）由多个具有不同带隙的子电池堆叠而成，每个子电池负责吸收太阳光谱的不同部分，以提高整体的光电转换效率。以全钙钛矿叠层太阳能电池为例，其底电池的吸收层材料为窄带隙（Pb-Sn 混合）钙钛矿，顶电池吸收层材料为宽带隙钙钛矿，两者的带隙差异导致吸收光谱不同，需要分别测试顶电池和底电池的量子效率，这通常通过加偏光的方法实现。

在对顶电池和底电池分别进行测试时，需要给它们施加不同波长的偏光，同样以全钙钛矿叠层太阳能电池为例，在测试底电池（窄带隙钙钛矿吸收层）的外量子效率时，需采用特定波长（在窄带隙钙钛矿吸收范围内，在宽带隙钙钛矿吸收范围外）的偏光照射，以保证顶电池（宽带隙钙钛矿）吸光后处于导通状态，降低其对外量子效率测试结果的影响，如图 8-6 所示。外量子效率测试应确保光谱主要集中在顶/底电池的吸收范围内。

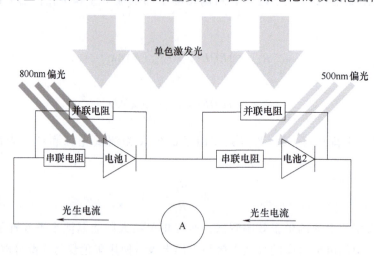

图 8-6　叠层太阳能电池外量子效率测试时的施加偏光示意图

8.3 瞬态光电测试

通过表征太阳能电池中的载流子产生、复合与传输过程，可以分析光生载流子复合机制、传输效率，帮助理解太阳能电池的工作机制，并为光电性能的提升提供理论指导。太阳能电池中光生载流子的产生与分离速度极快，如何从瞬态时间尺度获取太阳能电池中光生载流子的变化特性，也是太阳能电池领域内重要的研究课题。目前，基于器件水平的瞬态时间尺度测试主要包括频域（如频率调制光电压信号）和时域（基于脉冲光的瞬态光谱、瞬态光电流和光电压）测量等。基于纳秒脉冲激光的时域测量，可以在纳秒时间尺度提取太阳能电池的瞬态光电响应动力学信息，从而获得太阳能电池的载流子复合和传输特性。其测试原理清晰，数据分析直接，是一种被广泛采纳的瞬态测试方法。本节将着重介绍瞬态光电流（Transient Photocurrent，TPC）测试和瞬态光电压（Transient Photovoltage，TPV）测试这两种用于研究太阳能电池性能的光电表征技术。

TPC 和 TPV 测试可以提供有关太阳能电池中载流子产生、传输、复合和缺陷状态的重要信息。TPC 测试是在太阳能电池上施加一个瞬态光脉冲，并测量由此产生的瞬态电流响应，这种方法可以揭示载流子传输、复合机制以及太阳能电池整体性能等重要信息。在 TPC 测试中，电流的上升和衰减过程可以提供太阳能电池内部电荷动力学的信息。例如，电流过冲现象可以指示空间电荷效应和陷阱俘获动力学。TPC 主要表征载流子的迁移过程和光生电流的大小，反映了载流子迁移率和光吸收效率。TPV 测试则是在太阳能电池上施加一个光脉冲，并测量由此产生的瞬态电压响应，通常用于研究薄膜太阳能电池中的载流子复合过程，通过检测光电压的变化来研究载流子的复合动力学，并揭示太阳能电池性能与载流子动力学之间的关系，同时也可以用来分析太阳能电池制造过程中的缺陷，如表面复合损失和离子迁移等。TPC 和 TPV 测试需要使用特定的仪器，这些仪器主要包含以下模块。

1）瞬态光源：用于提供纳秒级及以下的瞬态光脉冲的光源，以捕捉快速瞬态现象，可以是高频 LED 灯或脉冲激光器。

2）稳态光源：用于模拟太阳能电池在光照下达到稳态的工作状态。

3）可变滤光片：用于调节探测光的波长范围。

4）扩束镜：用于扩大瞬态光源的直径，以便更均匀地激发太阳能电池中的载流子。

5）前置放大器：用于对瞬态光电流信号进行放大处理。

6）高速示波器：用于捕捉和记录太阳能电池的瞬态响应电信号。

7）数据采集系统：用于记录和分析测试数据。

8）计算机软件：用于模拟和分析测试数据。

TPC/TPV 测试系统的组成如图 8-7 所示。瞬态光源发出短暂的光脉冲，经扩束镜和可变滤光片后照射到样品池中的太阳能电池上，光脉冲强度通过渐变圆形中性滤光片进行调节，样品池由具有良好屏蔽电磁噪声能力的材料制成。太阳能电池在光脉冲照射下产生瞬态光信号（电流/电压），前置放大器对瞬态光信号进行放大处理。高速示波器记录并存储放大后的瞬态光信号。计算机软件控制整个测试过程，并对数据进行处理和分析，提取关键信息。

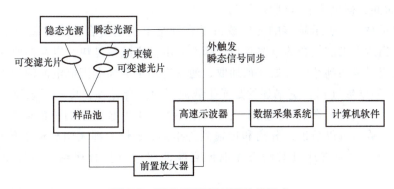

图 8-7　TPC/TPV 测试系统的组成

8.3.1　瞬态光电流测试

在 TPC 测试中，太阳能电池与小阻值的采样电阻串联，在太阳能电池上施加一定强度的偏光，待测电池中会产生需要的光生载流子浓度，此时高速示波器采集采样电阻两端由于脉冲光的扰动而产生的电压信号，并通过欧姆定律转化为太阳能电池的瞬态电流信号，记录其光电流上升和衰减的过程，绘制出 TPC 衰减曲线。TPC 测试的核心原理是利用光脉冲激发太阳能电池中的载流子，并通过测量随时间变化的光电流响应来研究载流子的行为。当光脉冲照射太阳能电池时，会产生电子-空穴对（载流子对），这些载流子对在电场作用下迁移，形成瞬态光电流。随着时间推移，载流子在电场作用下迁移到电极处对外传输或发生复合，导致光电流逐渐衰减。通过分析瞬态光电流的上升和衰减过程，可以得到载流子的传输和复合特性。

TPC 测试的基本步骤如下：

（1）准备样品　将待测太阳能电池放置在测试平台上。

（2）光激发　使用脉冲激光或 LED 等光源照射样品，产生瞬态光电流。光源的脉冲宽度通常非常短（纳秒或皮秒级），以确保可以研究太阳能电池的瞬态响应。

（3）电流测量　使用高灵敏度的电流放大器或示波器记录太阳能电池在光激发下产生的瞬态光电流信号。记录的数据可以是电流随时间变化的曲线。

（4）数据分析　对测量的瞬态光电流数据进行分析。

在 TPC 测试中，通过对光电流曲线进行处理，可以得到电荷抽取量（Q）、衰减时间常数（τ）和迁移率（μ）等关键参数，它们分别对应不同的物理过程，这些信息对于理解太阳能电池的电学性能和优化太阳能电池的设计非常关键。下面是这些参数的详细解释及其对应的公式。

1）电荷抽取量（Q）。通过对瞬态光电流随时间变化的曲线进行积分，可以得到在整个变化过程中的电荷抽取量，它反映了光生载流子在太阳能电池中的生成、迁移和复合过程，即

$$Q = \int_0^\infty I(t)\, \mathrm{d}t \tag{8-16}$$

式中，Q 为电荷抽取量；$I(t)$ 为瞬态光电流随时间的变化，积分的上下限为从 0 到无穷大（或足够长的时间，使电流衰减到接近零）。

电荷抽取量越小，表示越多的光生载流子在到达电极前复合，因此载流子复合速率越大，载流子在到达电极前复合的概率越高，瞬态光电流衰减得越快。电荷抽取量越大，表示越多的光生载流子成功到达电极处并被抽取，通常有助于提高太阳能电池的光电转换效率。

2）衰减时间常数（τ）。它描述的是光生载流子的复合过程，反映了载流子从生成到复合的平均时间。衰减时间常数可以用于表征太阳能电池中的载流子的传输速度，τ 较小通常表明载流子在生成后可以被迅速分离和传输到外电路，τ 较大则表明载流子传输速度较慢。光电流衰减时间常数通常通过对瞬态光电流衰减曲线进行拟合得到，通常使用以下四种模型。

① 单指数衰减模型，即

$$I(t) = I_0 \mathrm{e}^{-t/\tau} \tag{8-17}$$

式中，$I(t)$ 为时间 t 时的电流；I_0 为初始电流，它反映了载流子的初始浓度；τ 为衰减时间常数，它反映了载流子传输的快慢。

② 双指数衰减模型，即

$$I(t) = I_1 e^{-t/\tau_1} + I_2 e^{-t/\tau_2} \qquad (8\text{-}18)$$

式中，I_1、I_2 为不同衰减过程对总电流的贡献程度。

此外，这种模型假设存在两种不同寿命的载流子类型，通常称为快速衰减寿命（τ_1）和慢速衰减寿命（τ_2），这是最常用的拟合形式。快速衰减寿命 τ_1 与载流子传输到太阳能电池外部的速率有关，τ_1 越短，意味着载流子提取效率越高。慢速衰减寿命 τ_2 通常与载流子被捕获到陷阱态发生复合有关，τ_2 越短，意味着载流子的复合越强。

③ 拉伸指数衰减模型，即

$$I(t) = I_0 e^{-(t/\tau)^\beta} \qquad (8\text{-}19)$$

式中，β 为拉伸指数，表示系统中时间常数的分布宽度，它描述了载流子复合过程的复杂性，用于描述非单指数衰减过程，如有分布广泛的时间常数或存在多个复合过程的太阳能电池。

$\beta = 1$ 对应单指数衰减，而 $\beta < 1$ 则表明存在分布较广的时间常数或多重动力学过程，空间或能量分布不均匀。β 越接近 0，衰减过程就越慢且越复杂，显示出长尾分布特性。

④ 多指数衰减模型，即

$$I(t) = \sum_i I_{0i} e^{-\frac{t}{\tau_i}} \qquad (8\text{-}20)$$

式中，I_{0i} 和 τ_i 分别为第 i 个衰减速度的初始电流和时间常数，需要使用更复杂的多指数模型来拟合数据。

3）迁移率（μ）。它是单位电场下载流子的平均漂移速率。在 TPC 测试中，可以通过分析衰减时间常数来估算迁移率。这一参数反映了载流子的迁移速率和太阳能电池的电场特性。迁移率的计算公式通常为

$$\mu = \frac{L^2}{2 v_{bi} \tau} \qquad (8\text{-}21)$$

式中，L 为载流子迁移的距离，通常是太阳能电池的厚度；v_{bi} 为内建电场的电压。

较高的迁移率意味着载流子在电场作用下移动得更快，有助于提高太阳能电池的响应速度和光电转换效率。迁移率也受到内建电场的影响，在电场作用下，载流子受到驱动力，其运动速度增加，从而提高迁移率。

图 8-8 所示为钙钛矿太阳能电池的 TPC 变化曲线。样品 1 和样品 2 分别为具有 Spiro-OMeTAD 和改性 Spiro-OMeTAD 空穴传输层的钙钛矿太阳能电池，通过曲线的拟合可以分析空穴传输层对载流子提取和复合动力学的影响。实线、虚线、点画线和点线分别表示通过单指数衰减模型、双指数衰减模型、多指数衰减模型和拉伸指数衰减模型拟合的 TPC 变化曲线，由于存在慢速衰减寿命，使用双指数衰减模型拟合，得到样品 1 和样品 2 的快速衰减寿命分别为 $6\mu s$ 和 $3\mu s$。样品 1 的衰减更慢，表明 Spiro-OMeTAD 和改性 Spiro-OMeTAD 空穴传输层相比，其载流子提取效率较低。使用式（8-21）计算迁移率，则可知样品 2 的载流子迁移率比样品 1 大约快 2 倍。

TPC 测试是一种在太阳能电池领域中极为重要的表征技术。它能够为研究人员提供深入洞察太阳能电池中载流子动力学的窗口。在 TPC 测试中，可以获得电荷抽取量、衰减时间常数和迁移率，它们分别反映了载流子的收集、复合和迁移特性。每种类型的太阳能电池都有其独特的物理和化学特性，这些特性决定了 TPC 参数的含义和影响因素。通过对这些参

155

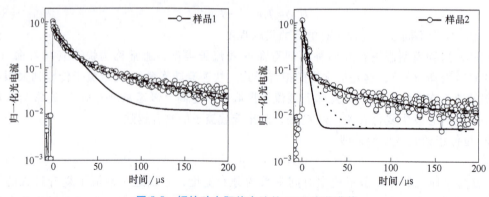

图 8-8 钙钛矿太阳能电池的 TPC 变化曲线

数的测量和分析，可以全面评估太阳能电池的性能，并为优化材料选择、太阳能电池设计和制造工艺提供重要依据，以提高太阳能电池的性能和稳定性。

在晶体硅太阳能电池中，TPC 测试可以用来研究少数载流子（电子）在 P 型硅中的传输特性。硅材料的高迁移率和强内建电场使得其迁移时间较短，通常在纳秒到微秒级别。通过分析衰减时间常数，可以了解硅片的质量和表界面复合情况，进而评估掺杂水平、晶向和晶体缺陷对载流子动力学的影响。

在钙钛矿太阳能电池中，TPC 测试通常用于研究材料的缺陷态、离子迁移和界面复合损失。钙钛矿材料的迁移时间在纳秒到微秒级别，这反映了其高迁移率和优良的载流子传输特性。通过分析 TPC 的变化，可以揭示钙钛矿材料中非辐射复合的路径和载流子动力学，进而评估不同钙钛矿材料组成、晶体质量和界面工程对太阳能电池性能的影响。

在有机太阳能电池中，TPC 测试通常用于研究载流子生成、分离、传输和复合的过程，以及活性层材料的光电特性。有机材料的分子结构导致其迁移率较低，单结太阳能电池的厚度受限，并限制了它们对太阳光的吸收和利用。通过分析活性层中载流子的迁移率和复合速率，以及界面态对载流子动力学的影响，可以优化活性层材料、界面修饰层和太阳能电池结构，提高太阳能电池的光电转换效率和稳定性。

在染料敏化太阳能电池中，TPC 测试通常用于研究染料分子与电解质之间的载流子迁移过程，通常这个过程的迁移率很低，反映了电子在电解质（如 TiO_2）纳米粒子之间的传输速率较慢。通过 TPC 测试研究染料分子和电解质中载流子的行为，特别是电子在 TiO_2 薄膜中的传输效率以及电解质中氧化还原媒介的再生能力，有助于选择合适的染料分子和半导体材料，延长染料敏化太阳能电池中的载流子寿命，并进一步提高其整体性能。

8.3.2 瞬态光电压测试

TPV 测试经常被用于确定太阳能电池中载流子的寿命。在 TPV 测试中，用光脉冲激发太阳能电池，产生光生载流子，然后测量这些载流子的产生、分离、传输和复合过程引起的电压变化。测试过程中，太阳能电池被置于开路状态，一定辐照度的白光 LED 光源作为偏光，另一束脉冲激光产生一个扰动光电压，利用高速示波器采集 TPV 变化曲线。通过改变偏光强度，可以获取不同载流子浓度下的 TPV 变化曲线，分析太阳能电池中的载流子复合速率，为太阳能电池材料和结构的优化设计提供指导。

TPV 测试的基本步骤如下。

（1）准备样品　将待测太阳能电池放置在测试平台上。

（2）光激发　将太阳能电池置于开路状态，并使用一定辐照度的白光 LED 光源作为偏光，同时使用脉冲激光产生一个扰动光电压，光源的脉冲宽度通常非常短（纳秒或皮秒级），以确保可以研究太阳能电池的快速响应。

（3）电压测量　使用高速示波器采集太阳能电池的 TPV 变化曲线。

（4）偏光强度变化　通过改变偏光强度，获取不同载流子浓度下的太阳能电池的 TPV 曲线，分析载流子复合和电荷抽取性质。

（5）数据分析　对测量的太阳能电池的 TPV 曲线进行分析。

在 TPV 测试中，通过对 TPV 变化曲线进行处理，可以得到衰减时间常数（τ）、迁移率（μ）和复合速率常数（k_{rec}）等关键参数，它们分别表征了光生载流子的复合动力学和扩散特性。以下是这些参数的详细解释及其对应的计算公式。

1）衰减时间常数（τ）。它用于表征瞬态光电压的衰减速率，可以反映太阳能电池中光生载流子的复合速率。衰减时间常数越短，说明太阳能电池中的载流子复合越快，载流子的寿命越短。衰减时间常数可通过对 TPV 变化曲线进行拟合得到，通常使用以下四种模型。

① 单指数衰减模型，即

$$V(t) = V_0 e^{-t/\tau} + V_\infty \tag{8-22}$$

式中，$V(t)$ 为时间 t 时的电压；V_0 为初始电压（反映了光生载流子的初始浓度对电压的影响）；τ 为衰减时间常数（载流子寿命，即载流子在复合之前的平均存在时间）；V_∞ 为电压衰减后恢复到稳态的电压值，可以提供太阳能电池在稳定状态下的工作状态信息。

在开路条件和恒定辐照度下，太阳能电池中准平衡态载流子浓度恒定，此时衰减时间常数与载流子的非辐射复合直接相关，τ 越小则非辐射复合越严重。

② 双指数衰减模型，即

$$V(t) = V_1 e^{-t/\tau_1} + V_2 e^{-t/\tau_2} + V_\infty \tag{8-23}$$

式中，V_1、V_2 为不同衰减过程对总电压的贡献程度；τ_1、τ_2 为两种不同的载流子复合过程。

通常情况下，快速衰减通常来自于载流子在界面或晶面的复合过程，而慢速衰减通常来自于载流子在半导体体相的衰减。

③ 拉伸指数衰减模型，即

$$V(t) = V_0 e^{-(t/\tau_1)^\beta} + V_\infty \tag{8-24}$$

式中，β 为拉伸指数，表示系统中时间常数的分布宽度，它来源于非指数性衰减的载流子复合过程，如存在一个非定值的时间常数或存在多个时间常数的太阳能电池。

$\beta=1$ 对应单指数衰减，而 $\beta<1$ 表明存在分布较广的时间常数或多重动力学过程，空间或能量分布不均匀。β 越接近 0，衰减过程就越慢且越复杂，显示出长尾分布特性。

④ 多指数衰减模型，即

$$V(t) = \sum_i V_{0i} e^{-\frac{t}{\tau_i}} + V_\infty \tag{8-25}$$

式中，V_{0i} 和 τ_i 分别为第 i 个衰减速率的初始电压和衰减时间常数，需要使用更复杂的多指数衰减模型来拟合数据。

157

图 8-9 所示为钙钛矿太阳能电池中典型的 TPV 变化曲线。使用 TPV 测试监测太阳能电池在扰动脉冲（0.1～1μs）后的瞬态电压变化，将太阳能电池置于强度较低的稳态背景光下（辐照度相当于 0.01 太阳强度），使材料中的陷阱态处于未填充的状态，便于在光脉冲扰动下测试陷阱态的浓度和复合速率。测试中可以观察到一个快速的初始衰减分量和一个慢速分量。前者衰减时间常数约为 10μs，接近系统分辨率的极限，后者衰减时间常数为 100～1000μs。利用双指数衰减模型拟合 TPV 变化曲线，可得 $\tau_1 = 15.2\mu s$、$\tau_2 = 275.1\mu s$。τ_2 衰减时间常数被认为与材料体相的缺陷态引发的复合过程相关。

2）迁移率（μ）。在 TPV 测试中，可以通过分析衰减时间常数来估算迁移率，即

$$\mu = \frac{L^2}{2V_{bi}\tau} \qquad (8-26)$$

式中，L 为载流子迁移的距离，通常是太阳能电池的厚度；V_{bi} 为内建电场的电压。

3）复合速率常数（k_{rec}）。它描述了载流子（电子和空穴）在半导体材料中复合的速率，可以通过载流子的寿命和浓度关系来确定，即

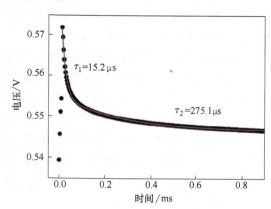

图 8-9　钙钛矿太阳能电池中典型的 TPV 变化曲线

$$k_{rec} = \frac{1}{n_0\tau} \qquad (8-27)$$

式中，n_0 为载流子的初始浓度；τ 为衰减时间常数。

较低的复合速率常数通常意味着载流子在太阳能电池中有更长的寿命，这有助于提高光电转换效率。通过优化材料质量和太阳能电池结构，可以降低复合速率常数，从而提高太阳能电池的性能。

在 TPV 测试中，衰减时间常数、迁移率和复合速率常数分别对应光生载流子的复合寿命、扩散特性和复合速率。通过这些参数，可以深入理解不同太阳能电池中载流子的动力学特性，为优化太阳能电池性能提供重要的依据。

在晶体硅太阳能电池中，TPV 测试通常用来评估少数载流子的寿命。通过 TPV 测试可以揭示太阳能电池的复合和并联电阻的信息，进一步研究晶体硅太阳能电池中的载流子复合和陷阱动力学，延长载流子寿命，从而获得更高的光电转换效率。

在钙钛矿太阳能电池中，TPV 测试通常用来评估载流子的寿命和复合过程，揭示钙钛矿太阳能电池性能与 TPV 变化之间的相关性。TPV 变化由短时间内的上升部分和长达数十毫秒的长衰减部分组成，可以反映钙钛矿结构和形态的影响。通过考虑钙钛矿晶粒中的缺陷和陷阱态，以及钙钛矿与其传输层的界面的影响来理解特性。TPV 测试可以帮助识别和优化这些因素，以提高太阳能电池的稳定性和光电转换效率。

在有机太阳能电池中，TPV 测试有助于理解其中的载流子动力学，尤其是在研究界面态和材料缺陷对太阳能电池性能的影响时。有机材料中，载流子的复合速率较高，衰减时间为纳秒级别，而较短的光电压寿命反映了有机太阳能电池中的复合速率较高，缺陷态密度较高。

在染料敏化太阳能电池中，TPV 测试在 DSSC 中的应用不如 TPC 测试普遍，因为染料敏化太阳能电池的性能更多地依赖于染料分子的吸光效率和电子注入效率。

总体来说，TPC 测试在不同类型的太阳能电池中都关注载流子的生成、传输和复合过程，而 TPV 测试则更侧重于测量载流子的寿命和复合过程。不同太阳能电池类型因其独特的物理和化学特性，关注的参数也有所不同。通过这些测试，研究人员可以优化材料选择及太阳能电池设计和制造工艺，提高太阳能电池的性能和稳定性。

8.4　载流子寿命与迁移率测试

载流子寿命和迁移率是太阳能电池中两个重要的载流子动力学参数，它们直接影响着太阳能电池的工作性能。载流子寿命通常指非平衡载流子的寿命，而非平衡载流子一般指非平衡的少数载流子，因此载流子寿命即为少数载流子的寿命。太阳能电池中的载流子寿命是指半导体材料在光激发过程中，光激发产生的电子或空穴（自由载流子）在复合前的平均存在时间。电子和空穴的寿命分别表示为 τ_n 和 τ_p。载流子寿命受到材料性质和处理工艺影响，主要影响因素包括晶格缺陷、杂质、表面处理等。太阳能电池中的载流子寿命长，则意味着载流子在太阳能电池中存在的时间更长，扩散距离更远，被分离和被电极收集进入外电路的概率越高，太阳能电池的光电转换效率也越高。

载流子迁移率是指在电场作用下，载流子（电子或空穴）的平均漂移速度。载流子迁移率越大，半导体材料的电导率越高。载流子迁移率的大小不仅关系着导电能力的强弱，还直接决定了载流子运动的快慢。对于电子和空穴而言，它们的迁移率分别为 μ_n 和 μ_p。载流子迁移率越高，意味着载流子在电场作用下移动越快，这降低了载流子在太阳能电池中复合的概率，并且高迁移率的载流子更容易被电极收集，可以提高光生载流子的收集效率，降低电极附近的反向迁移损失，从而提高太阳能电池的光电转换效率。此外，高载流子迁移率通常意味着更高的电导率，可以降低太阳能电池的内阻。因此，获取太阳能电池中的载流子寿命及迁移率信息对于太阳能电池的性能分析、设计优化具有重要的意义。

8.4.1　少数载流子寿命测试

少数载流子是指在掺杂半导体中，浓度较小的那类载流子。对于 N 型半导体，少数载流子是空穴；对于 P 型半导体，少数载流子是电子。少数载流子寿命是指少数载流子在复合之前的平均存在时间，它是影响半导体材料和太阳能电池性能的重要参数，也是衡量载流子复合速率的重要参数。

少数载流子寿命通常可用实验方法测试得到，各种测试方法都包括少数载流子的注入和检测这两个基本步骤。最常用的注入方法是光注入和电注入，而检测方法很多，不同的注入和检测方法的组合形成了多种少数载流子寿命测试方法。除了 8.3 节提到的 TPC 和 TPV 测试，还有以下三种常用的少数载流子寿命测试方法：

（1）时间分辨光谱（Time-resolved Spectroscopy）　时间分辨光谱是一种测量半导体材料中少数载流子寿命的光谱学技术，其包括时间分辨荧光光谱（TRPL）、时间分辨吸收光谱（TRA）和时间分辨反射光谱（TRR）等。测试过程中使用短脉冲（通常是 ps 或 ns 激光）激发样品，在样品中产生非平衡载流子。非平衡载流子会改变材料中的吸收和反射光谱，载流子的复合还会产生荧光信号，通过测量这些光谱学信号的变化，可以了解非平衡载流子的寿命、迁移等信息。

TRPL 是一种非破坏性的测试方法，不会损坏样品，还具有较高的时间分辨率，可达到皮秒甚至飞秒级，适用于研究材料的瞬态过程。TRPL 具有高灵敏度，可以检测非常低的发光强度，适用于低掺杂或长寿命材料。但对样品和测试设备要求较高，需要样品具有一定的发光效率，并且对于具有多个复合通道或陷阱态的样品，分析过程可能较为复杂。

（2）瞬态微波电导（Time-resolved Microwave Conductivity，TRMC） TRMC 使用脉冲光源激发样品，同时使用微波探针测量光生载流子引起的电导率变化。电导率随时间的变化曲线可以提供少数载流子寿命的信息。TRMC 也是一种非接触测试方法，对样品不造成损伤。脉冲光源可以快速产生非平衡载流子，实现快速测量。这种方法能够检测到少量的载流子变化，具有高灵敏度。适用于不同类型的半导体材料，但需要专门的微波测量设备。

（3）红外反射（Infrared Reflectance Method，IRM） IRM 是一种用于测量少数载流子寿命的非接触、非破坏性测试方法。该方法利用红外线的反射来监测半导体材料（尤其是硅材料）中的光生载流子动力学过程，从而提取少数载流子寿命的信息。IRM 适用于多次测量和高价值样品，并且灵敏度高，能够检测到低浓度的光生载流子，还可以快速测量，适用于大规模样品筛选。但是，IRM 对设备要求高，需要精密的红外光源和探测器，且需要对反射率变化进行精确建模和拟合，数据处理较为复杂。

不同半导体材料的少数载流子寿命差异较大。即使是同种材料，在不同的钝化和处理条件下，少数载流子寿命也可在一个较大的范围内变化。在硅材料中，高质量的单晶硅一般具有较长的少数载流子寿命，有助于提高太阳能电池的光电转换效率。相反，多晶硅由于晶界和杂质较多，少数载流子寿命相对较短，但通过适当的钝化技术可以显著改善其少数载流子寿命。在钙钛矿材料中，少数载流子寿命表现出对环境和材料缺陷的高度敏感性。优化钙钛矿薄膜的晶体结构和表面钝化可以大幅延长少数载流子寿命，从而提高太阳能电池的光电转换效率。在有机半导体材料中，少数载流子寿命受分子构型、堆积、掺杂和界面效应的显著影响。在染料敏化太阳能电池中，少数载流子寿命主要受染料分子与半导体材料界面特性的影响。少数载流子寿命在不同的太阳能电池体系中都具有重要的分析和应用价值。通过材料和工艺优化延长少数载流子寿命，可以有效提升太阳能电池的光电转换效率。

8.4.2　时间分辨光谱

光生载流子的动力学过程在光电材料和器件的研究中具有重要意义。时间分辨荧光光谱（TRPL）和时间分辨吸收光谱（TRA）是两种常见的时间分辨光谱技术。通过这两种测试技术，可以深入解析材料中电子和空穴的动力学行为，获取其复合、传输和捕获等动态过程的信息。

当荧光材料被短脉冲光源激发时，它会在一段时间内发出荧光。TRPL 测试通过测量光生载流子从激发态回到基态过程中发出的荧光信号随时间的变化，可以研究材料的动力学过程并分析材料的性质。荧光寿命反映了载流子在材料中存在的时间和复合过程的快慢，其衰减通常遵循指数衰减规律，其快慢可以反映材料中的载流子（电子或空穴）的辐射复合寿命。TRPL 寿命通常通过时间相关单光子计数（Time-correlated Single Photon Counting，TC-SPC）或时间分辨荧光光谱仪（Time-resolved Fluorescence Spectroscope，TRFS）进行测量。

TRPL 测试的设备主要有以下五部分组成。

1）脉冲激光器：提供短脉冲激光，常用的有皮秒或飞秒激光器。

2）荧光探测器：如光电倍增管（PMT）或单光子计数器，用于高灵敏度地检测和计数荧光信号。

3）时间分辨器：如 TCS-PC 系统，用于高精度地测量光子到达检测器的时间。

4）光谱仪：用于选择特定波长的荧光信号，通常配有单色仪或光栅。

5）数据处理系统：包括计算机和相关的专用软件，用于控制测试、收集数据和分析结果。

使用脉冲激光激发样品，产生光生载流子。光生载流子返回基态时发出荧光，探测器记录荧光强度随时间的变化。通过拟合荧光衰减曲线，可以得到载流子的辐射复合寿命，通常使用以下两种模型进行拟合：

1）单指数衰减模型，即

$$I(t) = I_0 e^{-\frac{t}{\tau}} \tag{8-28}$$

式中，$I(t)$ 为时间 t 时的荧光强度；I_0 为初始荧光强度；τ 为荧光寿命。

2）多指数衰减模型，即

$$I(t) = \sum_{i=1}^{n} a_i e^{-\frac{t}{\tau_i}} \tag{8-29}$$

对于更复杂的样品，可能需要使用多指数衰减模型来描述衰减过程，式（8-29）中的 a_i 和 τ_i 分别为第 i 个衰减过程的振幅和寿命。

图 8-10 所示为钙钛矿太阳能电池中典型的荧光衰减曲线，这里使用单指数衰减模型拟合荧光寿命，得 $\tau = 6.72\text{ns}$。

荧光寿命主要反映了材料中光生载流子的辐射复合过程。辐射复合是指电子从导带或激发态跃迁到价带或基态时，通过发射光子来释放能量的过程。荧光寿命越长，说明辐射复合过程越慢，材料中光生载流子寿命越长。在实际应用中，除了辐射复合，非辐射复合（如通过缺陷态或杂质中心复合）也会影响光生载流子寿命。非辐射复合过程不发光，但会缩短荧光寿命。因此，荧光寿命不仅反映辐射复合效率，还间接反映了材料中非辐射复合的强度。此外，材料中的陷阱

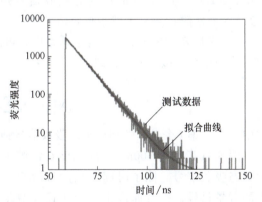

图 8-10　钙钛矿太阳能电池中典型的荧光衰减曲线

态和缺陷态也会捕获光生载流子，导致荧光衰减加快。这些缺陷态和陷阱态会显著影响荧光寿命，进而反映材料的纯度和结构完整性。

在实际应用中，瞬态荧光测试可以评估材料的光电性能，指导太阳能电池结构优化。荧光寿命长通常表明材料具有高质量和低缺陷密度，适用于高效太阳能电池。例如，在钙钛矿太阳能电池中，通过优化钙钛矿层和界面层，可以显著延长荧光寿命，提高光电转换效率。在有机光电材料中，荧光寿命反映了激子的扩散和复合行为。延长荧光寿命可以提高有机太阳能电池的光电转换效率。

时间分辨吸收光谱（TRA）利用光生载流子引起材料光吸收率变化，测量吸收随时间的变化来研究材料中载流子的激发态的动力学。TRA 测试比 TRPL 测试应用范围更广，可以对不产生荧光的非辐射复合过程进行探测。TRA 测试的设备主要有以下五个部分组成。

1）激发激光器：用于激发样品，产生光生载流子，通常为皮秒或飞秒激光器。

2）探测光源：通常是宽带白光或另一种脉冲激光，用于提供时间分辨的探测光。

3）探测器：包括光电二极管或 CCD，用于记录探测光在样品中吸收的变化。

4）延迟线：用于调整探测光的时间延迟，以获得时间分辨信息。

5）光谱仪：用于记录不同波长的吸收变化。

使用脉冲激发激发样品，产生光生载流子（电子和空穴），此时透过样品的光的强弱也会随之变化。在不同的时间延迟下，通过探测光随延迟时间的变化来测量这些载流子在材料中随时间的变化。通过记录和分析吸收变化随时间的衰减或增长，可以获得以下信息。

1）激发态动力学：TRA 显示了光生载流子的产生、存在和衰减过程，不同时间延迟下的光谱变化可以揭示激发态的寿命和动力学行为。

2）能级结构：通过分析吸收峰的位置和强度，可以了解材料的能级结构和电子态间的跃迁。

3）反应中间体：TRA 可以识别化学反应过程中的中间体，帮助研究光化学反应机制。

TRA 寿命参数通常用指数衰减模型拟合，如单指数衰减模型（适用于简单系统）或多指数衰减模型（适用于复杂系统）。

1）单指数衰减模型：该模型适用于简单的单一过程衰减，即

$$\Delta A(t) = A_0 e^{-\frac{t}{\tau}} + A_{bg} \tag{8-30}$$

式中，$\Delta A(t)$ 为时间 t 时的瞬态吸收信号强度；A_0 为初始瞬态吸收信号强度，τ 为寿命（衰减时间常数）；A_{bg} 为背景吸收信号。

2）多指数衰减模型：在复杂体系中，可能需要同时考虑多个激发态或中间态的衰减过程，可使用全局拟合模型，即

$$\Delta A(t) = \sum_i A_i e^{-\frac{t}{\tau_i}} + A_{bg} \tag{8-31}$$

162

式中，A_i 为第 i 个过程的初始瞬态吸收信号强度；τ_i 为第 i 个过程的寿命（衰减时间常数）。

图 8-11 所示为 300nm 处尿嘧啶在乙腈中的瞬态吸收信号。除了时间零点附近溶剂产生的背景信号，拟合曲线由一个快速衰减组分和一个慢速衰减组分组成，使用多指数衰减模型拟合瞬态吸收寿命，所得快速衰减组分的衰减时间常数为 9.8 ps，而慢速衰减组分的衰减时间常数>1000ps。

TRA 测试中的寿命参数反映了材料中不同的物理过程和机制。具体来说，寿命参数主要包括以下四种。

1）载流子复合寿命：光生载流子在材料

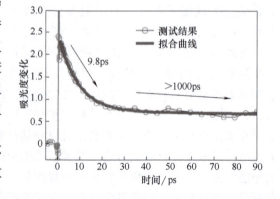

图 8-11　300nm 处尿嘧啶在乙腈中的瞬态吸收信号

中复合的时间尺度。反映了材料中载流子的复合行为，影响光电转换效率。辐射复合会产生光子，非辐射复合会释放能量给晶格或其他载流子。

2）载流子传输时间：光生载流子在材料中传输到界面或电极处的时间尺度，较短的载流子传输时间意味着载流子能够快速有效地传输到收集界面，减少复合损失。

3）捕获与释放时间：光生载流子被陷阱态捕获的时间尺度，及被捕获的光生载流子重新释放到导带或价带的时间尺度，它们反映了材料中陷阱态的密度和分布，影响材料的光电稳定性和太阳能电池性能。

4）激发态寿命：光生载流子处于激发态的时间尺度，包括单重态和三重态的寿命。它会影响能量传递效率和光化学反应效率，长激发态寿命有助于能量传递和光催化过程。

TRA 测试在光电材料和器件研究中应用广泛。在晶体硅太阳能电池中，利用 TRA 测试测量载流子传输时间，可改进电极设计和界面处理，提高载流子收集效率。在钙钛矿太阳能电池中，通过 TRA 测试研究钙钛矿材料中载流子的复合和传输行为，可优化钙钛矿配方和薄膜制备工艺。捕获与释放时间的分析有助于了解钙钛矿材料的稳定性和退化机制。在有机太阳能电池中，TRA 测试用于研究有机材料中的激子分离和载流子传输行为，改进材料设计和太阳能电池结构。通过分析捕获与释放时间，可以优化有机材料的纯度和工艺，减少陷阱态的影响。在染料敏化太阳能电池中，TRA 测试用于研究电子注入和再生过程，以便优化染料和电解质的选择，对捕获与释放时间的分析有助于理解染料和电极界面的动力学行为，提升太阳能电池性能。

总之，通过解析 TRA 测试结果，研究人员可以深入理解材料的光物理性质，优化材料和太阳能电池的设计，提高光电转换效率和稳定性。

8.4.3　瞬态微波电导测试

瞬态微波电导（Time-resolved Microwave Conductivity，TRMC）测试是一种用于研究半导体和光电材料中载流子动力学的时间分辨技术，它利用微波探测光生载流子的产生、传输和复合过程，提供有关材料电导率变化的信息，以确定载流子的迁移率。

TRMC 测试系统通常包括以下关键组件，如图 8-12 所示。

1）激发光源：通常为飞秒或皮秒激光器，用于产生短脉冲激光来激发样品，生成光生载流子。

2）微波源和微波探测器：微波源发出特定频率的微波信号，微波探测器接收和测量样品中的微波信号变化。常用的微波频率为数十 GHz。

3）样品腔：样品放置在微波波导或样品腔中，以便微波信号能够与样品充分作用。

4）前置放大器：前置放大器对瞬态光电流信号进行放大处理。

5）高速示波器：用于捕捉和记录太阳能电池的瞬态响应电信号。

6）数据采集系统：用于记录和分析测试数据。

7）计算机软件：用于模拟和分析测试数据。

TRMC 测试步骤如下。

1）样品准备：将待测样品放置在测试装置中。

2）激光和微波同步：确保激光脉冲和微波探测同步。

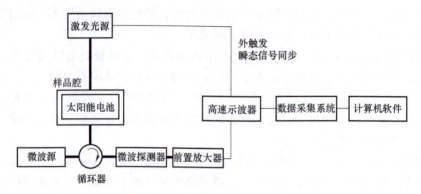

图 8-12　TRMC 测试系统的组成

3）时间延迟调整：调整激光脉冲和微波探测之间的时间延迟。

4）数据采集：记录不同时间延迟下的 TRMC 信号。

5）分析 TRMC 信号，提取载流子动力学参数。

TRMC 测试基于光生载流子对材料电导率的影响，其测试原理如下：使用激光脉冲激发样品，产生光生载流子，光生载流子的存在会改变样品的电导率，从而影响微波信号在样品中的传播，微波源发出的微波信号通过样品，由微波探测器接收并记录微波信号的变化，并在记录不同时间延迟下微波信号的强度变化后，生成瞬态电导率曲线，分析电导率随时间的衰减行为，并使用式（8-32）来计算载流子迁移率（μ），即

$$\mu = \frac{e\Delta\sigma}{\Delta tE} \tag{8-32}$$

式中，e 为电子电荷；$\Delta\sigma$ 为样品随时间变化的电导率；Δt 为载流子响应的时间；E 为施加的电场强度。

载流子迁移率的测量通常基于样品在光激发后产生的非平衡载流子对微波频率电场的响应。影响迁移率的因素包括材料结构、晶体结构、晶粒尺寸和界面质量等。优良的晶体结构和大晶粒尺寸有助于提高载流子的传输效率。温度升高会增加晶格振动，增强晶格散射，从而降低迁移率。掺杂浓度的增加会引入更多的散射中心，从而影响载流子的散射强弱。载流子之间的相互作用也会影响迁移率，特别是在高掺杂或高载流子浓度的情况下。

TRMC 测试是一种无电极、非接触测试，它无须使用欧姆电极即可测量半导体的电导率，因此消除了活性层-电极界面的影响，能够以纳秒级的时间分辨率记录脉冲激发的电导变化，是探测载流子产生和损耗动力学的有效工具。

8.5　电致发光成像技术

8.5.1　电致发光成像技术简介

太阳能电池可以视作具有光吸收和光生载流子收集作用的大面积发光二极管。通常的发光二极管在施加正向偏压时导通，注入载流子并复合发光，因此太阳能电池与发光二极管是在两种相反的模式下工作的。尽管大多数太阳能电池并不是高效的发光二极管，但它内部的

复合也是具有辐射性的。通过电注入可以使太阳能电池发光，其辐射光子的能量通常等于吸光层材料的带隙间跃迁的能量。20 世纪 90 年代，Fuyuki 等人提出利用太阳能电池的电致发光（EL）来研究太阳能电池的特性，相关的早期研究通过测试不同温度或注入电流下的 EL 光谱来研究太阳能电池中的载流子复合行为。2005 年，研究人员首次利用 EL 成像获得了太阳能电池中荧光的空间分布信息，自此，EL 成像技术在研究太阳能电池内部电流的分布及载流子复合的均匀性等方面展示出强大的功能。EL 成像时，会对太阳能电池施加不同大小的正向电压，通过电荷耦合（CCD）相机测量几十毫秒到几分钟范围内 EL 信号的空间分布信息，从而对太阳能电池的质量、缺陷分布进行分析。目前，EL 成像已成为晶体硅太阳能电池和模组质量快速表征的重要工具。

图 8-13 所示为 EL 表征系统的两种主要形式。图 8-13a 所示为 EL 成像设备，它由 CCD 相机、电源、计算机和用于屏蔽环境光的暗箱构成，可用于对 EL 的强度和分布进行研究。图 8-13b 所示为 EL 光谱测试设备，它由单色仪、光电探测器、脉冲电源、计算机和锁相放大器构成，可以对太阳能电池发出的 EL 光谱进行测试。CdTe 和钙钛矿太阳能电池的 EL 波长在硅的吸收范围内，可以使用硅光电探测器。但对于晶体硅太阳能电池，需要使用对红外线灵敏的窄带隙锗或砷化铟基光电探测器。

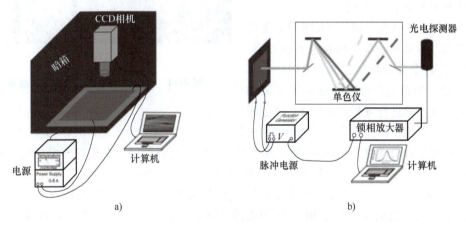

图 8-13　EL 表征系统的两种主要形式

a）EL 成像设备　b）EL 光谱测试设备

EL 成像的优势之一在于其较高的空间分辨率和简便的测试过程，这明显优于光束感应电流（LBIC）测试等。与 LBIC 相比，EL 成像的测试时间缩短了约两个数量级。EL 成像一方面可用于测试整个太阳能电池组件，也可用于观察微米尺度的内部缺陷。另一方面，EL 成像通过施加偏压发射光子，是光伏效应的逆过程。因此，影响太阳能电池性能的所有重要物理过程，如复合、电阻和光学损耗，都会以互补的方式反映在 EL 成像中。除了空间分辨测试方法外，光谱分辨 EL 成像也是分析太阳能电池的重要工具。通过比较使用不同光谱滤波器制作的 EL 图像，可以为太阳能电池工作机理的分析提供更丰富的信息。

8.5.2　晶体硅太阳能电池的电致发光成像

在数字 CCD 相机应用于图像检测后，EL 成像成为太阳能电池的常用表征手段，尽管单个像素包含的是光谱集成信息，但在极短时间内即可获取图像的能力使得 EL 成像成为晶体硅太阳能电池质量把控的标准测试方法，如图 8-14 所示。发光空间变化的可能原因有以下两个方面：

1）太阳能电池有严重的局部故障，如晶圆中出现的裂缝及条状裂纹将太阳能电池的整体分隔开。

2）太阳能电池的光学或电学性质的局部差异，例如少数载流子扩散长度在位错或晶界附近较短。同样，与用钝化层覆盖的背部相比，在点接触掩模的金属接触处（其中金属与吸收层直接接触）的表面复合速度更高。

对方面 1）的研究属于失效分析，即需要检测特定缺陷引起的问题，如裂缝或条状裂纹，并且必须将此类问题与局部扩散长度减少等区分开。这可以通过额外的视觉检查或使用图像处理软件来实现。

对方面 2）的研究，即从 EL 图像定量确定物理参数，需要超越单个图像检查的方法。EL 图像中的每个像素都包含关于电阻、光学以及复合效应的信息，可以通过光子能量和电压的相关性差异进行分析。由于 EL 信号对

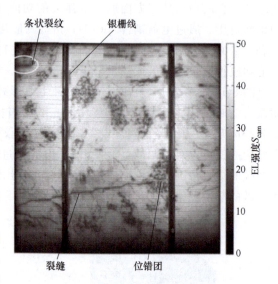

图 8-14　晶体硅太阳能电池的 EL 成像

电压有指数依赖性，因此对太阳能电池中的电阻效应非常敏感。为了确定光学和电学参数（如有效扩散长度及背面反射率），必须使用滤波器将 EL 的光子能量分布信息与电压分布信息区分开。在相同电压下，使用不同滤波器测得的 EL 图像的强度变化与电阻效应无关。

尽管从 CCD 相机捕获的荧光强度中可以获得载流子有效扩散长度的信息，但是滤波器测试方法对滤波器透射率的精度和 CCD 相机的灵敏度有较高的要求。为此，Hinken 等人提出了一种使用 PL 成像代替 EL 成像的方法来规避这些问题。该方法利用了 PL 成像中存在一个额外自由度的优势。对 EL 成像而言，只有电压和注入电流是可调的，但对太阳能电池的 PL 成像而言，可以用光源（如激光）照射样品来实现在不调节少数载流子注入的条件下改变施加到太阳能电池触点的电压。通过比较在开路和短路条件下获得的图像，计算出有效扩散长度。

在 EL 成像中，改变接触处的电压等同于改变少数载流子的注入。由于不存在额外的照明，这两个因素无法独立改变，因此相比于 PL 成像，EL 成像减少了一个自由度。然而，电压的变化仍然可以展示出电阻和复合效应的额外信息，尤其是在 EL 和 PL 成像中对串联电阻进行局部分析方面。在 $r=(x,y)$ 处的串联电阻 R_s 满足

$$R_s(r) = \frac{V_{\text{ext}} - V(r)}{J(r)} \tag{8-33}$$

式中，V_{ext} 为触点处的外部电压；$V(r)$ 为局部电压；$J(r)$ 为局部电流密度。

已知的两个量是 V_{ext} 和总电流 I（或 $J=I/A$ 在面积 A 上的平均值），这使得局部电压和

局部电流密度成为有待确定的物理量。Hinken 等人使用类似于 Werner 方法的计算方法来计算局部串联电阻，根据不同电压下局部发射和 EL 发射的一阶导数来确定局部串联电阻的值。这种方法的问题是它假定局部电流密度是均匀的，因此该方法仅适用于单晶硅太阳能电池，而不适用于多晶硅太阳能电池。Haunschild 等人和 Breitenstein 等人改进了这种方法，他们假设低电压下的 EL 强度与有效扩散长度成比例，由于低电压下存在 PN 结的低微分电导，电阻电压损失与 EL 无关。该假设意味着局部电流密度与局部 EL 强度成反比，因此可以从一个低电压 EL 图像中获得局部电流密度。这种方法有一个缺点，即它需要在相对较低的电压下进行测量，以确保没有电阻效应。低电压会导致较弱的 EL 信号，因此需要较长的积分时间来保证信号的分辨率。为了提高该方法的测试速率，Breitenstein 等人提出了一种迭代算法，可用于在高电压和短积分时间下进行 EL 测量。

此外，具有不同局部电流密度的太阳能电池不再具有定义明确的局部串联电阻。理论上，根据式（8-33）计算的串联电阻不仅取决于局部特性，还取决于太阳能电池中到处流动的电流。这一观点可以假设两个二极管的网络具有欧姆（电压无关）串联电阻，并且二极管本身与模仿发射极和栅极的电阻相连。如果两个二极管具有不同的二极管特性，其中一个二极管的串联电阻将始终取决于流经另一个二极管的电流，因此会随着电压的变化而改变。值得注意的是，除了 EL 成像的方法，还有许多 PL 成像的方法可用于太阳能电池或晶片的相关研究。

8.5.3　铜铟镓硒太阳能电池的电致发光成像

薄膜太阳能电池的 EL 分析不像晶体硅太阳能电池那样普遍。然而，只要满足两个要求，则薄膜太阳能电池 EL 成像的适用性就与晶体硅太阳能电池的类似：其一是薄膜太阳能电池应该是 PN 结器件；其二是 EL 发射应该来源于自由电子和空穴的复合。铜铟镓硒太阳能电池刚好可以满足这些要求。下面以铜铟镓硒太阳能电池的相关研究作为薄膜太阳能电池分析的一般示例。铜铟镓硒太阳能电池中的材料质量和化学计量比变化基本发生在相对较小的尺度上（小于 20mm），因此需要对 EL 的空间分布进行较细致的研究。其 EL 图像中呈现出的明显块状差异主要是由电阻的差异导致的（即由串联电阻或并联电阻的差异引起）。图 8-15 所示为铜铟镓硒太阳能电池组件在 $J = 6.25\text{mA/cm}^2$ 和 $J = 37.5\text{mA/cm}^2$ 下的 EL 图像。该太阳能电池组件由 $N_c = 42$ 个太阳能电池构成，面积为 $20 \times 0.4\text{cm}^2$。其 EL 强度降低的区域是由并联电阻引起的，当电流密度和 PN 结的微分电导很小时，分流对通过太阳能电池的电流分布有更大的影响，在较小电流密度下获得的 EL 图像（图 8-15a）显示，太阳能电池组件顶部的暗区（对应于低 x 值）较为明显。当电流密度增大到 $J = 37.5\text{mA/cm}^2$ 时，在 y 方向上显示出较低的 EL 强度。此外，在图 8-15b 中，由于 PN 结的微分电导随着电流密度的增加而增加，因此 x 方向上的 EL 强度下降变得更陡，在 y 方向上的变化相对较小，圆圈部分存在较小的并联电阻。对于在较小电流密度下获得的 EL 图像，该强度梯度并不可见。

在下面的宏观分析讨论中，不妨合理假设 $Q_e(E, r)$ 几乎是空间独立的。这是因为内部电压 $V(r)$ 的变化对 EL 强度的影响具有指数级的依赖性，这种依赖性远强于 $Q_e(r)$ 可能的空间变化。因此有

$$S_{cam}(r) = \int Q_{cam}(E) Q_e(E) \varphi_{bb}(E) dE \exp\left(\frac{qV(r)}{k_B T}\right) \tag{8-34}$$

因此，可以从 S_{cam} 中确定 PN 结上的电压降为

$$V(r) = \frac{k_B T}{q}\left\{\ln[S_{cam}(r)] - \ln\left[\int Q_{cam}(E) Q_e \varphi_{bb}(E) dE\right]\right\} = \Delta V(r) + V_{offs} \tag{8-35}$$

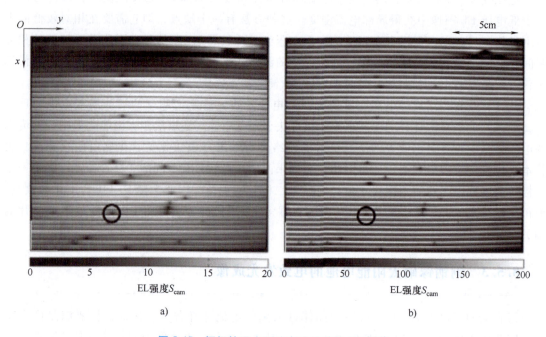

图 8-15 铜铟镓硒太阳能电池组件的 EL 图像

a) $J = 6.25$ mA/cm^2 b) $J = 37.5$ mA/cm^2

利用式（8-35），可以将图 8-15 中的 EL 数据转化为太阳能电池组件中不同位置的内部电压降 ΔV，将 x 方向上的 ΔV 分布作图，得到图 8-16 所示的太阳能电池组件内部电压降的线扫描分布图。请注意，这里通过在 y 坐标上进行平均，即在太阳能电池组件的整个长度上进行平均来生成线扫描。从这些线扫描中可以明显地看出两个重要特征：首先，由于分流，一些太阳能电池上的电压降相对较低，分流对电压的影响在注入电流密度较小时更明显。尤其是在小偏压下，这种效应对于 $1\text{cm} < x < 4\text{cm}$ 位置的太阳能电池最为明显。其次，由于窗口和背接触层的薄膜电阻，单个太阳能电池在 x 方向上的电压损失，在大偏压下尤其明显。

为了定量分析图 8-16 中的数据，需要对沿着一个太阳能电池的整个宽度（w）的电压分布进行建模。这需要求解窗口层和背接触层中耦合电流的连续

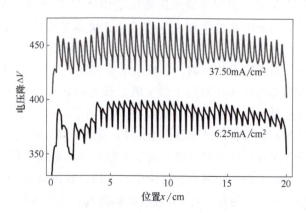

图 8-16 太阳能电池组件内部电压降的线扫描分布图

性方程。在一个维度上，有

$$\frac{d^2}{dx^2}V_1 = -\rho_1^{sq}\frac{d}{dx}J_1^p = \rho_1^{sq}J(V) \tag{8-36}$$

和

$$\frac{d^2}{dx^2}V_2 = -\rho_2^{sq}\frac{d}{dx}J_2^p = \rho_2^{sq}J(V) \tag{8-37}$$

式中，V_1、V_2 为电压；J_1^p、J_2^p 为线电流密度；ρ_1^{sq}、ρ_2^{sq} 为窗口层和背接触层的薄膜电阻。

式（8-36）和式（8-37）的解为

$$\Delta V = -\frac{J_{max}^p\rho_1^{sq}}{\lambda}\sinh(\lambda x) + \frac{J_{max}^p\left[\rho_1^{sq}\cosh(\lambda\omega)+\rho_2^{sq}\right]}{\lambda\sinh(\lambda\omega)}\cosh(\lambda x)+C \tag{8-38}$$

式中，反特征长度 $\lambda = \left[G_D(\rho_1^{sq}+\rho_2^{sq})\right]^{1/2}$，并且 $G_D = dJ/dV$ 是给定偏置条件下的微分电导；C 为常数。

为了研究薄膜电阻，用更高的空间分辨率测试了太阳能电池组件中单个子电池的 EL 图像。图 8-17 所示为在三个不同的注入电流密度（分别为 $50mA/cm^2$、$25mA/cm^2$ 和 $5mA/cm^2$）条件下，单个子电池中 EL 强度的分布，以及由此计算得到的内部电压降 ΔV 的分布。这里将 y 方向上的所有信号做了平均，获得 EL 信号在 x 方向上的分布。

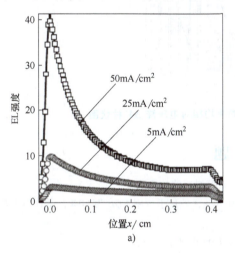
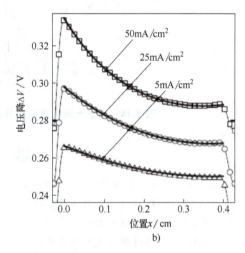

图 8-17　EL 强度与电压分布的比较

a）EL 强度的线扫描结果　b）ΔV 的线扫描结果

为了拟合这些实验数据，可以选择独立地通过 J_{sc}/V_{oc} 的额外测量来确定结电导 G_D，或将每个偏置点的 G_D 包括在拟合过程中。后一种方法仅基于 EL 实验，并且不需要额外校准。图 8-17b 中的实线显示了式（8-38）与不同偏置电流密度下获得的实验数据的同时拟合结果。拟合参数是 ZnO 薄膜电阻 ρ_{ZnO}^{sq} 和 Mo 背接触层的 ρ_{Mo}^{sq} 以及每个偏置点处的差分结电导 G_D。对图 8-17b 中的数据以及同一太阳能电池组件在其他六个电压下的类似数据进行拟合，得出 $\rho_{ZnO}^{sq} = 18.2\Omega/sq$ 和 $\rho_{Mo}^{sq} = 1.1\Omega/sq$。这些值与校准方法得到的结果非常接近（$\rho_{ZnO}^{sq} = 18.0V/sq$，$\rho_{Mo}^{sq} = 1.25V/sq$），因此可以得出结论，仅从 EL 数据确定薄膜电阻是相当可靠的。注意，太阳能电池两端的电压曲线必须具有最小值，以允许确定两个接触层的串联电阻。对于这里研究的太阳能电池组件，直到电流密度 $J = 50\text{mA}/\text{cm}^2$ 时，这样的最小值才可见，其原因是两个串联电阻值相差了 15 倍。具有两个接触层且串联电阻大的太阳能电池组件，其电压曲线在组件中部几乎呈现最小值，并且这种情况也出现在低电流密度时。

使用图 8-17 中的数据不仅可以分析单个太阳能电池上的电压降，还可以比较不同太阳能电池上的电压降。作为这种电压的有效表示，应取太阳能电池两端确定的电压的空间平均值，利用不同的偏置电流密度，可以实现一种基于 EL 成像的太阳能电池质量检测方法，如图 8-18 所示。正如在图 8-16 和图 8-17 中所观察到的，局部漏电流对电压分布的影响在小偏置电流下更为明显，从而导致太阳能电池的电压分布更宽。在更大的偏置电流下，子电池之间的电压差异变小，且分布变得更窄。因此当小偏置电流与大偏置电流下电压分布差距较大时，说明太阳能电池中存在更多漏电区域。

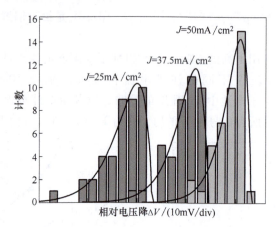

图 8-18　小型太阳能电池组件单元上的平均相对电压降 ΔV 柱状图

思　考　题

1. 太阳光模拟器的 AAA 等级的含义是什么？简述太阳光模拟器的校准过程。

2. 某波长下测得太阳能电池的透过率为 5%，反射率为 10%，外量子效率 EQE 为 80%，试计算太阳能电池在该波长下的内量子效率 IQE。

3. 简述瞬态光电流和瞬态光电压测试分别可以获得的太阳能电池的信息。

4. 少数载流子寿命有哪些测试方法？可以提供太阳能电池或半导体材料的哪些信息？

5. 在 EL 测试中，如果太阳能电池的局部串联电阻增大，发光强度会如何变化？如果局部并联电阻变小，发光强度又会如何变化？

参 考 文 献

[1] HUANG J Y, YANG Y W, HSU W H, et al. Influences of dielectric constant and scan rate on hysteresis effect in perovskite solar cell with simulation and experimental analyses [J]. Scientific Reports, 2022, 12：7927.

[2] GAO H, XIAO K, LIN R X, et al. Homogeneous crystallization and buried interface passivation for perovskite tandem solar modules [J]. Science, 2024, 383：855-859.

[3] AZZOUZI M, CALADO P, TELFORD A M, et al. Overcoming the limitations of transient photovoltage measurements for studying recombination in organic solar cells [J]. Solar RRL, 2020, 4：1900581.

［4］ BISQUERT J, JANSSEN M. From frequency domain to time transient methods for halide perovskite solar cells: the connections of IMPS, IMVS, TPC, and TPV ［J］. The Journal of Physical Chemistry Letters, 2021, 12: 7964-7971.

［5］ NURUNNIZAR A A, WULANDARI P, BAHAR H, et al. The influences of interfacial recombination loss on the perovskite solar cell performance studied by transient photovoltage spectroscopy ［J］. Materials Science in Semiconductor Processing, 2021, 135: 106095.

［6］ ABUDULIMU A, TORRIENTES R S, ZIMMERMANN I, et al. Hole transporting materials for perovskite solar cells and a simple approach for determining the performance limiting factors ［J］. Journal of Materials Chemistry A, 2020, 8: 1386-1393.

［7］ STRANKS S D, BURLAKOV V M, LEIJTENS T, et al. Recombination kinetics in organic-inorganic perovskites: excitons, free charge, and subgap states ［J］. Physical Review Applied, 2014, 2: 034007.

［8］ SMITH R A. 半导体 ［M］. 高鼎三, 张月清, 刘文明, 等译. 2 版. 北京: 科学出版社, 1966.

［9］ VIJILA C, SINGH S, WILLIAMS E L, et al. Relation between charge carrier mobility and lifetime in organic photovoltaics ［J］. Journal of Applied Physics, 2013, 114: 184503.

［10］ DONALD A N. 半导体物理与器件 ［M］. 赵毅强, 姚素英, 史再峰, 等译. 4 版. 北京: 电子工业出版社. 2013.

［11］ DEAN C R, YOUNG A F, ZIMANSKY P C, et al. Multicomponent fractional quantum Hall effect in graphene ［J］. Nature Physics, 2011, 7: 693-696.

［12］ BEARD M C, KNUTSEN K P, YU P R, et al. Multiple exciton generation in colloidal silicon nanocrystals ［J］. Nano Letters, 2007, 7: 2506-2512.

［13］ WATTERS R L, LUDWIG G W. Measurement of minority carrier lifetime in silicon ［J］. Journal of Applied Physics, 1956, 27: 489-496.

［14］ ABERLE A G. Surface passivation of crystalline silicon solar cells: A review ［J］. Progress In Photovoltaics, 2000, 8 (5): 473-487.

［15］ WU H, CAI K, ZENG H T, et al. Time-domain transient fluorescence spectroscopy for thermal characterization of polymers ［J］. Applied Thermal Engineering, 2018, 138: 403-408.

［16］ ZHOU Y, WONG E L, MRÓZ W, et al. Role of trapped carriers' dynamics in operating lead Halide Wide-Bandgap Perovskite solar cells ［J］. ACS Energy Letters, 2024, 9: 1666-1673.

［17］ SERPETZOGLOU E, KONIDAKIS I, KAKAVELAKIS G et al. Improved carrier transport in perovskite solar cells probed by femtosecond transient absorption spectroscopy ［J］. ACS Applied Materials & Interfaces, 2017, 9: 43910-43919.

［18］ PENG J, CHEN Y N, ZHENG K B, et al. Insights into charge carrier dynamics in organo-metal halide perovskites: from neat films to solar cells ［J］. Chemical Society Reviews, 2017, 46: 5714-5729.

［19］ SHEN H, HUA L Q, WEI Z R, et al. Solvent effect on the ultrafast decay of uracil studied by femtosecond transient absorption spectroscopy ［J］. Acta Physica Sinica, 2022, 71: 184206.

［20］ SAVENIJE T J, NANU M, SCHOONMAN J, et al. A time-resolved microwave conductivity study of the optoelectronic processes in TiO_2 ｜ In_2S_3 ｜ $CuInS_2$ heterojunctions ［J］. Journal of Applied Physics, 2007, 101: 113718.

［21］ CHATTORADHYAY S, KOKENYESI R S, HONG M J, et al. Resolving in-plane and out-of-plane mobility using time resolved microwave conductivity ［J］. Journal of Materials Chemistry C, 2020, 8: 10761-10766.

［22］ FRIEDRICH D, MARINUS K. Analysis of charge carrier kinetics in nanoporous systems by time resolved photoconductance measurements ［J］. Journal of Physical Chemistry C, 2011, 115: 16657-16663.

［23］ ABDI F F, SAVENIJE T J, MAY M M, et al. The origin of slow carrier transport in BiVO$_4$ thin film pho-toanodes: A time-resolved microwave conductivity study ［J］. Journal of Physical Chemistry Letters, 2013: 4: 2752-2757.

［24］ OGA H, SEAKI A, OGOMI Y, et al. Improved understanding of the electronic and energetic landscapes of perovskite solar cells: high local charge carrier mobility, reduced recombination, and extremely shallow traps ［J］. Journal of the American Chemical Society, 2014, 136: 13818-13825.

［25］ SAVENIJE T J, FERGUSON A J, KOPIDAKIS N, et al. Revealing the dynamics of charge carriers in Pol-ymer: Fullerene blends using photoinduced time-resolved microwave conductivity ［J］. Journal of Physical Chemistry C, 2013, 117: 24085-24103.

［26］ WANG K, SILVER M, HAN D X, et al. Electroluminescence and forward bias current in p-i-n and p-b-i-n a-Si: H solar cells ［J］. Journal of Applied Physics, 1993, 73: 4567.

［27］ YAN B, HAN D, ADRIAENSSENS G, et al. Analysis of post-transit photocurrents and electrolumines-cence spectra from a-Si: H solar cells ［J］. Journal of Applied Physics, 1996, 79: 3597.

［28］ HAN D, WANG K D, YANG L Y, et al. Recombination and metastability in amorphous silicon p-i-n solar cells made with and without hydrogen dilution studied by electroluminescence ［J］. Journal of Applied Phys-ics, 1996, 80: 2475.

［29］ FELDMAN S D, COLLINS R T, KAYDANOV V, et al. Effects of Cu in CdS/CdTe solar cells studied with patterned doping and spatially resolved luminescence ［J］. Applied Physics Letters, 2004, 85: 1529.

［30］ FUYUKI T, KONDO H, YAMAZAKI T, et al. Photographic surveying of minority carrier diffusion length in polycrystalline silicon solar cells by electroluminescence ［J］. Applied Physics Letters, 2005, 86: 262108.

［31］ RAMSPECK K, BOTHE K, HINKEN D, et al. Recombination current and series resistance imaging of so-lar cells by combined luminescence and lock-in thermography ［J］. Applied Physics Letters, 2007, 90: 153502.

［32］ KASEMANN M, SCHUBERT M C, THE M, et al. Comparison of luminescence imaging and illuminated lock-in thermography on silicon solar cells ［J］. Applied Physics Letters, 2006, 8: 224102.

［33］ WURFEL P, TRUPKE T, PUZZER T, et al. Diffusion lengths of silicon solar cells from luminescence im-ages ［J］. Journal of Applied Physics, 2007, 101: 123110.

［34］ BREITENSTEIN O, BAUER J, TRUPKE T, et al. On the detection of shunts in silicon solar cells by pho-to and electroluminescence imaging ［J］. Progress in Photovoltaics Research and Applications, 2008, 16: 325.

［35］ HINKEN D, RAMSPECK K, BOTHE K, et al. Series resistance imaging of solar cells by voltage depend-ent electroluminescence ［J］. Applied Physics Letters, 2007, 91: 182104.

［36］ BOTHE K, RAMSPECK K, HINKEN D, et al. Imaging techniques for the analysis of silicon wafers and solar cells ［J］. ECS Transactions, 2008, 16: 63.

［37］ KASEMANN M, GROTE D, WALTER B, et al. Luminescence imaging for the detection of shunts on sili-con solar cells ［J］. Progress in Photovoltaics Research and Applications, 2008, 16: 297.

［38］ FUYUKI T, KITIYANAN A, et al. Photographic diagnosis of crystalline silicon solar cells utilizing electro-luminescence ［J］. Applied Physics A, 2009, 96: 189.

［39］ KIRCHARTZ T, RAU U, KURTH M, et al. Comparative study of electroluminescence from Cu（In, Ga）Se$_2$ and Si solar cells ［J］. Thin Solid Films, 2007, 515: 6238.

［40］ KIRCHARTZ T, RAU U, et al. Electroluminescence analysis of high efficiency Cu（In, Ga）Se$_2$ solar cells ［J］. Journal of Applied Physics, 2007, 102: 104510.

172

［41］ KIRCHARTZ T, RAU U, HERMLE M, et al. Internal voltages in GaInP/GaInAs/Ge multijunction solar cells determined by electroluminescence measurements ［J］. Applied. Physics Letters, 2008, 92: 123502.

［42］ KIRCHARTZ T, HELBIG A, REETZ W, et al. Reciprocity between electroluminescence and quantum efficiency used for the characterization of silicon solar cells ［J］. Progress in Photovoltaics: Research and Applications, 2009, 17: 394.

［43］ KIRCHARTZ T, HELBIG A, RAU U, et al. Note on the interpretation of electroluminescence images using their spectral information ［J］. Solar Energy Materials and Solar Cells, 2008, 92: 1621.

［44］ HELBIG A, THOMAS K, RAU U, et al. Quantitative information of electroluminescence images, in Proc. 23rd Europ. Photov ［J］. Solar Energy Conf, WIP Renewable Energies, Munich (eds D. Lincot, H. Ossenbrink, and P. Helm), 426.

［45］ RAU U. Reciprocity relation between photovoltaic quantum efficiency and electroluminescent emission of solar cells ［J］. Physical Review B, 2007, 76: 085303.

［46］ KIRCHARTZ T, HELBIG A, RAU U. Quantification of light trapping using a reciprocity between electroluminescent emission and photovoltaic action in a solar cell ［J］. Materials Research Society Symposia Proceedings, 2008, 1101: 104.

［47］ BASORE P A. Extended spectral analysis of internal quantum efficiency ［C］. New York: Proc. of the 23rd IEEE Photovoltaic Specialists Conference, IEEE, 1993, 147.

［48］ KIRCHARTZ T, MATTHEIS J, RAU U, et al. Detailed balance theory of excitonic and bulk heterojunction solar cells ［J］. Physical Review B, 2008, 78: 235320.

［49］ WERNER J H, MATTHEIS J, RAU U, et al. Efficiency limitations of polycrystalline thin film solar cells: Case of Cu (In, Ga) Se$_2$ ［J］. Thin Solid Films, 2005, 480: 399.

［50］ VANDEWAL K, TVINGSTEDT K, GADISA A, et al. On the origin of the open circuit voltage of polymer-fullerene solar cells ［J］. Nature Materials, 2009, 8: 904.

［51］ GIESECKE J A, KASEMANN M, WARTA W, et al. Determination of local minority carrier diffusion lengths in crystalline silicon from luminescence images ［J］. Journal of Applied Physics, 2009, 106: 014907.

［52］ BOTHE K. Determination of the effective diffusion length of silicon solar cells from photoluminescence ［J］. Journal of Applied Physics, 2009, 105: 104516.

［53］ GLATTHAAR M, GIESECKE J, KASEMANN M, et al. Spatially resolved determination of the dark saturation current of silicon solar cells from electroluminescence images ［J］. Journal of Applied Physics, 2009, 105: 113110.

［54］ HAUNSCHILD J, GLATTHAAR M, KASEMANN M, et al. Fast series resistance imaging for silicon solar cells using electroluminescence ［J］. Physica status solidi (RRL), 2009, 3: 227.

［55］ WERNER J H. Schottky barrier and pn-junction I/V plots-small signal evaluation ［J］. Applied Physics A, 1988, 47: 291.

［56］ BREITENSTEIN O, KHANNA A, AUGARTEN Y, et al. Quantitative evaluation of electroluminescence images of solar cells ［J］. Physica status solidi (RRL), 2010, 4: 7.

［57］ TRUPKE T, BARDOS R A, SCHUBERT M C, et al. Photoluminescence imaging of silicon wafers ［J］. Applied Physics Letters, 2006, 89: 044107.

［58］ ABBOTT M D, COTTER J E, CHEN F W, et al. Application of photoluminescence characterization to the development and manufacturing of high-efficiency silicon solar cells ［J］. Journal of Applied Physics, 2006, 100: 114514.

［59］ ABBOTT M D, COTTER J E, TRUPKE T, et al. Investigation of edge recombination effects in silicon solar cell structures using photoluminescence [J]. Applied Physics Letters, 2009, 88: 114105.

[60] MACDONALD D, TAN J, TRUPKE T, et al. Imaging interstitial iron concentrations in boron-doped crystalline silicon using photoluminescence [J]. Journal of Applied Physics, 2008, 103: 073710.

[61] KAMPERTH H, TRUPKE T, WEBER J W, et al. Advanced luminescence based effective series resistance imaging of silicon solar cells [J]. Applied Physics Letters, 2008, 93: 202102.

[62] HERLUFSEN S, SCHMIDT J, HINKEN D, et al. Photoconductance-calibrated photoluminescence lifetime imaging of crystalline silicon [J]. Physica status solidi (RRL), 2008, 2: 245.

[63] ROSENITS P, ROTH T, WARTA W, et al. Determining the excess carrier lifetime in crystalline silicon thin-films by photoluminescence measurements [J]. Journal of Applied Physics, 2009, 105: 053714.

[64] GLATTHAAR M, HAUNSCHILD J, KASEMANN M, et al. Spatially resolved determination of dark saturation current and series resistance of silicon solar cells [J]. Physica status solidi (RRL), 2010, 4: 13.

[65] PIETERS B E, KIRCHARTZ T, MERDZHANOVA T, et al. Modeling of photoluminescence spectra and quasi-Fermi level splitting in mc-Si solar cells [J]. Solar Energy Materials and Solar Cells, 2010, 94: 1851.

[66] RAU U, KIRCHARTZ T, HELBIG A, et al. Electroluminescence imaging of Cu (In, Ga) Se$_2$ thin film modules [J]. Materials Research Society Symposia Proceedings, 2009, 1165: 87.

[67] HELBIG A, KIRCHARTZ T, SCHAEFFLER R, et al. Quantitative electroluminescence analysis of resistive losses in Cu (In, Ga) Se$_2$ thin-film modules [J]. Solar Energy Materials and Solar Cells, 2010, 94: 979.

第 9 章

晶体硅太阳能电池

硅在地壳中储量丰富，其以化合物的形式广泛存在于岩石、沙子和泥土中。随着单质硅纯度的不断提高以及相关制备工艺的不断成熟，硅已在电子工业和光伏产业中得到广泛应用。据统计，在光伏产业中，各种形态的晶体硅太阳能电池的总市场占有率在 95% 以上。本章将介绍硅的冶炼与提纯、晶体硅与硅片的制备、晶体硅太阳能电池的制备流程、晶体硅太阳能电池的技术演进。

9.1　硅的冶炼与提纯

由于硅的化学性质活泼，其在自然界中主要以氧化物和硅酸盐的形式存在。因此，为得到较高纯度的单质硅，需对含硅化合物进行冶炼和提纯，即通过还原得到工业硅，并使用化学法和物理法对工业硅进行提纯，得到高纯度的多晶硅。

9.1.1　工业硅的冶炼

在工业硅的冶炼中，为得到较高的纯度，通常以高纯度石英砂为原料，其化学成分为 SiO_2。将高纯度石英砂洗净干烧后，和适量的碳质原料（木炭、石油焦或煤等）在矿热炉内混合。然后使数千安培的强电流经由石墨电极放电，在电弧产生的 2000℃ 以上的高温下，石英砂被熔化并被还原成液态硅。其化学反应为

$$SiO_2 + C = Si + CO_2 \tag{9-1}$$

液态硅积蓄在矿热炉底部，然后从闸门流出，冷却成为固体，由此得到工业硅或粗硅，其纯度通常为 96%~99%。

在实际生产中，石英砂的还原还会产生一些其他的副反应，生成 SiO、SiC 等，且该类物质可沉积在还原剂的孔隙中和炉底等部位，影响冶炼过程，并使还原过程复杂化。引入 CaO、$BaSO_4$ 等催化剂，可提高反应能力，加速硅的还原。在工业硅的冶炼过程中，应注意以下四个方面：

1）经常观察炉况，及时调整配料比，保持适宜的 SiO_2 与碳的分子比，并保持适宜的物料粒度和混匀程度，防止生成过多的 SiC。

2）通过选择合理的炉子结构参数和电气参数，保证反应区有足够高的温度，分解生成的 SiC，使反应向有利于生成硅的方向进行。

3）及时捣炉，帮助沉料，避免炉内过热造成硅的挥发或再氧化生成 SiO，减少炉料损失，提高硅的回收率。

4）保持料层有良好的透气性，可及时排出反应生成的气体，有利于反应向生成硅的方向进行，同时又可防止坩埚内的气体在较大压力下从内部冲出，造成热量损失和材料溢出。

以上方法得到的工业硅中常含有碳、硼和磷等非金属杂质以及铁、铝和铜等金属杂质。大多数杂质以硅化物或硅酸盐的形式存在，可与盐酸、硫酸等反应，而单质硅却不与一般的酸起反应，所以为进一步提纯工业硅，通常会将工业硅研磨成粉，然后用酸浸洗，这样可将工业硅的纯度提升至 99.90%~99.99%（3N~4N）及以上。

9.1.2 多晶硅的提纯

对于太阳能电池，多晶硅的纯度一般要求在 99.9999%（6N）以上。因此，要得到用于太阳能电池的硅，必须对工业硅进行提纯，即制造高纯硅。目前，制造高纯硅主要采用化学提纯技术，将工业硅转化为三氯氢硅、硅烷、四氯化硅等中间体，并使用精馏、吸附等手段对其进行提纯，然后还原为高纯硅。其中，三氯氢硅精馏还原法，即西门子法是最主要的方法，占全球产量的 80% 以上，其主要优点是节能降耗效果显著、成本低、质量高。

（1）三氯氢硅精馏还原法（西门子法）　三氯氢硅精馏还原法最早由西门子公司研究成功，因此又称为西门子法。该方法主要有三个过程：一是中间体三氯氢硅的合成，二是三氯氢硅的提纯，三是用氢还原三氯氢硅来获得高纯度多晶硅。

西门子法以工业硅和氯化氢（HCl）为初始物，将工业硅粉和氯化氢在 300℃ 和 0.45MPa 环境下经催化合成三氯氢硅中间体，这个过程称为氯化粗硅，其反应为

$$Si+3HCl=SiHCl_3+H_2 \tag{9-2}$$

$$2Si+7HCl=SiHCl_3+SiCl_4+3H_2 \tag{9-3}$$

得到的三氯氢硅又称为三氯硅烷或硅氯仿。三氯氢硅是无色透明，在空气中强烈发烟的液体，极易挥发和水解，易溶于有机溶剂，易燃易爆，有刺激性气味，对人体有害。其物理化学性质见表 9-1。

表 9-1　三氯氢硅的物理化学性质

性质	数值	性质	数值
分子量	135.4	液体密度(31.5℃)/(g/cm³)	1.318
熔点/℃	−128	分解温度/℃	约 900
沸点/℃	31.5		

三氯氢硅的提纯是多晶硅提纯技术的重要环节。目前工业上普遍采用精馏技术提纯三氯氢硅，即主要基于 $SiHCl_3$ 与其他杂质的不同沸点，将其与杂质分离。为达到不同纯度的要求，一般使用 5~9 塔连续精馏。完善的精馏技术可将杂质总量降低到 $10^{-10} \sim 10^{-7}$ 量级。

将提纯后的高纯度三氯氢硅进行还原，可得到高纯硅，该过程在钟罩式反应炉内进行，超纯氢气和提纯的 $SiHCl_3$ 遇到高温硅芯发热体（细硅棒，直径 5~10mm，长度 1.5~2m）后，在温度为 1100~1200℃ 的条件下，发生还原反应，将 $SiHCl_3$ 还原成单质硅，沉积在硅芯上，并生长为棒状多晶硅，其直径可达到 150~200mm，此过程主要的化学反应为

$$SiHCl_3 + H_2 = Si + 3HCl \qquad (9\text{-}4)$$

在实际生产中，H_2 与 $SiHCl_3$ 的摩尔比值通常选 20~30。例如，若 H_2 与 $SiHCl_3$ 的摩尔比值按理论上的 1:1 配置，则反应速度慢，硅的产率低。此外，还原炉中硅芯的数量也会影响多晶硅的产率。硅芯数量越多，进入还原炉的 $SiHCl_3$ 和 H_2 与硅芯的接触机会越多，得到的多晶硅产率越高。西门子法提纯多晶硅的缺点是其还原过程只有 30% 左右的转化率，很大一部分 $SiHCl_3$ 会被转化为 $SiCl_4$，同 $SiCl_4$ 一起排出的还有未发生反应的 $SiHCl_3$、HCl 和 H_2 等。这些未发生反应的物质不仅大大降低了硅的利用率，导致资源浪费，增加了多晶硅的制造成本，而且处理困难，会造成严重的环境污染。

（2）改良西门子法　改良西门子法是在西门子法基础上，将尾气中的 $SiCl_4$ 回收利用的方法，它主要利用氢化技术，将 $SiCl_4$ 重新变为可重复使用的 $SiHCl_3$。比较先进的改良西门子法工艺采用闭路循环生产方式，将 $SiCl_4$、HCl、H_2 和 $SiHCl_3$ 等尾气有效地回收利用，大大提高了硅的利用率，并降低了环境污染。

相比于 $SiCl_4$ 的高温氢化技术，低温氢化技术更为经济高效。该过程以 $SiCl_4$、H_2 和硅粉为原料，引入铜基或铁基催化剂，在 400~800℃ 的流化床反应器中反应，压力控制在 2~4MPa，其反应方程式为

$$3SiCl_4 + 2H_2 + Si = 4SiHCl_3 \qquad (9\text{-}5)$$

该技术生产 $SiHCl_3$ 工艺简单，反应温度低，对原料纯度要求低，转化效率高，能耗低，是一种比较理想的 $SiCl_4$ 还原技术。

经过几十年的应用和发展，西门子法不断改良完善，如今已实现了完全闭环生产，其具体工艺流程如图 9-1 所示。

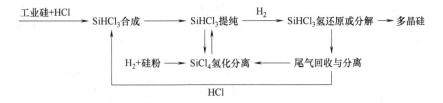

图 9-1　改良西门子法制造高纯度多晶硅工艺流程

除西门子法外，还有多种高纯多晶硅的制造方法，包括流化床法、硅烷法、物理冶金法等。西门子法及其改良方法是目前生产多晶硅的主流方法，流化床法近年来逐渐获得工业应用，这种方法可以获得颗粒状的多晶硅，更适合加入单晶炉中进行连续化的单晶生产。以上方法各有优缺点，适用于不同的生产条件和市场需求。

9.2 晶体硅与硅片的制备

9.2.1 单晶硅与多晶硅

晶体硅根据是否存在晶界和不同取向的晶粒,可分为单晶硅和多晶硅。它们的相同点是均具有金刚石晶格结构,晶体硬而脆,且具有金属光泽,在温度升高或对其进行掺杂时导电性会增强,具有明显的半导体特性。它们的不同点在于单晶硅具有基本完整的点阵结构,并具有各向异性的特点,而多晶硅由许多晶面取向不同的晶粒构成,如图 9-2 所示。当硅材料不断降低温度冷却结晶时,硅原子将以金刚石晶格排列成许多晶核,如果由单一晶核长成晶面取向相同的晶粒,则形成单晶硅。如果由多个晶核长成晶面取向不同的晶粒,则形成多晶硅。由于晶面取向不同和晶界缺陷的存在,单晶硅和多晶硅有物理性质方面的差异。例如,在力学性质、电学性质等方面,单晶硅的性能优于多晶硅。其主要区别见表 9-2。

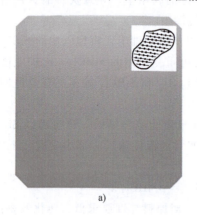 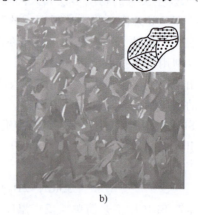

a)   b)

图 9-2 晶体硅及其结构示意图

a) 单晶硅 b) 多晶硅

表 9-2 单晶硅与多晶硅的区别

项目	单晶硅	多晶硅
制备工艺	提拉工艺,复杂	铸造工艺,简单
制造成本	高	低
晶体结构	取向相同,无晶界	取向不同,多晶界位错
强度	高	低
少数载流子寿命	长	短
光电转换效率	高	低

多晶硅的制备直接以纯度 6N 以上的高纯度多晶硅为原料,经过加热熔化和冷却即得到多晶硅锭。与单晶硅制备过程相比,多晶硅锭铸造可省去昂贵的单晶提拉制备环节,而且矩形的外形较圆形的外形提高了硅料的利用率和太阳能电池组件的排列密度,是降低成本的有效途径。经过多年的研究,目前多晶硅锭的铸造技术主要有铸锭浇注法、定向凝固法及电磁

感应加热连续铸造等。

（1）铸锭浇注法　铸锭浇注法将硅料置于熔炼坩埚中加热熔化，而后将其注入预先准备好的模具内进行结晶凝固，从而得到等轴多晶硅。通过对模具中硅凝固过程的温度加以控制，可形成一定的温度梯度和定向散热条件，获得定向柱状晶组织。因为所用坩埚、模具的材料多为石墨、石英等，所以制得的多晶硅锭中氧、碳等杂质元素含量较高。为防止坩埚、模具等对硅的污染，并方便润滑脱模，通常需在坩埚、模具的内工作表面镀膜。通过对比，目前主要采用 Si_3N_4、SiC/Si_3N_4、SiO/SiN 等镀膜。除此之外，增加坩埚、模具的体积表面比，可以减小硅与坩埚、模具的接触面积，这也有利于杂质的降低。铸锭浇注法工艺成熟、设备简单、易于操作控制，且能实现半连续化生产，其熔化、结晶和冷却分别位于不同的位置，有利于生产率的提高和能耗的降低。然而，由于熔化与结晶在不同的坩埚中进行，容易造成硅的二次污染，同时受熔炼坩埚及翻转机械的限制，单炉产量较低。所生产的多晶硅通常为等轴状，由于晶界、亚晶界的不利影响，相应太阳能电池的光电转换效率较低。

（2）定向凝固法　定向凝固法通过控制坩埚中的硅热流方向，使其具有一定的温度梯度，从而进行定向凝固，得到柱状晶。通过向上移动坩埚侧壁、向下移动坩埚底板、在坩埚底板上通水强制冷却或是感应熔炼时将坩埚连同其中的硅一起向下移出感应区域、从下向上陆续降低感应线圈功率等方法可实现对硅热流方向的控制。实际生产中，为得到更好的定向效果，通常将以上方法联合起来。例如将热交换法（HEM）和布里曼法（Bridgman）结合，通过热交换法在坩埚底板上通以冷却水或气进行强制冷却，结合布里曼法将坩埚以一定的速度移出热源区域，从而使硅自下向上陆续冷却，定向凝固。与铸锭浇注法相比，定向凝固法具有以下优点：

1）熔化与凝固可在同一个坩埚中进行，避免硅的二次污染。

2）通过定向凝固法制得的多晶硅为柱状晶，减少了晶界的产生。

3）定向凝固过程中会引发杂质分凝效应，进一步提纯柱状晶。因此，经定向凝固法制备的晶体硅太阳能电池具有较高的光电转换效率。但该法能耗大、生产率低、非连续性操作、产能较小且坩埚耗费大，因此该法制备多晶硅锭的成本较高。

（3）电磁感应加热连续铸造　在电磁感应加热连续铸造工艺中，颗粒状硅料通过给料机以一定的速度连续进入坩埚，通过预热和线圈感应加热而熔化，然后随下层硅锭一起向下抽拉凝固，实现连续运行，在此过程中，熔体与坩埚之间没有接触或只存在软接触，有效避免了坩埚对硅的污染，而且由于电磁力的搅拌作用和连铸，硅锭性能稳定均匀，避免了常规铸造工艺中由于杂质偏析造成的锭头、锭尾质量差和需要切割的问题，有利于提高材料利用率和生产率。但是，这种方法得到的多晶硅锭晶粒尺寸较小（外围贴壁晶粒尺寸小于1mm，中间部分稍大，但仅为 $1\sim2$mm），晶内缺陷较多，影响太阳能电池的光电转换效率，因此，通常需进行钝化，以提高太阳能电池性能。

9.2.2　单晶硅的制备

单晶硅的制备以高纯度多晶硅为原料，可实现由多晶硅到单晶硅的转变，即多晶硅首先变为熔融态硅，再变为固态单晶硅。从熔硅中生长单晶硅的方法，目前应用最广泛的有两种：晶体提拉法和悬浮区熔法，与之对应的两种单晶硅分别称为 CZ 硅和 FZ 硅。

（1）晶体提拉法　晶体提拉法是切克劳斯基（Czochralski）于 1917 年建立起来的一种晶体生长方法，又称为切克劳斯基法，简称 CZ 法。

该法在直拉单晶炉内，向盛有熔硅的坩埚中引入籽晶作为晶核，然后控制热场，旋转籽晶并缓慢向上提拉，单晶硅便沿着籽晶的方向生长，如图 9-3a 所示。晶体提拉法生长单晶硅的工艺流程主要有以下几步：装料、熔化、种晶、缩颈、放肩、等径和收尾。首先将多晶硅料放入石英坩埚中，在直拉单晶炉中加热至 1450℃ 以上，使其熔化，再将一根直径只有 10mm 的棒状晶种（即籽晶）浸入熔硅中。制造太阳能电池需要采用<100>晶向的籽晶，并要求籽晶的晶体完整性好、无位错等晶体缺陷。由于籽晶与熔硅接触时会产生热应力，从而产生位错，因此需利用缩颈生长使位错消失，即通过较快地向上提升籽晶，使籽晶上生长的晶体直径缩小（4~6mm），由此位错衍生出晶体表面，形成无位错晶体。随后，需降低熔硅温度及拉速，进行放肩生长，使晶体直径逐渐增大至所需大小，再适当调节拉速和熔硅温度，进行等径生长。等径生长完成后，需进行收尾，即慢慢缩小晶棒直径，在尾部成为圆锥状时与液面分开，以避免热应力导致的位错的产生。最后形成一根圆柱形的原子排列整齐的单晶硅晶体，即单晶硅棒。通过调节拉速及温度，可控制结晶速率，得到不同直径的单晶硅棒。

晶体提拉法的优点是晶体被拉出液面，不与器壁接触，晶体中应力小，同时可防止器壁沾污或接触可能引起的杂乱晶核及形成多晶，因此制成的单晶完整性好，直径和长度都可以很大，生长速率也较高。且该方法以定向的籽晶为生长晶核，可以得到有一定晶向的单晶。

（2）悬浮区熔法　悬浮区熔法（Float Zone Method）简称 FZ 法，该方法将棒状多晶硅锭垂直固定，然后用电子束轰击法、高频感应加热法或光学聚焦加热法将一段狭小区域熔化，此时熔融的硅在多晶硅棒与籽晶间沿棒长逐步移动，形成单晶硅，如图 9-3b 所示。其工艺主要包括籽晶熔接、缩颈、放肩、等径和收尾等。由于熔硅有较大的表面张力（0.72N/m）和较小的密度（2.3g/cm^3），可支持熔融的液体，加上高频电磁场的托浮作用，可使熔区保持稳定，因而不必使用石英坩埚等容器，可有效避免容器的污染，因此该方法又称为无坩埚区熔法。此外，由于硅中杂质的分凝效应和蒸发效应，可获得高纯度单晶硅。悬浮区熔可在保护气氛（如氩、氢）中进行，也可以在真空中进行，且可以反复提纯（尤其

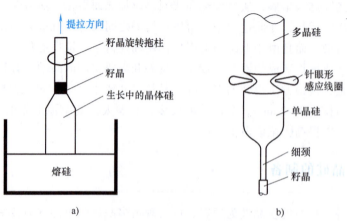

图 9-3　单晶硅制备方法

a）晶体提拉法　b）悬浮区熔法

在真空中蒸发速度更快），特别适用于制备高阻单晶硅和探测器用高纯度单晶硅。

9.2.3 硅的掺杂

本征硅具有半导体的性质，但它在室温下载流子浓度较低，不适合用于太阳能电池。太阳能电池所用硅片需进行掺杂，常见的 N 型掺杂剂是磷，也有砷、锑等元素。常见的 P 型掺杂剂是硼，也有镓、铝等元素，通过掺杂可构筑 PN 结和重掺杂的电极接触区。杂质的引入可以调节硅原子的能级，在导带和价带之间引入杂质能级。当引入磷等 V 族元素时，杂质能级靠近导带底，杂质电离能远小于带隙，从而使电子更易受激发而跃迁到导带，使电子成为多数载流子，形成 N 型半导体。当引入硼等Ⅲ族元素时，杂质能级靠近价带顶，使价带空穴浓度增大，空穴成为多数载流子，形成 P 型半导体。通过以上掺杂，可在室温下显著提升晶体硅中的载流子浓度。在众多掺杂元素中，磷和硼在硅中的溶质分配系数最接近 1，掺杂后的晶体生长过程容易获得均匀的浓度分布，因此这两种元素成为最常用的半导体掺杂剂。由于掺杂量对载流子浓度影响显著，需控制掺杂数量，使其在一个适中的范围内。若掺杂量太少，则掺杂效果不显著；若掺杂量太多，则会使导电性过强，同时形成载流子复合中心，反而影响半导体器件的性能。对于太阳能电池来说，适宜的电子或空穴的体密度，应该在 $10^{17} \mathrm{cm}^3$ 左右。

掺杂时应使用太阳能级硅材料（提纯到 6~7N），并根据所需硅材料电阻率的不同进行掺杂。根据不同硅材料中的施主和受主杂质含量，计算得到铸锭后硅锭的杂质含量，并将其转换为电阻率分布，使硅锭的最终电阻率在要求的范围之内。若硅材料中只有施主杂质或只有受主杂质，则电阻率与杂质浓度的关系为

$$\rho = \frac{1}{eN\mu} \tag{9-6}$$

式中，e 为电子电荷；N 为载流子浓度；μ 为载流子迁移率。

然而，硅材料中通常既含施主杂质，又含受主杂质，因此杂质补偿现象不可避免，那么测试的电阻率对应的杂质浓度通常为硅材料的表观杂质浓度，即

$$|C_a - C_d| = C_c \tag{9-7}$$

式中，C_a 为受主杂质浓度；C_d 为施主杂质浓度；C_c 为表观杂质浓度。

9.2.4 晶体硅的切割及硅片制备

9.2.1 节和 9.2.2 节介绍了制作晶体硅太阳能电池所需的材料多晶硅锭与单晶硅棒的制备工艺，而要制备成太阳能电池，还需将多晶硅锭或单晶硅棒切割制成硅片。

晶体提拉法获得的单晶硅棒，需先切割掉单晶硅棒头部的籽晶、放肩部分以及尾部的收尾部分。切断后所形成的是圆柱形硅晶体，其截面为圆形。对于单晶硅棒，若直接从圆柱体切成圆片进而制备太阳能电池，则单晶硅材料利用率较高，但在将太阳能电池片组装成太阳能电池组件时，会留有大量空隙，对空间的利用率较低。要达到同样的太阳能电池输出功率，正方形硅片的太阳能电池组件空隙小，有利于空间的有效利用。然而，若将圆柱体单晶硅棒切成正方形硅锭，再切成正方形硅片，则会造成巨大浪费。因此，为权衡以上两方面的

问题，国际上通用的方式为首先用磨床将单晶硅磨成圆柱形，然后将其切割成 125mm×125mm 或 156mm×156mm 的具有圆角的准正方形硅锭，再用多线切割机在垂直于准正方形硅锭的轴线方向切割出硅片。由于制造太阳能电池的单晶硅是 <100> 晶向拉制的，所以采用该方法切割的硅片，其表面在原则上是平行于（100）晶面的。

对于体积较大的多晶硅锭，其质量达到 400kg，甚至 1200kg，研究人员通常首先使用开方机将其切割成 156mm×156mm 的正方形硅锭，然后再用多线切割机将其切割成一定厚度的硅片，由此得到的多晶硅片是正方形的。

太阳能电池用单晶硅片的厚度为 200 μm 左右，近年来为了节约硅成本，也出现了使用厚度为 100~150μm 硅片的太阳能电池。目前，太阳能电池的硅片是由多线切割技术制备的。多线切割技术比传统的内圆切割技术加工效率高，损耗小，非常适合大批量硅片加工，在太阳能电池硅片制备及其他半导体材料切割上使用广泛。其主要通过含金刚石颗粒的金属丝的运动来达到切片的目的，多线切割机工作原理图如图 9-4 所示。由于金刚石的硬度比硅要大，其切割速度相比于碳化硅有很大提升，而且只需用水冷却，降低了废液的回收成本，避免了对环境的污染。此外，多线切割技术材料损耗小，残余应力小，切割后硅片的表面损伤较小。但是，多线切割硅片的平整度稍差，设备也相对昂贵。太

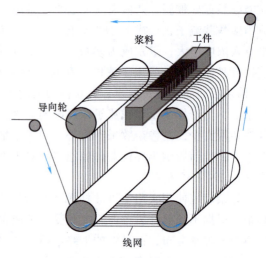

图 9-4　多线切割机工作原理图

阳能电池用单晶硅片对硅片平整的要求并不高，因此多线切割机比较适用于太阳能电池用单晶硅片的切割。在切割结束后，应清洗硅片，检测厚度、电阻率和导电类型。

9.3　晶体硅太阳能电池的制备流程

晶体硅太阳能电池可分为单晶硅太阳能电池和多晶硅太阳能电池。单晶硅太阳能电池普遍是基于单晶硅棒切割得到的硅片制造的，而多晶硅太阳能电池是以多晶硅锭切片制造的。单晶硅和多晶硅太阳能电池的工作原理与制造工艺大致相同，通常是以晶体硅为原料制备 PN 结，依靠其内部产生的内建电场工作的。晶体硅太阳能电池常采用以硼掺杂的 P 型硅片为基片，在其表面扩散磷，从而构筑 PN 结，然后在其上下表面分别制作电极，构建完整的太阳能电池。为了提高太阳能电池的光电转换效率，通常要在硅片背面印刷和烧结铝浆，形成 P^+ 层，构成 NPP^+ 的背电场（Back Surface Field，BSF）结构，由此提高太阳能电池开路电压、短路电流和填充因子。此外，还要在硅片上制作绒面和光学减反膜，减少光的反射损失，进一步提高太阳能电池的光电转换效率。在实际应用中，生产太阳能电池片的工艺比较复杂，如图 9-5 所示，一般要经过硅片清洗、硅片质量检测、硅片表面制绒、扩散制 PN 结、刻蚀及磷硅玻璃去除、光学减反膜制备、电极制作和检测分装等主要步骤。

9.3.1 硅片表面制绒

用于太阳能电池制备的硅片都需要制绒，即在表面生成金字塔形的粗糙结构，以便减少光反射，提高光吸收。在制绒前，还需要对硅片进行清洗和检测，下面为硅片制绒的工艺流程和不同制绒工艺的介绍。

（1）硅片清洗 用含有活性剂的清洗液、有机溶剂或去离子水等对硅片进行清洗，去除切割过程中残留在硅片上的切割液等。

（2）硅片检测 采用自动化设备对硅片表面的破损、隐裂、表面平整度、少数载流子寿命、电阻率、P/N 型和微裂纹等参数进行测量。剔除不满足要求的硅片，降低对后续工艺和效率的影响。

（3）表面制绒 在硅片切割过程中，其表面通常有 $10 \sim 20 \mu m$ 的机械损伤层，在太阳能电池制备

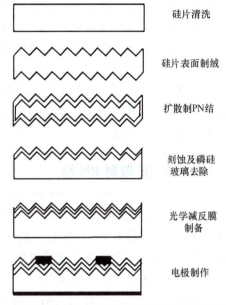

图 9-5 晶体硅太阳能电池的部分制备步骤

硅片清洗

硅片表面制绒

扩散制PN结

刻蚀及磷硅玻璃去除

光学减反膜制备

电极制作

前，需要利用化学腐蚀液将表面的机械损伤层去除，然后制绒（或称为表面织构化），以增加硅片对光的吸收，降低反射损失。其原理是绒面具有更大的受光面积和偏转光线、提高光程的特点。

对于单晶硅而言，通常选择适当浓度的碱溶液（NaOH、KOH 溶液等）在硅片表面制备金字塔形结构，形成绒面，如图 9-6 所示，以增加光的吸收。这主要是由于碱溶液对单晶硅片（100）晶面和（111）晶面的腐蚀速度不一样。对于多晶硅片，由于硅片表面具有不同的晶向，利用 NaOH 溶液等选择性腐蚀液非但不能产生理想的绒面结构，反而会使硅片表面各个晶粒之间出现高低差异，因此应采用强酸性腐蚀液，例如硝酸和氢氟酸的混合液，引起强烈的腐蚀反应，此时硅片表面会以切割硅片时形成的切割损伤点为核心形成不规则凹坑，进而形成绒面结构。由于这种腐蚀反应快速而强烈，硅片表面可认为是各向同性腐蚀，即不

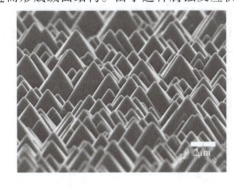

a)

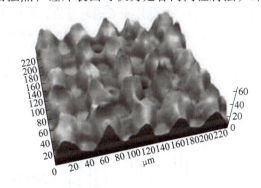

b)

图 9-6 硅片表面制绒形貌

a）碱制绒 b）激光制绒

183

同取向的晶粒产生大致相同的表面腐蚀形貌。此外，采用激光刻蚀、等离子刻蚀等新型制绒工艺也可进行表面制绒，并能有效减少强酸腐蚀方法产生的废气和废液排放。

激光刻蚀技术为无接触式加工，具有灵活、无污染等特点。激光刻蚀加工也被称为激光表面纹理化、激光表面织构。在晶体硅太阳能电池领域，又被称为激光制绒，即采用连续或脉冲激光通过光热效应或光化学效应（短波长下）在硅片表面进行烧蚀，并对材料进行选择性去除的过程。激光制绒与化学制绒相比，其制造过程具有更好的灵活性、更高的效率和精度。同时，由于具有无废气废酸污染、可重复利用等优点，激光制绒逐渐成为太阳能电池表面制绒的主要方法。

9.3.2　扩散制 PN 结

PN 结是太阳能电池的核心，为得到高效率的太阳能电池，不能简单地将两块不同类型（P 型和 N 型）的半导体拼凑在一起，而应采用扩散的方式，使杂质原子产生热运动，与基体原子均匀混合，使半导体晶体内的一个区域呈 P 型，而另一个区域呈 N 型，从而实现 P 型和 N 型半导体的原子级接触。

通常选用 P 型硅片作为太阳能电池的基底，即在制造硅棒或硅锭时就已经掺进了一定量的硼元素，使之成为 P 型半导体，然后将其置入含磷的氛围中，使磷原子从硅片表面不断扩散，由此在硅片中形成 PN 结。目前，液态源鼓泡气相管式扩散是大规模生产中最常用的一种磷扩散方法，其特点是以液态的三氯氧磷（$POCl_3$）作为磷源。

三氯氧磷扩散装置示意图如图 9-7 所示，在扩散时，将 P 型硅片按一定的间隔排列在石英架上，放入扩散炉的石英管中。液态 $POCl_3$ 装在鼓泡瓶中，一般用高纯度氮气携带扩散杂质，使部分 $POCl_3$ 液体蒸发成气体，进入扩散炉的石英管中，通过控制鼓泡氮气的流量来控制扩散气氛中扩散杂质的含量。扩散温度一般控制在 850 ~ 900℃，扩散时间通常为 15 ~ 20min，由此可得到结深为 0.5μm 左右的 PN 结。

$POCl_3$ 在室温下是无色透明的液体，有很高的饱和蒸气压，其在高温富氧气氛下会发生的化学反应为

$$4POCl_3 + 3O_2（过量）= 2P_2O_5 + 6Cl_2 \qquad (9-8)$$

然后，部分 P_2O_5 和硅片表面的硅反应，生成 SiO_2 和磷原子，该化学反应为

$$2P_2O_5 + 5Si = 5SiO_2 + 4P \qquad (9-9)$$

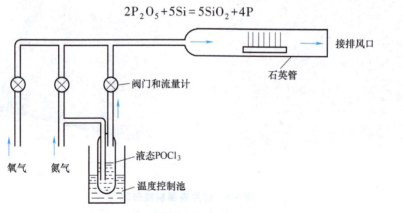

图 9-7　三氯氧磷扩散装置示意图

产生的磷原子一部分进入硅片内部，形成 PN 结，另有一部分磷原子和氧、硅原子化合，在硅片表面形成磷硅玻璃（PSG）。

若使用 N 型硅片制备 PN 结，则需进行硼的扩散，通常选用三溴化硼（液体）作为硼源，其他工艺与磷扩散工艺类似。液态源鼓泡气相管式扩散是一种恒定源扩散方法，具有设备简单、操作方便、适合批量生产、扩散的重复性及稳定性好等优点。

9.3.3　刻蚀及磷硅玻璃去除

在扩散过程中，硅片的所有表面（包括边缘）都将不可避免地扩散上磷，这将导致太阳能电池工作时 PN 结正面收集的光生电子沿着边缘扩散有磷的区域运动到 PN 结的背面，从而造成短路，等效于降低了并联电阻。而背面 N 型层的存在会增加后续铝背电场制作时的补偿度，因此需采用刻蚀工艺去除硅片四周边缘的 N 型层。

此外，也要去除扩散后硅片表面的磷硅玻璃，提升电性能。如上所述，在磷扩散过程中，磷原子会和氧、硅原子会化合，在硅片表面形成一层磷硅玻璃（PSG）层，其导电性差，在太阳能电池中会严重影响载流子的传输，因此，在制作电极前，需采用稀释的氢氟酸将其去除。

9.3.4　光学减反膜制备

在 100~500nm 的波长范围内，有高达 35% 的光能被晶体硅太阳能电池表面反射而损失，为减少光的反射，除了会在硅片表面制绒，往往还会在晶体硅太阳能电池表面镀上一层光学减反膜，其在减少光反射的同时，还可对晶体硅太阳能电池的表面起到钝化和保护作用，提高光电流和光电转换效率。

光学减反膜降低反射损失的示意图如图 9-8 所示，当一束平面单色光以入射角 θ 由入射介质入射到薄膜上时，在薄膜的两界面之间会进行多次反射，再从薄膜两界面分别平行地射出。其中，n_0 为入射介质（即空气）的折射率，n_1 为薄膜（即光学减反膜）的折射率，n_2 为基底（硅基底）的折射率。

当满足 $n_1 d = \dfrac{1}{4}\lambda$ 时，反射损失最小，反射损失最小值 $R_{\min}$ 可表达为

$$R_{\min} = \left(\frac{n_1^2 - n_0 n_2}{n_1^2 + n_0 n_2} \right)^2 \qquad (9\text{-}10)$$

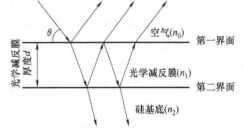

图 9-8　光学减反膜降低反射损失的示意图

由式（9-10）可知，若光学减反膜折射率 n_1 是两侧介质折射率 n_0 和 n_2 的几何平均值，则反射损失最小。当晶体硅太阳能电池在空气中时，由于空气的折射率 $n_0 = 1$，硅的折射率 $n_{Si} = 3.8$，若要使晶体硅太阳能电池的表面反射率最小，单层光学减反膜的最佳折射率应为 1.9。由于实际应用中，晶体硅太阳能电池前表面通常会覆盖玻璃或硅橡胶等保护材料，因此入射介质折射率取 $n_0 = 1.5$，则光学减反膜最佳折射率应为 $n_1 = 2.38$。

185

此外,光学减反膜的厚度对减反射效果非常重要,而光学减反膜最佳厚度的选取与入射光波长紧密相关,因此对太阳能电池利用的混合光来讲,光学减反膜厚度的选择较为困难。通常以太阳光谱的中心波长 600nm 作为依据。邻近 600nm 的反射光部分可以被抵消,而对于远远偏离 600nm 的光,减反射作用极弱。

较好的光学减反膜材料有氮化硅(Si_3N_4)、二氧化钛(TiO_2)、二氧化锆(ZrO_2)、二氧化钍(ThO_2)、二氧化铈(CeO_2)和二氧化硅(SiO_2)等。在晶体硅太阳能电池的工业化生产中,一般使用等离子体增强化学气相沉积(PECVD)的方法沉积 Si_3N_4 减反膜,其折射率约为 2.1,若以太阳光谱的中心波长 600nm 为依据,则其最佳厚度应为 80nm 左右,制备时应使太阳能电池片表面呈现蓝紫色。除减反射作用外,Si_3N_4 还是良好的界面钝化材料,可以降低硅的表面复合速率。

9.3.5 电极制作

为了将 PN 结在光照下产生的电流导出,需在 PN 结的 P 型区和 N 型区制作电极。对于太阳能电池,不仅要求电极与硅片形成欧姆接触,而且还要求接触电阻小、导电性好、黏结度高。常用的太阳能电池正面(受光面)是 N 型硅,背面是 P 型硅,为了不妨碍光线进入太阳能电池内部,通常需将与 N 型硅片表面接触的电极制备成栅状电极,即栅线。

银具有导电性能好的优点,是晶体硅太阳能电池正极的常用材料,但其价格昂贵。铝的价格相对便宜,工艺控制也较为简单,且铝与硅能够形成较好的欧姆接触,因此铝常被用于晶体硅太阳能电池的背电极。此外,背电极为铝时可对晶体硅太阳能电池背面进行掺杂,形成 P^+ 型半导体,并产生背电场结构(BSF),又称为铝背场。然而,铝的导电性不如银,而且不易焊接,因此,铝层上会紧接着印刷两条银铝电极,以便太阳能电池间的焊接。

电极制作的方法有很多,如化学镀镍制背电极、真空蒸镀、光刻掩模、激光刻槽埋栅、丝网印刷(含电极烧结)等,其中丝网印刷是目前制作太阳能电池电极最普遍的一种生产工艺。丝网印刷机主要由放置硅片的印刷工作台、丝网印板、刮刀、硅片定位和对准机构等组成,如图 9-9 所示。其印刷过程如下:

1)用涤纶薄膜等制成所需电极图形的掩模,贴在丝网上。

2)将浆料加在丝网上,浆料的较高黏度会使其黏在丝网上。

3)移动刮刀,使其在丝网掩模上加压刮动浆料,此时浆料黏度降低并透过丝网。

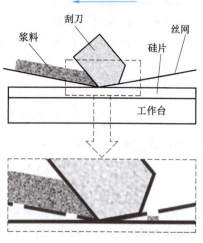

图 9-9 丝网印刷

4)刮刀停止运动后,浆料再次黏在丝网上,不再进一步流动,从而在硅片上印刷出所需的电极图案,经过预烘干和烧结后,便可形成牢固的接触电极。

丝网印刷是一种方便且简单的低成本高产出电极制作工艺,目前大多数晶体硅太阳能电池生产厂家都采用这种方法制作金属电极。

9.4　晶体硅太阳能电池的技术演进

1954 年，美国贝尔实验室首次制成了单晶硅太阳能电池，其光电转换效率达到 6%，开启了光伏发电技术的应用。在接下来的几十年里，通过改进材料和结构，晶体硅太阳能电池的光电转换效率逐渐提高。

9.4.1　晶体硅太阳能电池结构演进

硅太阳能电池根据硅的结晶形态不同，主要分为单晶硅太阳能电池、多晶硅太阳能电池、非晶硅太阳能电池和薄膜晶体硅太阳能电池。单晶硅太阳能电池具有光电转换效率高、稳定性好的特点，但是成本较高；非晶硅太阳能电池具有生产率高、成本低的优点，但是光电转换效率较低，而且光电转换效率衰减得比较厉害；多晶硅太阳能电池具有稳定的光电转换效率，而且性价比较高。单晶硅和多晶硅太阳能电池是应用最为广泛的太阳能电池，本节将主要对这两种太阳能电池的技术演进进行介绍，而非晶硅和薄膜晶体硅太阳能电池属于薄膜太阳能电池，将在第 10 章进行详细介绍。

单晶硅具有更高的纯度，用其制造的太阳能电池光电转换效率也更高，在大规模应用和工业生产中占据主导地位，但其原材料价格昂贵，且制造工艺烦琐，致使单晶硅太阳能电池成本长期居高不下。相比于单晶硅太阳能电池，多晶硅太阳能电池制造成本相对较低，且仍然具有较高的光电转换效率、良好的稳定性与可靠性。在阳光充足的情况下，多晶硅太阳能电池的光电转换效率可以达到 20% 以上。此外，多晶硅太阳能电池还具有较好的低光电性能，即在低光照情况下也能产生一定的电能。

晶体硅太阳能电池的主要结构包括 PN 结、钝化膜及金属电极等。PN 结是晶体硅太阳能电池的核心，由 P 型区和 N 型区接触而形成，其产生的内建电场使电子与空穴定向移动而产生电流。钝化膜的作用是减少硅片表面的复合损失。金属电极用于汇集电流并向外传导。按照基底的不同，晶体硅太阳能电池可以分为 P 型太阳能电池与 N 型太阳能电池，P 型太阳能电池以 P 型硅片为基底，N 型太阳能电池以 N 型硅片为基底。铝背场、PERC 太阳能电池属于 P 型太阳能电池，TOPCon、HIT 和 IBC 太阳能电池属于 N 型太阳能电池。

铝背场太阳能电池在 PN 结的背面沉积一层铝膜，制备 P^+ 层，形成 NPP^+ 型太阳能电池，如图 9-10a 所示。这种太阳能电池具有工艺流程简单、成本低、技术成熟等诸多优点，但由于其背面的铝背场和硅基底为面接触，会造成较为严重的表面复合损失，使光电转换效率的提升存在较大瓶颈。

硅片是通过切割硅棒获得的，在切割过程中容易导致硅片表面的共价键断裂，形成悬挂键，产生大量复合中心，引起载流子复合，从而降低整个太阳能电池的开路电压。为了防止这种现象，研究人员研发了 PERC（Passivated Emitter and Rear Cell）太阳能电池，即发射极钝化和背面接触太阳能电池，如图 9-10b 所示。该类太阳能电池同样基于 P 型硅片，但其与铝背场太阳能电池最大的区别在于背面钝化膜。PERC 太阳能电池的金属背电极采用贯穿钝化膜的一些分离小孔与基底接触。且这种类型的太阳能电池背面应用了特殊的反射层，允许光线在通过太阳能电池后反射回来，以提高光的捕获效率。起初 PERC 太阳能电池采用二氧化硅作为钝化层和光学减反层，导致技术复杂且成本较高，直到 2010 年前后，氧化铝（Al_2O_3）被用作钝化层，才使 PERC 太阳能电池正式走向产业化进程。钝化作用的原理主要包括场效应钝化和化学钝化两种，前者在界面处产生一个电场，以同极相斥效应阻止同极性的载流子靠近，从而减少复合；后者是指通过释放游离氢，减少晶体硅基体内晶格缺陷处的悬空键，从而降低载流子复合概率。对于 P 型硅表面，氧化铝是最佳的钝化材料，这是由于氧化铝薄膜本身带负电荷，恰好可在氧化铝与晶体硅表面交接处产生高效的场钝化效果，而且氧化铝薄膜在制备过程中可提供充足的氢原子，饱和硅表面的悬挂键，起到良好的化学钝化效果。PERC 太阳能电池在使用氧化铝膜作为钝化层后，光电转换效率较铝背场太阳能电池高出 1% 以上。与铝背场太阳能电池相比，PERC 太阳能电池的改进主要体现在两方面：一是增加了背面的氧化铝层作为钝化结构；二是将背电极与硅片的接触方式由面接触改为线接触。金属电极与硅片接触会导致接触界面产生大量的少数载流子复合，对太阳能电池的光电转换效率产生负面影响，而 PERC 太阳能电池将背电极与硅片的面接触改为线接触，通过缩小接触面积来降低复合损失。

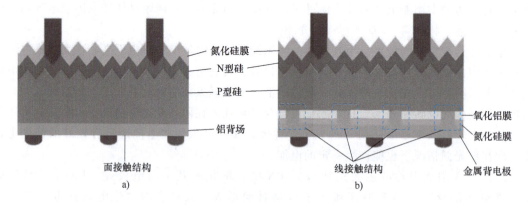

图 9-10　铝背场太阳能电池和 PERC 太阳能电池结构示意图

a）铝背场太阳能电池　b）PERC 太阳能电池

2014 年，德国 Fraunhofer 太阳能研究所提出了一种新型的钝化接触太阳能电池，即 TOPCon（Tunnel Oxide Passivated Contact）太阳能电池，其全称为隧穿氧化层钝化接触太阳能电池。从结构上看，TOPCon 太阳能电池是一种基于选择性载流子原理的隧穿氧化层钝化接触太阳能电池，其结构基于 N 型硅基底太阳能电池，在太阳能电池背面制备一层超薄二氧化硅，然后再沉积一层掺杂多晶硅层，二者共同形成了钝化接触结构，有效降低了表面复合和金属接触复合，并增加了背板的反射，提高了光电转换效率，TOPCon 太阳能电池结构示意图如图 9-11 所示。所谓钝化接触是指采用超薄介质薄膜将金属电极与半导体隔离，在钝化硅片表面的同时实现载流子隧穿，从而有效减少因金属电极与硅片直接接触造成的复合损失，同时起到 "钝化" 与 "接触" 的效果。在 TOPCon 太阳能电池的钝化接触结构中，二氧化硅层（SiO_2）主要起钝化和隧穿作用，掺杂多晶硅层一方面可以与 N 型硅片基底形成 N+/N 的高低结，减少基底界面处的复合损失，另一方面也可以为载流子提供良好的传导性能。除此之外，TOPCon 与 PERC 太阳能电池的主要区别：

1）由于 TOPCon 太阳能电池以 N 型硅片为基底，因此 PN 结的形成方式由 PERC 太阳能电池的磷掺杂改为硼掺杂。

2）由于硼掺杂浓度较低，造成前表面发射极区域的电阻较大，因此采用银铝浆制备前表面的金属栅线，使其中的铝原子在烧结环节进入发射区，形成 P$^+$ 区域，与硅片本身的 P 型区域构成高低结，从而起到降低电阻的作用。

3）由于背面的钝化接触结构解决了载流子的传导问题，金属电极不再需要与硅基底接触，因此相比 PERC 太阳能电池省去了制备铝背场和激光开槽的步骤。

4）TOPCon 太阳能电池沿用了 PERC 太阳能电池的钝化膜和减反层结构（氧化铝+氮化硅），但位置由背面移到了前表面。TOPCon 太阳能电池与 PERC 太阳能电池的生产线具备兼容性，因此短期内的升级成本是最低的。

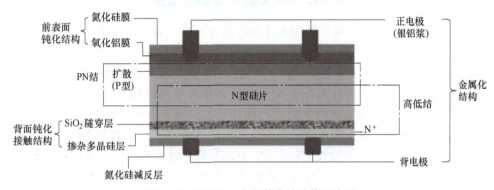

图 9-11　TOPCon 太阳能电池结构示意图

PERC 和 TOPCon 太阳能电池都是在硅基底（c-Si）上通过掺杂直接形成 PN 结，即 P 型区域和 N 型区域都是在同种半导体上形成的，称为同质结。HIT（Hereto-junction with Intrinsic Thin-layer）太阳能电池，即本征薄膜异质结太阳能电池，是由 N 型硅片基底（c-Si）与掺杂的非晶硅薄膜（a-Si）两种半导体材料构成的，因此被称为异质结太阳能电池。该类太阳能电池是在晶体硅上沉积非晶硅薄膜制成的混合型太阳能电池。HIT 太阳能电池具备独特的对称双面结构，如图 9-12 所示，其以 N 型硅片为基底，首先在前后表面沉积本征氢化非晶硅（a-Si：H）薄膜作为钝化结构，之后在前表面沉积 P 型掺杂的氢化非晶硅层，与硅片基底共同构成 P 结，并在背面沉积 N 型掺杂的氢化非晶硅层，与硅片基底共同构成高低结（N+/N）。由于氢化非晶硅的接触电阻较大，因此需要制备金属氧化物层作为透明导电膜（TCO 层），起到促进载流子穿过和减少反射的作用。最后在金属化环节，由于氢化非晶硅对温度的要求十分苛刻（不超过 200℃），因此 HIT 太阳能电池制备需采用低温路线，制备金属电极的浆料也应为低温银浆。HIT 太阳能电池具有光电转换效率高、双面率高、几乎无光致衰减、温度特性好等优点。

为防止金属栅线在太阳能电池正面遮掉一部分太阳光，可采用将两种栅线都制备在太阳能电池背面的 IBC（Interdigitated Back Contact）技术，由此最大限度地利用入射光，减少光学损失，带来更多的有效发电面积，提高光利用率，得到高光电转换效率。IBC 太阳能电池的最大特点是它将原本分布在前表面和背面的金属电极全部呈叉指状间隔排列在太阳能电池背面，与电极相接触的 PN 结的 P 型区、高低结的 N+区也随之一起移动到太阳能电池背面并呈叉指状排列。IBC 太阳能电池不管太阳光从哪个角度入射，都不会存在栅线反射的情

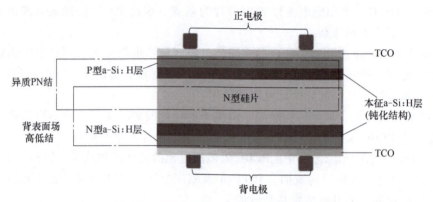

图 9-12　HIT 太阳能电池结构示意图

况，其发电效益更高。同时，由于不用再考虑遮光的问题，金属栅线可以做得更宽，从而达到减小电阻的效果，PN 结中掺杂区域的浓度也可以尽量降低，从而减少复合损失。为了使光生载流子在到达背面的 PN 结前尽可能少被复合掉，IBC 太阳能电池一般要求采用少数载流子寿命更长的 P 型硅片或直接采用 N 型硅片，以保证更高的载流子收集率。经典 IBC 太阳能电池以 N 型硅片为基底，在前表面进行磷掺杂，形成 N$^+$/N 前场区（FSF），减少表面复合损失。背面分别通过磷掺杂和硼掺杂形成叉指状排列的 P$^+$ 发射极和 N$^+$ 背场（BSF），其中，P$^+$ 发射极与硅片基底共同构成 PN 结，N$^+$ 背场与硅片基底共同构成 N$^+$/N 高低结。接着在前后表面均采用二氧化硅与氮化硅叠层膜作为钝化层。最后对准背面的 P$^+$ 及 N$^+$ 区，分别制备背电极，如图 9-13 所示。相关研究表明，P$^+$ 发射极和 N$^+$ 背场的宽度以及二者之间间隔的宽度会对太阳能电池性能造成较大影响，一般而言，N$^+$ 背场和间隔宽度都应该尽量窄小，这也相应提高了制备工艺的难度。IBC 太阳能电池作为一种平台型的技术，可与 PERC、HIT、TOPCon 等结合，形成 HPBC、HBC、TBC 等技术路线。

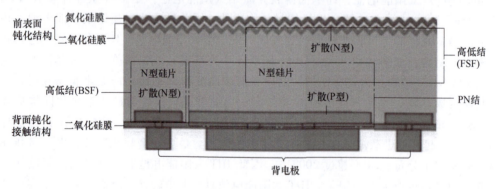

图 9-13　IBC 太阳能电池结构示意图

9.4.2　晶体硅太阳能电池技术发展趋势

降本增效是光伏行业的永恒追求，驱动技术迭代的核心是追求更高的光电转换效率。我国晶体硅太阳能电池技术已经历了两代，即第一代的铝背场太阳能电池和第二代的 PERC 太阳能电池。铝背场太阳能电池的实验室光电转换效率为 21%，产业化效率为 20.5%；PERC

太阳能电池实验室光电转换效率为 24.06%，产业化效率为 23.0% ~ 23.5%。目前，PERC 太阳能电池的产业化效率逐渐接近理论极限，行业内已开始布局第三代晶体硅太阳能电池技术，包括 TOPCon、HIT 和 IBC 等。

铝背场太阳能电池是最早实现产业化的晶体硅太阳能电池，它于 1973 年被首次提出，2016 年市场占有率超过 90%。然而由于其背面的铝背场和硅片基底的全面积接触，造成较为严重的表面复合损失，这种太阳能电池的光电转换效率提升存在瓶颈。

PERC 太阳能电池采用钝化膜来钝化背面，增强了光线的内背反射，降低了背面的复合速率，从而使太阳能电池的光电转换效率得以提升。目前，PERC 太阳能电池技术比较成熟，性价比高，但其产业化效率已逼近理论极限，且 P 型太阳能电池因富含硼氧产生的光致衰减现象仍未能彻底解决，对其发展造成了一定阻碍。

同时，太阳能电池还经历了单晶硅与多晶硅之争。与多晶硅相比，单晶硅具有完整的晶格排列，内部缺陷和杂质更少，在电学性能、光电转换效率等方面都更具优势。自 2015 年下半年起，光伏行业逐步攻克了单晶硅太阳能电池组件与单片太阳能电池光电转换效率低、存在光致衰减等问题，终端单晶硅渗透率进入稳步上行通道。单晶硅太阳能电池组件终端市场占有率情况如图 9-14 所示，在 2019 年，单晶硅太阳能电池组件市场占有率首次超过 50%，达到 60.0%，2020 年进一步提升至 86.9%，基本成为市场主流。与此同时，多晶硅太阳能电池组件开始退出市场，2021 年基本停止销售和公开报价。

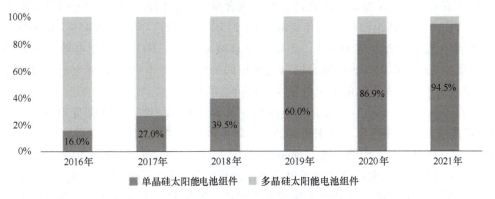

图 9-14　单晶硅太阳能电池组件终端市场占有率情况

步入光伏平价时代后，技术更迭的浪潮推动了太阳能电池行业的发展。从多晶硅到单晶硅，从 P 型到 N 型，太阳能电池逐渐向高效、低成本、高发电效益进化。近几年，以 TOP-Con、HIT、IBC 等为代表的 N 型太阳能电池陆续出现，N 型太阳能电池具有高光电转换效率、抗衰减、低温度系数、双面率高等优势，有利于提高光伏发电增益、降低发电成本，发展前景广阔。相关报告显示，2022 年新投产的量产生产线虽仍以 PERC 太阳能电池为主，如图 9-15 所示，但 2022 年下半年部分 N 型太阳能电池的产能陆续释放，P 型太阳能电池市场占有率降低至 87.5%，而 N 型太阳能电池市场占有率已逐步提升至 9.1%。

N 型单晶硅太阳能电池与 P 型单晶硅太阳能电池相比，具有以下优势：

1）在双面率方面，PERC 太阳能电池的双面率为 75%，TOPCon 太阳能电池的双面率为 85%，HIT 太阳能电池的双面率为 95% 左右。双面率越高，太阳能电池组件背面发电量增益

191

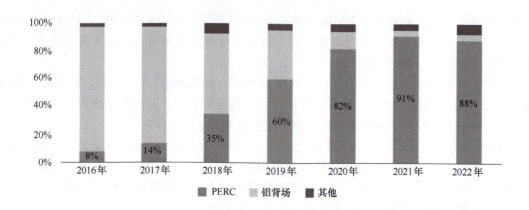

图 9-15　PERC、BSF 及其他太阳能电池市场占有率水平变化

越高，尤其是在地表反射率较高的光伏电站，这种优势更加明显。

2）在温度系数方面，PERC 太阳能电池的温度系数为 −0.37%/℃，TOPCon 太阳能电池的温度系数为 −0.29%/℃，HIT 太阳能电池的温度系数为 −0.25%/℃。N 型太阳能电池的温度系数低于 P 型太阳能电池，在高温环境下受影响更小，发电性能更优异，适用于辐照条件较好的区域。

3）在衰减方面，N 型硅片掺杂磷元素，硼含量极低，因此由硼氧对导致的衰减基本可以忽略。PERC 太阳能电池组件首年衰减 2%～2.5%，此后逐年衰减 0.45%～0.55%，TOPCon 太阳能电池组件首年衰减 1%，此后逐年衰减 0.40%，HIT 太阳能电池组件首年衰减 1%，此后逐年衰减 0.25%。在综合输出功率相同的情况下，N 型太阳能电池组件全生命周期发电量会比 PERC 太阳能电池组件更高，溢价空间更大。

4）在发电效率方面，N 型太阳能电池的少数载流子寿命比 P 型太阳能电池长，能极大提升太阳能电池的开路电压，带来更高的光电转换效率。当前 PERC 太阳能电池平均量产效率为 23.2%，TOPCon 太阳能电池目前量产效率为 24%～24.5%，HIT 太阳能电池目前量产效率为 25% 左右。高光电转换效率可提高单位面积的发电量，降低光伏发电的制造成本。

5）在弱光效应方面，与 P 型太阳能电池相比，N 型太阳能电池在弱光条件下光谱响应更好，有效工作时间长，可在早晚、阴雨天等辐照度较弱的时间段内发电，经济性更好。

此外，大尺寸+薄片化是硅片的主要发展方向。大尺寸硅片可以摊薄产业链各环节的加工成本，进而实现降低度电成本；薄片化硅片能够有效减少单片硅耗量和降低硅片成本。目前切片工艺已可以满足进一步切薄的要求，但还需要考虑太阳能电池片、组件端的制造要求。2021 年，P 型单晶硅片平均厚度 170μm，TOPCon 太阳能电池 N 型硅片平均厚度 165μm，HIT 太阳能电池硅片厚度 150μm，IBC 太阳能电池硅片厚度 130μm。

得益于钙钛矿太阳能电池近年来的快速发展，钙钛矿/晶体硅叠层太阳能电池异军突起。该类太阳能电池利用带隙较宽的钙钛矿吸光材料吸收较高能量的光子，并用带隙相对较窄的晶体硅材料吸收能量较低的光子，从而提高光电转换效率。理论上，该结构的太阳能电池光电转换效率可以达到 42% 左右。

近年来，柔性晶体硅太阳能电池也得到了长足发展。中国科学院上海微系统与信息技术研究所开发了一种边缘圆滑处理技术，将硅片边缘表面和侧面尖锐的 V 形沟槽处理成平滑的 U 形沟槽。该技术可在不影响硅片表面和背面对光的吸收能力的同时，显著提升硅片的柔韧性，从而开发出厚度仅有 $60\mu m$，可像纸一样弯曲折叠的高效柔性单晶硅太阳能电池，并验证了批量生产的可行性，为轻质、柔性单晶硅太阳能电池的发展提供了一条可行的技术路线。研究团队开发的大面积柔性太阳能电池组件已成功应用于临近空间飞行器、建筑光伏一体化和车载光伏等领域。未来，柔性太阳能电池在空间应用、绿色建筑、便携式电源等方面具有广阔的应用前景。

思 考 题

1. 什么是单晶硅和多晶硅？如何从外观上对其进行区分？分别简述两种材料的特点及其太阳能电池的优缺点。

2. 单晶硅的制造方法有哪些？对不同方法进行简要说明与对比。

3. 为什么晶体硅是现在太阳能电池领域应用最多的材料？与其他材料相比，硅具有哪些优势，使其适合用于制造太阳能电池？

4. 晶体硅太阳能电池主要由哪几部分组成？其制作过程包括哪些主要步骤？

5. 晶体硅太阳能电池中的核心部分为 PN 结，PN 结是如何制备的？

6. 晶体硅太阳能电池中的 BSF、PERC、HIT、TOPCon 和 IBC 分别指的是什么？其基本结构和特点是什么？

参 考 文 献

［1］ 魏光普，姜传海，甄伟，等. 晶体结构与缺陷［M］. 北京：中国水利水电出版社，2010.

［2］ 汪光裕. 光伏发电与并网技术［M］. 北京：中国电力出版社，2010.

［3］ 潘红娜，李小林，黄海军. 晶体硅太阳能电池制备技术［M］. 北京：北京邮电大学出版社，2017.

［4］ 刘恩科，朱秉升，罗晋生，等. 半导体物理学［M］. 4 版. 北京：国防工业出版社，2010.

［5］ 成健，廖建飞，杨震，等. 太阳能电池多晶硅表面激光制绒技术研究进展［J］. 材料导报，2023，37（6）：16-25.

［6］ 王鑫. 太阳能电池技术与应用［M］. 北京：化学工业出版社，2022.

［7］ BALLIF C，HAUG F J，BOCCARD M，et al. Status and perspectives of crystalline silicon photovoltaics in research and industry［J］. Nature Reviews Materials，2022，7（8）：597-616.

［8］ 魏光普，张忠卫，徐传明，等. 高效率太阳电池与光伏发电新技术［M］. 北京：科学出版社，2019.

［9］ Best Research-Cell Efficiency Chart［EB/OL］.［2024-07-30］. https：//www. nrel. gov/pv/cellefficiency. html

［10］ LIU W，LIU Y，YANG Z，et al. Flexible solar cells based on foldable silicon wafers with blunted edges［J］. Nature，2023，617（7962）：717-723.

第 10 章
薄膜太阳能电池

第 9 章中介绍的晶体硅太阳能电池属于第一代太阳能电池。薄膜太阳能电池作为第二代太阳能电池，只需几百纳米到微米级的厚度就能实现高效光电转换，与第一代晶体硅太阳能电池相比，其材料消耗少。薄膜太阳能电池一般使用化学气相沉积（CVD）、物理气相沉积（PVD）等技术，与晶体硅昂贵的晶体拉制、硅片切割工艺相比，其能耗和成本更低。而且薄膜太阳能电池可制备于柔性基底上，如图 10-1 所示，具备重量轻、不易破碎、可折叠卷曲等优点，可以实现卷对卷的大面积生产，也便于运输和安装，可以应用于汽车玻璃、衣服、飞行器和建筑物等场合，极大地拓展了太阳能电池的应用场景。

图 10-1　柔性薄膜太阳能电池

10.1　薄膜太阳能电池材料与分类

广义的薄膜太阳能电池是相对于传统晶体硅太阳能电池而言的，指一切可以加工成薄膜形式的太阳能电池，包括第二代太阳能电池以及第三代新型薄膜太阳能电池。其中第三代新型薄膜太阳能电池将在第 11 章中进行介绍，本章则介绍第二代无机薄膜太阳能电池，主要包括非晶硅、铜铟镓硒（CIGS）和碲化镉薄膜太阳能电池。

10.1.1　薄膜太阳能电池材料

狭义上的薄膜太阳能电池一般指第二代无机薄膜太阳能电池，根据其中吸光层材料的组成，可分为单质薄膜太阳能电池和多元化合物薄膜太阳能电池两大类。其中单质薄膜太阳能电池主要包括非晶硅和非晶硒薄膜太阳能电池。而多元化合物薄膜太阳能电池的化学组成较为多样，主要有铜铟镓硒（CIGS）薄膜太阳能电池、碲化镉（CdTe）薄膜太阳能电池、铜锌锡硫（CZTS）薄膜太阳能电池、砷化镓（GaAs）薄膜太阳能电池和硒化锑（Sb_2Se_3）薄膜太阳能电池等。图 10-2 所示为薄膜太阳能电池种类及特性。

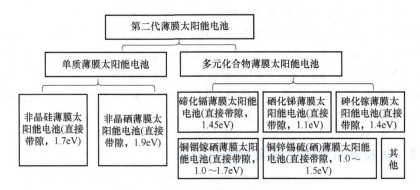

图 10-2　薄膜太阳能电池种类及特性

非晶硅薄膜太阳能电池属于单质薄膜太阳能电池。不同于传统晶体硅太阳能电池中通常使用的 P 型和 N 型单晶/多晶硅，非晶硅薄膜太阳能电池所采用的硅为非晶硅（Amorphous Silicon，a-Si，或称为无定形硅）。非晶硅中的硅原子不像晶体硅中的硅原子存在高度有序排列，而是像玻璃一样呈现出长程无序的特点。非晶硅中存在大量的悬挂键，一般需进行氢化处理，以氢元素钝化悬挂键。单晶硅、多晶硅和非晶硅中的原子排列如图 10-3 所示。

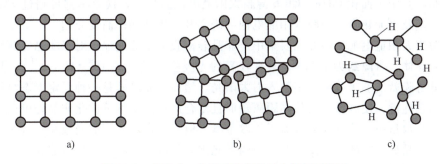

图 10-3　单晶硅、多晶硅和非晶硅中的原子排列
a）单晶硅　b）多晶硅　c）非晶硅（氢化）

多元化合物薄膜太阳能电池中的吸光层为至少由 2 种元素组成的化合物，如砷化镓（GaAs）、碲化镉（CdTe）、铜铟镓硒（CIGS）、铜锌锡硫（CZTS）和硒化锑（Sb_2Se_3）等，其中 GaAs 薄膜太阳能电池由于在光电转换效率方面的突出优势（超过 30%），已被应用于军事和航空航天等领域，但其价格高昂。CdTe、CIGS 薄膜太阳能电池的最高光电转换效率也已超过 22%，显现出良好的发展应用前景。其他类型的薄膜太阳能电池尚处于研究优化阶段，但也表现出显著的性能提升势头，有望为薄膜太阳能电池的发展不断注入新活力。

薄膜太阳能电池与晶体硅太阳能电池不仅在吸光层材料方面存在不同，二者在结构和基本工作原理方面也存在显著差异。如第 9 章所述，传统的晶体硅太阳能电池的吸光区域通常是 P 型硅与 N 型硅形成的同质 PN 结，PN 结由于载流子扩散和迁移的平衡自发地产生内建电场，在受到能量大于硅带隙（1.1eV）的光子照射后，可产生光生载流子（电子和空穴），带有不同电荷的电子和空穴在内建电场的驱动下分别向太阳能电池的两端移动并输送至外电路，从而为外电路供电。薄膜太阳能电池通常为多层结构，其中吸光层为 CIGS、CdTe 等直

195

接带隙半导体，接近本征状态。吸光层夹在掺杂浓度较高的 N 型和 P 型半导体之间，形成异质结和内建电场，当吸光层在太阳光的照射下产生光生载流子后，电子和空穴在异质结的作用下向不同的方向运动，最终输送至外电路。

晶体硅太阳能电池中的硅为间接带隙半导体，其吸光度较低。在实际应用中，晶体硅太阳能电池需要较大的厚度（通常 >100μm），并需要引入光学减反膜，减少光在其表面的反射，提高光的吸收率。而对于薄膜太阳能电池来说，常用的吸光层多为直接带隙半导体材料，能够更好地吸收和利用太阳光，因此使用较薄的吸光层即可获得较高的光电转换效率。通常情况下，薄膜太阳能电池中吸光层的厚度仅为数百纳米至数微米。

10.1.2　薄膜太阳能电池研究与应用进展

统计表明，近十几年，世界范围内太阳能电力供给保持了 20% ~ 30% 的年增长率。纵观整个光伏领域，目前晶体硅太阳能电池组件仍占据太阳能电池组件市场的主导地位，薄膜太阳能电池组件占较小的份额，但是绝对增长量已有显著提高。在各种不同类型的薄膜太阳能电池中，a-Si、CdTe 和 CIGS 太阳能电池已经实现了商业化量产。2017 年，薄膜太阳能电池有约 4GW 的出货量，约占全部太阳能电池份额的 4%。近十几年来，由于一系列创新性研究成果（包括新材料、新结构和新工艺）的引入，薄膜太阳能电池的光电转换效率取得了显著的提高。其中小面积 CdTe、CIGS 薄膜太阳能电池的光电转换效率都可超过 22%。下面将分别对硅基及多元化合物薄膜太阳能电池的研究及应用进展作简要介绍。

硅基薄膜太阳能电池的研究主要集中于非晶硅薄膜太阳能电池。对于非晶硅薄膜，其为直接带隙半导体，带隙约为 1.7eV，具有较高的光吸收系数（约 $10^4 \sim 10^5 \text{cm}^{-1}$），几微米厚度的非晶硅薄膜就能够吸收绝大多数入射太阳光。然而，非晶硅是一种无定形态材料，体内存在大量的悬挂键，使载流子的传输距离短而且复合严重。虽然氢钝化非晶硅可以将悬挂键密度减少几个数量级，改善少数载流子扩散距离，但是其存在严重的光致衰退效应，稳定性差。此外，非晶硅较宽的带隙使其对太阳辐射光谱的长波区不敏感。目前非晶硅薄膜太阳能电池的光电转换效率仍偏低（组件光电转换效率约为 10%），市场处于萎缩状态，如何有效提升光电转换效率仍是非晶硅薄膜太阳能电池实际应用时所面临的巨大挑战。

相比于非晶硅薄膜太阳能电池，多元化合物薄膜太阳能电池通常能够兼具直接带隙和较窄带隙的特点，可更加有效地吸收和利用太阳光，从而获得较高的光电转换效率。目前研究的多元化合物薄膜太阳能电池材料包括碲化镉、铜铟镓硒、Ⅲ-Ⅳ族元素化合物、铜锌锡硫和硒化锑等，其中碲化镉和铜铟镓硒是目前最成熟的两种类型，其小面积器件最高光电转换效率均已突破 22%，组件光电转换效率可达 19%，已在多地实现大规模产业化布局。

据估算，在 2023 年，全球薄膜太阳能电池市场规模达 18.5GW，约占全球太阳能电池市场份额的 7.4%。其中，碲化镉太阳能电池约占 57%，铜铟镓硒太阳能电池约占 30%，其他类型的薄膜太阳能电池约占 13%。从地域分布来看，亚洲是全球最大的薄膜太阳能电池市场，约占 53%，其次是欧洲，约占 23%，北美 15%，其他地区 9%。2023 年，我国薄膜太阳能电池市场规模约为 6.5GW。从应用领域来看，分布式光伏是我国薄膜太阳能电池的主要应用领域，约占 62%，其次是地面光伏电站，约占 23%，建筑光伏一体化（BI-PV）和建筑附加光伏（BAPV）也是我国薄膜太阳能电池的重要应用领域，约占 12%，其他应用领域约占 3%。

在技术方面，全球的薄膜太阳能电池行业都在不断取得突破和创新。例如，在碲化镉方面，美国 First Solar 公司创造了量产大组件最高光电转换效率为 19.5% 的世界纪录。在铜铟镓硒方面，日本 Solar Frontier 公司创造了量产小组件最高光电转换效率为 19.2% 的世界纪录。在政策方面，全球均在积极推动薄膜太阳能电池行业的发展。例如，欧盟、美国、日本等都制定了相关的法规、标准、补贴和税收等政策措施，以鼓励薄膜太阳能电池的研发、生产和应用，我国也出台了相关的规划、指导意见和支持计划等政策文件，以促进薄膜太阳能电池的技术创新、产业升级和市场拓展。目前，全球的薄膜太阳能电池行业呈现出多元化和分化的特征。在全球范围内，碲化镉领域的主要竞争者是美国 First Solar 公司，其市场份额超过 80%；铜铟镓硒领域的主要竞争者是日本 Solar Frontier 公司，其市场份额超过 50%。

尽管碲化镉和铜铟镓硒薄膜太阳能电池已经实现了商业化，被认为是极具发展潜力的两类薄膜太阳能电池，但其面临稀有元素 In 等的供应问题和有毒元素 Cd 对环境和人体健康的潜在危害问题。因此，一些绿色吸光层材料也得到了薄膜太阳能电池研究领域的关注，如铜锌锡硫、硒化锑等材料。铜锌锡硫薄膜太阳能电池是在铜铟镓硒薄膜太阳能电池基础上，以锌和锡替代铟和镓发展而来的。相比于铜铟镓硒，铜锌锡硫材料价格较为低廉，元素在地壳中储量丰富。相比于碲化镉吸光层，铜锌锡硫吸光层更具环境友好性。铜锌锡硫材料吸光系数高，弱光响应好，稳定性高，此外在铜铟镓硒材料中可以将硒替换或部分替换为同族的硫，从而在 1~1.5eV 的范围内对其带隙进行调节，以适配不同应用场景的需求。铜锌锡硫的上述优点使其受到越来越多的研究关注，目前铜锌锡硫薄膜太阳能电池实验室最高光电转换效率超过 14%，具有良好的发展潜力。除了铜锌锡硫，硒化锑也是一类具有发展前景的薄膜太阳能电池材料，硒化锑作为二元半导体，其晶体结构属于正交晶系，具有区别于其他传统光伏材料的一维结构，这种结构对其薄膜的晶界分布、电导率等性质有显著影响。硒化锑中的硒可以被硫取代或者部分取代，形成硫化锑或者硒硫化锑，从而使其带隙可在 1.1eV（硒化锑）至 1.7eV（硫化锑）之间调节，满足最佳太阳光谱匹配需求。同时，作为一种直接带隙半导体，硒（硫）化锑具有较高的光吸收系数，厚度为 500nm 左右的薄膜即能达到最佳吸收。因此，其在超轻、便携式发电器件方面具有潜在的应用。近年来，基于硒化锑的薄膜太阳能电池光电转换效率已超过 9%，而硒硫化锑薄膜太阳能电池光电转换效率已突破 10%。鉴于硒硫化锑具有良好的稳定性和丰富的元素储量，光电转换效率的进一步提升有望推进其应用。

综上，对于第二代薄膜太阳能电池，目前硅基薄膜太阳能电池的研究面临光电转换效率瓶颈问题，碲化镉和铜铟镓硒薄膜太阳能电池光电转换效率较高，产业化技术已趋于成熟，其他类型的薄膜太阳能电池材料如铜锌锡硫、硒（硫）化锑等仍处于实验室研发阶段。总体上看，薄膜太阳能电池呈现出多点发展的局面。下面将对第二代薄膜太阳能电池中的三个典型代表，即非晶硅薄膜太阳能电池、铜铟镓硒薄膜太阳能电池和碲化镉薄膜太阳能电池分别进行介绍。

10.2　非晶硅薄膜太阳能电池

相比于传统的晶体硅太阳能电池，非晶硅薄膜太阳能电池制作工艺相对简单，不需要高温过程，基底选择余地较大，能用于弱光条件，尽管其光电转换效率远低于晶体硅太阳能电池，但由于其独特的优势，已被应用于一些对光电转换效率要求不高的应用场景，如图 10-4 所示的电子计算器就配备了小型非晶硅薄膜太阳能电池模块，可对锂电池供电进行补充，以延长电量供应时间。

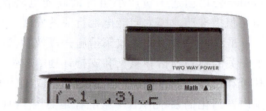

图 10-4 配备非晶硅薄膜太阳能电池的电子计算器

10.2.1 非晶硅薄膜太阳能电池结构及特点

与晶体硅太阳能电池所采用的 PN 结构不同，非晶硅薄膜太阳能电池通常采用 P-I-N 结构或者 N-I-P 结构。图 10-5 所示为单结非晶硅薄膜太阳能电池的结构示意图，分别为 P-I-N 和 N-I-P 型，其中前者为实际使用中常采用的结构。

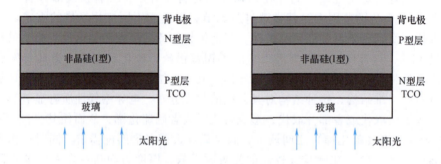

图 10-5 单结非晶硅薄膜太阳能电池的结构示意图

太阳光从透明电极（TCO）一侧入射后，被非晶硅薄膜层（即 I 型层）吸收，产生光生载流子（即电子与空穴），而 N 型和 P 型层则分别负责传输电子与空穴，最终电子与空穴分别经两个不同的电极被传输至外电路。在实际使用中，通常将非晶硅薄膜太阳能电池制作成太阳能电池组件，一个太阳能电池组件包含多个单结非晶硅薄膜太阳能电池，其典型结构如图 10-6 所示。

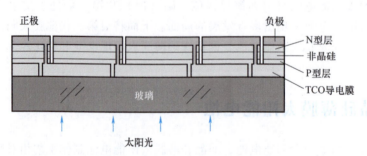

图 10-6 典型的非晶硅薄膜太阳能电池组件结构示意图

相比于晶体硅太阳能电池，非晶硅薄膜太阳能电池具有其独特的优势：

（1）材料和制造工艺成本低　非晶硅薄膜太阳能电池使用的基底材料，如玻璃、不锈钢和塑料等，价格低廉。且由于非晶硅是直接带隙半导体，具有较好的吸光能力，通常非晶硅薄膜太阳能电池中采用的非晶硅薄膜厚度为几百纳米。制造单晶硅太阳能电池一般需要依赖成本较高的单晶硅材料，且需要渗透掺杂、制绒等多道处理工艺，制造成本相对较高。而生产非晶硅薄膜时主要的原材料是生产高纯多晶硅过程中使用的硅烷，这种气体在化学工业中可大量供应，价格较低廉。此外，非晶硅薄膜的制作工艺一般是低温工艺（100~300℃），生产的耗电量小，能量回收时间短。

（2）易于大规模自动化生产　生产非晶硅薄膜一般采用化学气相沉积法或等离子增强化学气相沉积法等，只需改变气相成分或者气体流量便可实现薄膜的制造，适合于制作特大面积非晶硅薄膜，同时这些方法也易于按需进行氢化和掺杂处理，生产可全程自动化。目前，世界上最大的非晶硅太阳能电池是 Switzland Unaxis 的 KAI-1200 PECVD 设备生产的 1100mm×1250mm 单结非晶硅太阳能电池，其初始光电转换效率高于 9%，稳定输出功率接近 80W/片。

（3）品种多，用途广　非晶硅薄膜太阳能电池易于实现集成化，其输出功率、输出电压和输出电流都可自由设计制造，可以较方便地制备出适合不同需求的多品种产品。由于非晶硅薄膜太阳能电池光吸收系数高，暗电导低，适合制作室内用的微低功耗电源，如手表电池、计算器电池等。由于非晶硅没有晶体硅所要求的周期性原子排列，可以不考虑制备单晶硅时所必须考虑的材料与基底间的晶格失配问题，因此非晶硅几乎可以沉积在任何基底上，有利于在柔性的基底上制作轻型太阳能电池，亦可以制造建筑集成的太阳能电池板。

此外，非晶硅薄膜太阳能电池还具有弱光响应好、效率质量比高等优点，其效率质量比是单晶硅太阳能电池的 6 倍，有利于适配某些特殊应用场景的使用需求。然而，由于非晶硅的带隙为 1.7eV，使得材料本身对太阳光谱的长波区域不敏感，这样一来就限制了非晶硅太阳能电池的光电转换效率。一般非晶硅薄膜太阳能电池组件的光电转换效率低于 10%，与单晶硅太阳能电池组件存在较大差距并且非晶硅薄膜太阳能电池的光电转换效率会随着光照时间的延长而衰减，即所谓的光致衰减（Staebler Wronski，S W）效应，使其性能输出不稳定。此外，大规模非晶硅薄膜太阳能电池的制造需依赖大型镀膜设备，其昂贵的设备折旧率制约了回报率的提升，为非晶硅薄膜太阳能电池的应用带来了阻碍。

10.2.2　非晶硅薄膜的制备技术

非晶硅薄膜太阳能电池的核心是非晶硅薄膜，其制备方法多种多样，每种方法都具有不同的特点。

1）物理气相沉积（PVD）：通过蒸发、溅射等方式，将固态硅材料转化为气态，然后沉积在基底上。这种方法能够获得高纯度的硅薄膜，但通常需要较高的温度和真空条件。溅射沉积是其中的常用方法，其原理是利用惰性气体轰击靶材，使目标材料的原子脱离并沉积在基底上。该方法沉积速率较快，但需要在高温下进行，且无法很好地控制沉积层的微结构。电子束蒸发沉积将硅靶材加热汽化后沉积在基底上。该方法可以调节沉积速率，但也需要高温条件。

2）化学气相沉积（CVD）：在高温下，将气态前驱体引入反应室，与基底表面的活性位点发生化学反应，从而生成固态硅薄膜。CVD 可以在复杂的结构上实现均匀的薄膜生长。同时，可以通过调整前驱体和反应条件，实现掺杂、合金化等特定性能的硅薄膜制备。低压化学气相沉积（LPCVD）工作在低压力下，典型工艺条件是在 600℃、0.1～1kPa 下，利用硅烷气体的热分解反应生成硅薄膜，可获得均匀度高的非晶硅层，但这种方法沉积速率较低。等离子增强化学气相沉积（PECVD）使用射频辉光放电激发反应气体，可在更低的温度下实现 CVD 生长，且沉积速率明显提高，适合大规模生产太阳能电池，但其会引入更多缺陷。

3）电化学沉积：电化学沉积是常用的液相沉积方法之一。其基本原理是在电解液中施加电流，利用硅酸根离子的电化学还原生成硅薄膜。该方法可以进行局部区域沉积，并通过调节电流密度来控制沉积速率。但是电化学沉积的硅薄膜缺陷密度较高。

4）化学沉积：化学沉积利用溶液反应生成硅薄膜，如硅酸铵和硅酸钠的混合溶液可在基底上沉积非晶硅。该方法设备简单，但是反应周期较长，生长速率慢。

5）分子层沉积：将基底浸入含有活性硅化合物的溶液中，通过自限合成反应逐层生长硅薄膜。这种方法可精确控制膜层厚度，但是重复过程较烦琐。

6）流体硅前驱体：采用含有硅氢键的流体硅化合物作为前驱体，将其喷涂在基底表面后进行热分解，可生成非晶硅薄膜。这种方法可以实现大面积均匀的硅膜沉积，但是这种前驱体化合物的合成过程比较复杂。

在众多制备非晶硅薄膜的方法中，化学气相沉积是最常用的方法，其利用化学反应在基底表面生成薄膜。表 10-1 列出了化学气相沉积制备非晶硅薄膜过程中的常用原料。反应气体（如硅烷类）在高温条件下分解，硅原子在基底表面形成薄膜。这一过程涉及气-固反应，可精确控制薄膜的厚度和化学组成，其基本工艺流程包括以下四个步骤。

1）气体输送：选择适合的前驱体气体，通过流量控制系统送入反应室。

2）温度控制：将基底加热到适当温度，以促进化学反应。

3）薄膜生长：在基底表面进行化学反应，生成非晶硅薄膜。

4）气体排出：反应后的气体通过排气系统排出。

这种制备方法的优势是能够控制薄膜的成分和厚度，适用于复杂的多层结构和高纯度薄膜的制备；劣势是设备成本高，生产率受限于温度条件和化学反应速率。

表 10-1　化学气相沉积制备非晶硅薄膜过程中的常用原料

常用硅源气体	硅烷（SiH_4）、乙硅烷（Si_2H_6）
N 型掺杂材料	磷烷（PH_3）
P 型掺杂材料	乙硼烷（B_2H_6）、三甲基硼烷、三氟化硼（BF_3）
稀释气体或载气	氢气或稀有气体 He，Ar

化学气相沉积中，可通过在反应室中引入等离子体来激活气体分子，从而实现等离子增强化学气相沉积。该方法可降低沉积过程所需的温度，特别适用于对温度敏感的基底材料。其一般采用直流、射频、超高频、微波等方式产生等离子体辉光放电，等离子体中的激活分子在基底上沉积，形成非晶硅薄膜。等离子增强化学气相沉积除了可在更低的温度下进行，还可以更加有效细致地控制薄膜质量，以及实现更大的沉积速率。光诱导化学气相沉积法和热丝催化化学气相沉积法也被应用于非晶硅薄膜的制备。除了化学气相沉积法，溅射、溶液加工等方式也可用来制备非晶硅薄膜。

基于制备的非晶硅薄膜，太阳能电池组件的基本制造工艺流程包括导电玻璃切割、清洗、预热、非晶硅薄膜沉积（P-I-N 层）、冷却、非晶硅切割、掩模蒸镀金属电极、老化处理、性能测试、UV 保护层覆盖、封装和成品测试。

10.2.3　非晶硅太阳能电池研究进展

从 20 世纪 50 年代后期开始，研究人员对非晶态半导体的性质进行了一些理论和实验研究。1960 年起，研究人员开始致力于制备非晶硅和锗薄膜材料。早先采用的方法主要是溅射法，同时研究人员系统地研究了这些薄膜的光学特性。20 世纪 60 年代，辉光放电法薄膜制备技术取得了一系列重大进展。1965 年，斯特林等人首次采用辉光放电 PECVD 技术制备了氢化非晶硅薄膜。其采用直流射频电磁场在低压（真空）条件下激发硅烷等气体，使之辉光放电化学分解，在基底上形成非晶硅薄膜，最初采用的是电感耦合方式，后来演变为电容耦合方式，这便是后来太阳能电池所用的非晶硅材料的主要制备方法。

1976 年，美国 RCA 实验室的 D. E. Carlson 和 C. R. Wronski 等人研制出第一块非晶硅薄膜太阳能电池，其基于 P-I-N 结构，光电转换效率为 2.4%。随后，非晶硅薄膜太阳能电池的性能快速提高，至 1980 年光电转换效率达到 8%；日本三洋和富士公司实现了小型非晶硅太阳能电池组件在计算器等消费产品上的批量生产。20 世纪 80 年代中期，初步实现了非晶硅太阳能电池功率型产品的产业化，此后世界上出现了许多以非晶硅太阳能电池为主要产品的企业，如美国的 CHRONAR、ECD 公司等，日本的三洋、富士和夏普公司等。CHRONAR 公司不仅自己有非晶硅太阳能电池生产线，还向其他国家输出了 6 条 MW 级生产线。美国和日本的非晶硅太阳能电池公司也安装了室外发电的试验电站。到 1987 年，非晶硅太阳能电池产品占世界太阳能电池总销售量的 30% 以上，与单晶硅和多晶硅太阳能电池共同呈现三足鼎立之势。然而，非晶硅太阳能电池在应用中也暴露出稳定性差的问题，造成市场开拓的困难。因此，其产量增加速度远小于晶体硅太阳能电池。非晶硅太阳能电池产品性能衰减的主要原因有两方面：一是封装问题，二是光致衰减。早期的封装问题主要是封装材料和封装技术存在缺陷，环境中的有害气体可能与太阳能电池材料和电极接触并造成损害，使太阳能电池性能大幅度下降。后来采用玻璃层压封装（针对玻璃基底太阳能电池）和多保护热压封装（针对不锈钢基底太阳能电池），基本解决了封装问题。光致衰减主要由氢化非晶硅薄膜材料的特性导致，其在光照条件下，光暗电导逐渐下降，但光照后的样品在 150℃ 左右退火，电导可恢复到原值，这便是 Staebler-Wronski 效应。实验表明，氢化非晶硅薄膜材料的电导在光照开始阶段下降迅速，几小时至几十小时后下降速度变缓，几百小时至 1000 小时后基本趋于稳定。国际上规定，在一个标准太阳光（$100mW/cm^2$）下照射 1000h 后的非晶硅太阳能电池光电转换效率为稳定效率，非晶硅太阳能电池产品销售时按稳定效率计算。

20 世纪 80 年代末至 20 世纪 90 年代初，研究重点转向了提高非晶硅太阳能电池的稳定效率。为此，研究人员对新结构、新材料、新工艺和新技术等多方面开展了深入的研究，包括叠层太阳能电池技术、优化结区结构和提高非晶硅材料质量等方面。叠层太阳能电池技术将不同带隙材料的太阳能电池进行堆叠串联，可利用更宽谱域的光能。同时，组成叠层太阳能电池的子电池的 I 层厚度变薄，既能增强内建电场，减少光生载流子的复合，又能提高光生载流子的迁移速率，从而提升太阳能电池性能。在新材料、新工艺和新技术方面的研究主要有：采用宽带隙 P 型多晶氢化 SiC 窗口材料和 N 型微晶氢化 Si 掺杂层材料，以减少串联电阻和光损失；采用三甲基硼代替乙硼烷来提高掺杂效率；在 P/I、I/N 界面加入缓冲层来减少界面缺陷态，进而减少界面复合；采用变带隙非晶氢化 SiGe 材料，以加强光生载流子的收集；采用氢稀释技术减少非晶硅材料中的缺陷态和 H 含量，以提高光敏性和稳定性；采用 ZnO/Al 复合背电极来增强对长波光的反射，增加太阳能电池中的光程，从而提高太阳能电池对光的利用率等。

在成功探索的基础上，20 世纪 90 年代中期出现了更大规模的产业化高潮，先后出现了多条兆瓦级的高水平太阳能电池组件生产线，其生产流程实现全自动化，采用新的封装技术，产品稳定效率达 6%~7%，寿命达 15 年以上，实验室小面积太阳能电池效率达 14.6%。进入 21 世纪后，非晶硅太阳能电池生产线的规模扩展到几十兆瓦至数百兆瓦，稳定效率达 7%~8%，寿命可达 20 年。需要指出的是，瑞士 Neuchatel 大学微技术研究所的 A. Shah 在 1994 年首次提出了多晶硅材料及太阳能电池技术，并在 1996 年首次提出非晶硅/多晶硅叠层太阳能电池的概念。此后，单结多晶硅和非晶硅/多晶硅叠层太阳能电池的光电转换效率不断提高。2008 年，美国 Uni-Solar 公司提出了初始效率达到 15.39% 的三结叠层太阳能电池，2011 年又将初始效率提升至 16.3%。在产业化方面，瑞士的 Oerlikon 公司、美国的 Applied Materials 公司等可以提供稳定效率为 8%~10% 的非晶硅/多晶硅叠层太阳能电池组件的产业化技术，产能可以达到几十兆瓦。

非晶硅薄膜太阳能电池虽然已取得很大进步，但和晶体硅太阳能电池相比，其光电转换效率仍偏低，组件效率普遍低于 10%，这成为非晶硅薄膜太阳能电池实际应用的瓶颈。

10.3 铜铟镓硒薄膜太阳能电池

铜铟镓硒（CIGS）薄膜太阳能电池属于一种多元化合物薄膜太阳能电池，它在铜铟硒（CIS）太阳能电池的基础上发展而来。通过改变 Ga、In 的比例可以调控 CIGS 吸光层材料的带隙宽度，优化太阳能电池的性能。目前，CIGS 薄膜太阳能电池的实验室最高效率已经超过 23.6%，大规模组件效率也已接近 20%。

10.3.1 铜铟镓硒薄膜太阳能电池结构及特点

CIGS 薄膜太阳能电池典型结构如图 10-7 所示，根据各层制备的顺序，自下而上依次是钠钙玻璃、Mo、CIGS、CdS、I-ZnO、TCO（ZnO：Al）、MgF$_2$ 和镍铝上电极。基底通常使用钠钙玻璃，在其上沉积 Mo 作为背电极。Mo 电极常采用高阻/低阻双层 Mo 工艺，高阻 Mo 结构疏松，可以提高背接触层与基底的附着性，低阻 Mo 可以促进光生电流的收集和传导，减小串联电阻。这种双层 Mo 背电极具有较高的电导率和较好的光反射特性，有利于提升太阳能电池性能。CdS 缓冲

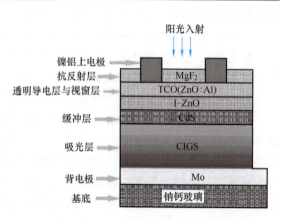

图 10-7 CIGS 薄膜太阳能电池典型结构

层可改善 ZnO 与 CIGS 吸光层之间的能级匹配。透明导电层要求有小电阻和高透光率，ZnO 自身电阻大，引入铝掺杂的氧化锌（ZnO：Al）可改善电学性能。MgF$_2$ 为抗反射层，可促进光入射到 CIGS 吸光层并被吸收。最后，上方会镀上镍铝金属作为上电极。

CIGS 薄膜太阳能电池的主要特点有：

1）CIGS 是由 Ga 取代 CIS 中的部分 In 得到的黄铜矿结构四元化合物，其带隙可通过调整 Ga 的比例在 $1.02 \sim 1.68\text{eV}$ 范围内变化，为薄膜太阳能电池最佳带隙的优化提供了有效途径，这也是其相对于硅基和 CdTe 薄膜太阳能电池的突出优势之一。

2）CIGS 是直接带隙材料，其光吸收系数大，适合薄膜化，CIGS 薄膜厚度为 $1 \sim 2\mu\text{m}$ 时就可以将太阳光全部吸收，大大降低了材料的成本。

3）CIGS 薄膜不会产生光致衰减现象。日本的研究机构通过模拟宇宙环境中电子和中子照射的实验，证明了 CIGS 薄膜太阳能电池的抗辐射能力远高于 InP 系、GaAs 系和 Si 系太阳能电池。因此 CIGS 薄膜太阳能电池可用于地面和太空中，比其他薄膜太阳能电池应用更广泛。

4）CIGS 薄膜可用钠钙玻璃作为基底，不仅成本低，膨胀系数相近，还可因微量的 Na 掺杂而提高太阳能电池的光电转换效率和成品率。CIGS 薄膜可在钠钙玻璃基底上形成缺陷少、晶粒大的高品质结晶。

此外，CIGS 薄膜太阳能电池也具备其他薄膜太阳能电池的弱光响应较好、容易大规模制备、柔性轻量化等特点，且其光电转换效率在第二代薄膜太阳能电池中处于最高水平。然而，CIGS 薄膜太阳能电池的发展也面临诸多挑战，其一是 In 属于稀有金属，对大规模制备及成本控制造成了阻碍；其二是制造 CIGS 薄膜太阳能电池一般需要采用较昂贵的真空设备，因此前期投资和设备折旧费用也使 CIGS 薄膜太阳能电池的造价较高；其三是 CIGS 薄膜太阳能电池中通常采用含镉化合物（如 CdS）作为缓冲层，这种物质存在潜在毒性危害问题。

10.3.2　铜铟镓硒薄膜太阳能电池制备

CIGS 吸光层是 CIGS 薄膜太阳能电池的核心，目前已有多种制备 CIGS 薄膜的方法和技术，包括蒸镀法、溅射后硒化法、电沉积法、丝网印刷法、微粒沉积法和分子束外延法等。已经用于生产并制备出高光电转换效率薄膜太阳能电池的方法是蒸镀法和溅射后硒化法。在实验室制备小面积的 CIGS 薄膜太阳能电池时，蒸镀法制备的薄膜质量具有优势，但其对设备要求严格，且蒸发过程中各元素的沉积速度不易控制，导致大面积生产时均匀性不是很好。溅射后硒化法首先通过溅射工艺制备 CIG 预制膜，再进行硒化处理，预制膜的制备和调控相对容易，但难点在于硒化工艺。

蒸镀法是最早的 CIGS 薄膜制备方法，其利用被蒸发物在高温时的真空蒸发来进行薄膜沉积，经过长期的发展，这种方法已形成一步法、两步法、三步法和"In-line"工艺共 4 种典型的工艺，其主要区别在于不同金属源的流量及基底温度的控制。其中，由 Kessler 等人提出的三步法已成为高光电转换效率薄膜太阳能电池的主要制作方法，目前 17% 以上的光电转换效率的 CIGS 薄膜太阳能电池大多采用三步法。但常规蒸镀法存在成分精确控制难、制造重复性差等问题。为解决这些问题，原位测量和监控系统使蒸镀法得到了新发展，这些系统主要对蒸发源流量、薄膜厚度和薄膜成分开展原位监控，例如四极质谱仪和原子吸收光谱仪等已经成功用于原位测量蒸发流量。另外，通过石英晶体监视器、光谱仪和 X 射线荧光光谱仪等仪器进行原位监控，也可以更加有效地调控和优化薄膜制备工艺，以实现薄膜质量和太阳能电池光电转换效率的提升。

随着人们对 CIGS 薄膜研究的逐渐深入，研究人员发现其性质主要依赖于 Cu、In 和 Ga 的原子配比及硒化条件，与中间的生长过程无关，如果使 Cu、In 和 Ga 分别成膜并单独硒化处理，只需改变 Cu、In 和 Ga 的配比及硒化条件即可，使得工艺较三步法简化许多，于是硒化法得到了迅速发展。硒化法的典型工艺是先预制含 Cu、In 和 Ga 元素的合金薄膜，然后在 H_2Se 或固态源的硒蒸气中对预制膜进行硒化热处理，形成 CIGS 薄膜。其中固态源硒化法因成本低，设备和工艺容易实现且安全环保受到了广泛关注。预制膜的制备方法很多，如溅射、蒸发和电化学沉积等，磁控溅射由于较容易控制和实现产业化，是常用的方法。预制膜的硒化工艺中，温度的控制特别重要，已有研究表明，在 575~600℃ 之间硒化的薄膜具有较好的择优取向和黄铜矿结构。另外，载气的类型和流速对 CIGS 薄膜的形貌也有一定影响，不当的 Ar 或 N_2 载气流速容易造成疏松多孔的薄膜。因此，硒化工艺的合理控制对获得高质量 CIGS 薄膜至关重要。

上述制备方法虽已被大量研究且发展得较为成熟，但其需要依赖昂贵的真空设备，前期设备投入及后期维护费用较大，造成 CIGS 薄膜太阳能电池较高的生产成本。采用非真空制备方法来制备 CIGS 薄膜，有利于降低生产成本。其中，电沉积法是一种典型的非真空制备方法，其基于电化学反应原理，使阳离子和阴离子在电场的作用下发生氧化还原反应，在基底上沉积所需要的薄膜。电沉积法制备 CIGS 薄膜的前驱体的 Se 一般来源于 H_2SeO_3，其他三种元素主要来源其硫酸盐和盐酸盐。电化学沉积 CIGS 薄膜的方法可分为一步沉积、二元化合物顺序沉积、电沉积硒化热处理等。理想的电沉积工艺为一步沉积，但由于 Cu、In、Ga 和 Se 的电极电位差很大，一步沉积的难度大。可通过调整沉积电位、调整溶液 pH 值、添加缓释剂和调整溶液成分比例来减小这 4 种元素的电极电位差，最终实现一步沉积。在国内，大部分研究着眼于电沉积制备 CIS 薄膜，对 CIGS 薄膜的制备研究较少。国外的电沉积 CIGS 薄膜制备可在较宽浓度范围内引入 Ga，制备出 CIGS 吸收薄膜，其一步沉积的最大面积达到了 30cm×30cm。然而，电沉积法由于其废液污染环境和规模生产时工艺重复性差，且容易在 CIGS 薄膜制备中产生其他杂质相，因此其工业化应用仍存在挑战。

除电沉积外，喷涂热分解也是一种非真空、低成本制备 CIGS 薄膜的技术。与制备 CdTe 薄膜类似，其主要原理是将反应物以气雾的形式喷射到高温基底上，然后反应物分解生成 CIGS 薄膜，反应物溶液由金属盐酸盐和有机物混合构成。在此过程中，不同的溶液配比、喷射速度和基底温度等都会影响 CIGS 薄膜质量，其中基底温度具有显著影响。通过控制工艺参数，可以抑制非目标二次相的生成，并制备出具有良好结构和电学性能的 CIGS 薄膜。但喷涂热解工艺制备的 CIGS 薄膜常存在针孔，不够致密，影响太阳能电池性能。

此外，还有其他真空及非真空制备方法，如分子束外延法、丝网印刷法等，但这些方法的研究和使用较少。

上面介绍了 CIGS 薄膜太阳能电池中 CIGS 吸光层的制备工艺，制备完整 CIGS 太阳能电池的主要流程包括制备基底、制备 CIGS 吸光层、制备缓冲层、制备透明导电层、制备抗反射层和制备金属电极。常用的基底材料包括玻璃和不锈钢，玻璃基底需经过清洗和处理，以提高其表面的粗糙度和附着性；不锈钢基底需经过抛光和处理，以消除杂质和缺陷。制备

CIGS 吸光层时应采用如前所述的薄膜制备工艺。其他功能层和电极主要通过物理或化学方法进行材料的沉积和处理，以及烘干和退火等工艺步骤。完成 CIGS 薄膜太阳能电池的制备后，需对成品太阳能电池进行测试和调试，以确保其性能符合要求。

10.3.3 铜铟镓硒薄膜太阳能电池研究进展

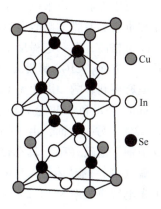

图 10-8 $CuInSe_2$ 晶体结构示意图

CIGS 薄膜太阳能电池中的吸光材料 CIGS 由 $CuInSe_2$ 发展而来。1953 年，Hahn 首次合成出 $CuInSe_2$，室温下 $CuInSe_2$ 与 $CuInS_2$ 的晶体结构为黄铜矿结构，与 ZnS 的闪锌矿结构类似，如图 10-8 所示。

20 世纪 70 年代，贝尔实验室的 Shaly 详细研究了包括 $CuInSe_2$ 和 $CuInS_2$ 在内的三元黄铜矿半导体材料，探索了它们的生长机理和在电学方面的性质与应用。1974 年，贝尔实验室的 S. Wanger 等人研制出第一块单晶 $CuInSe_2$ 太阳能电池和第一块单晶 $CuInS_2$ 太阳能电池，开启了 CIS 太阳能电池的发展。1976 年，Kazmerski 等人研制出第一块多晶 $CuInSe_2$ 薄膜太阳能电池。一年后，Kazmerski 等人用双源沉积法成功制备了光电转换效率为 3.33% 的 $CuInS_2$ 薄膜太阳能电池。1981 年，波音公司采用双元共蒸法制备了光电转换效率为 9.4% 的 $CuInSe_2$ 薄膜太阳能电池。随后，ARCO 公司采用先磁控溅射合金层，再进行硒化的方法制备了光电转换效率超过 10% 的 $CuInSe_2$ 薄膜太阳能电池。1994 年，Walter 等人用共蒸法制备了光电转换效率超过 12% 的 $CuInS_2$ 薄膜太阳能电池，其结构为 $Mo/P\text{-}CuInS_2/N\text{-}CdS/ZnO$。同年，瑞典皇家理工学院研制出了面积为 $0.4cm^2$ 的高光电转换效率的 $CuInSe_2$ 薄膜太阳能电池。1999 年，NREL 用 Ga 原子取代 $CuInSe_2$ 中的部分 In 原子，成功研制出光电转换效率为 18.8% 的 CIGS 薄膜太阳能电池。2008 年，18.8% 的光电转换效率纪录再次被 NREL 刷新，达到 19.9%。2010 年，Mitzi 等人采用肼作为溶剂，在非真空条件下制备了光电转换效率为 13.6% 的 CIGS 薄膜太阳能电池。2012 年，Guo 等人采用 CIGS 纳米晶分散液制备的太阳能电池的光电转换效率达到了 12%。在规模化生产方面，$CuInS_2$ 和 CIGS 都有相应的发展。SULFURCELL 公司在德国有一条组件面积为 $120cm \times 60cm$ 的 1MW $CuInS_2$ 薄膜太阳能电池生产示范线，主要生产光电转换效率为 9.3% 的太阳能电池组件。CIGS 薄膜太阳能电池的规模化生产更具潜力，日本产综研究所在 2008 年已经生产出了光电转换效率为 15.9% 的量产型 CIGS 太阳能电池模块。

我国的 CIGS 薄膜太阳能电池产业起步较晚，但在国家政策的支持下，也取得了突飞猛进的发展。其中南开大学研发出了光电转换效率为 14.2% 的 CIGS 薄膜太阳能电池，并在 2007 年开始进行 5MW 太阳能电池生产线的生产技术开发。在此之后，天津泰阳光电科技有限公司建设了一条具有 8% 光电转换效率的 CIGS 薄膜太阳能电池生产线，填补了国内的空白。北京安泰科技股份有限公司引进了德国 Odersun 公司的相关技术，建设了一条光电转换效率为 9.2% 的 $CuInS_2$ 薄膜太阳能电池生产线。山东孚日集团引进德国 Aleo 和 Johanna 公司的相关技术，建设了 240MW 的 CIGS 薄膜太阳能电池生产线。山东威海蓝星公司也引进了 2 条 2.5MW 的 CIGS 薄膜太阳能电池生产线。

对于实验室小面积制备的 CIGS 薄膜太阳能电池，其重点是精确控制 CIGS 薄膜的成分和优化工艺，从而提升光电转换效率。经过多年的研究，CIGS 薄膜太阳能电池的光电转换效率不断提升。瑞典乌普萨拉大学的 Keller 等人在 CIGS 吸光层中引入了较多的银，并实现了曲棍球棒形的镓分布，其中镓在靠近背电极处浓度较高，在靠近缓冲层处浓度较低且稳定。这种元素分布方式减小了横向和深度的带隙波动，减少了开路电压损失，从而实现了 23.64% 的光电转换效率。

对于工业生产来说，除了高光电转换效率，低成本、可重复性、高产出和工艺兼容度都非常重要。薄膜太阳能电池的生产对设备的精度和稳定性要求较高，且设备复杂昂贵，导致产品价格高，在一定程度上制约了其产业化进展。如何大幅降低制造成本，是一个关键问题。一方面，CIGS 薄膜太阳能电池中的缓冲层主要采用 CdS，其中镉为高污染重金属，对环境有不利影响。因此无 CdS 缓冲层的 CIGS 薄膜太阳能电池也逐渐受到关注，目前 Solar Frontier 公司和 ZSW 公司研发的无 CdS 缓冲层的 CIGS 薄膜太阳能电池的光电转换效率已达到 22%。另一方面，由于铟和镓在地球上的储量有限，科研人员也在积极研究其替代品，其中铜锌锡硫（硒）具有较大潜力，成为当前无机薄膜太阳能电池研究的前沿之一。铜锌锡硫（硒）的晶体结构与铜铟镓硒类似，目前中国科学院物理研究所的孟庆波团队已制备了光电转换效率为 14.2% 的铜锌锡硫（硒）薄膜太阳能电池。

10.4　碲化镉薄膜太阳能电池

碲化镉（CdTe）薄膜太阳能电池以具有直接带隙特征的 CdTe 半导体作为主要吸光层材料，其设计简单，制作成本较低。碲化镉薄膜太阳能电池的效率极限超过 32%，在 AM1.5 条件下的理论效率可达 27%，目前实际制造的产品光电转换效率已达到 22%。此外，碲化镉薄膜太阳能电池在高温条件下具有比晶体硅太阳能电池更好的使用效果，因此在科学研究及产业应用方面受到了关注。

10.4.1　碲化镉薄膜太阳能电池结构及特点

碲化镉薄膜太阳能电池在玻璃或其他柔性基底上依次沉积多层薄膜而构成。从光入射面开始，首先是在玻璃基底上沉积透明导电层（TCO），然后沉积 N 型的 CdS 窗口层，接下来沉积 P 型的 CdTe 吸光层，它与 N 型的 CdS 吸光层形成 PN 结，最后在 CdTe 吸光层上面沉积背接触层和背电极，即典型的 CdTe 薄膜太阳能电池基本结构是：玻璃/TCO/N-CdS/P-CdTe/背接触层/背电极，如图 10-9 所示。

碲化镉薄膜太阳能电池中各层的功能和性质如下。

1）玻璃基底：主要起支撑、防止污染的作用。

2）TCO：主要作用是透光和导电，用于碲化镉

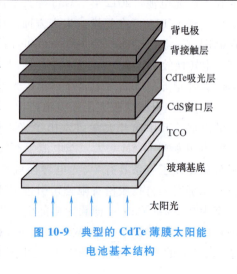

图 10-9　典型的 CdTe 薄膜太阳能电池基本结构

薄膜太阳能电池的 TCO 需具备下列特性——对波长 400～860nm 的可见光的透过率超过 85%；具有低的电阻率，大约为 2×10^{-4} $\Omega \cdot cm$ 数量级，或者方块电阻小于 $10\Omega/sq$；在后续高温沉积其他层时有良好的热稳定性。

一般高光电转换效率碲化镉薄膜太阳能电池的 TCO 都采用双层结构，这种双层结构由一个高导电层和一个超薄高阻层（或称为缓冲层）组成，高导电层的作用是与外接电极形成良好的导电接触和提高电流收集能力，而超薄高阻层可以尽可能减少窗口层中的穿孔引起的正向电流。引进 50nm 左右的超薄高阻层，如 SnO_2、In_2O_3、ZnO 或 Zn_2SnO_4，可以改进 CdS 的形貌，降低 CdS 窗口层的厚度到 80nm，并且可以改进太阳能电池对短波长光的响应。

3）CdS 窗口层：该层为 N 型半导体，与 P 型的 CdTe 吸光层组成 PN 结。CdS 的吸收边大约为 520nm，对可见光有较好的透过性，常用作薄膜太阳能电池的窗口层。CdS 可由多种方法制备，一般的工业化场合和实验室常采用化学水浴沉积（Chemical Bath Deposition，CBD）的方法，主要由于其成本低，且生成的 CdS 能够与 TCO 形成良好的致密接触。在碲化镉薄膜太阳能电池的制备过程中，一个非常重要的步骤就是对沉积后的 CdTe 和 CdS 进行 $CdCl_2$ 热处理，其有助于提高晶体性能和形成良好的 CdS/CdTe 界面，显著提高短路电流和光电转换效率。

4）CdTe 吸光层：CdTe 是一种直接带隙的半导体材料。碲化镉薄膜太阳能电池中使用的是 P 型的 CdTe 半导体，它是吸光层的主体，并与 N 型的 CdS 窗口层形成 PN 结，构成整个电池最核心的部分。多晶 CdTe 薄膜具有制备太阳能电池的理想带隙（$E_g = 1.45eV$）和较高的光吸收率（$10^4 \sim 10^5\ cm^{-1}$），CdTe 的光谱响应与太阳光谱可以很好匹配。

5）背接触层和背电极：为了降低 CdTe 吸光层和金属电极的接触势垒，引出电流，金属电极应与 CdTe 吸光层形成欧姆接触。CdTe 具有较高的功函数，因此常采用 Ni 基金属电极，并在 CdTe 薄膜表面沉积一种高掺杂的半导体作为背接触层，一般的背接触层材料有 HgTe、ZnTe：Cu、Cu_xTe 和 Te 等。

CdTe 薄膜材料及其太阳能电池有如下特点：

1）理想的带隙。CdTe 的带隙一般为 1.45eV，其光谱响应和太阳光谱非常匹配。

2）较高的光吸收率。CdTe 的光吸收系数在可见光范围内高达 $10^4\ cm^{-1}$ 以上，为单晶硅的 100 倍，仅 $1\mu m$ 厚的 CdTe 就可以吸收 99% 以上的波长小于 826nm 的可见光。

3）光电转换效率高。碲化镉薄膜太阳能电池的理论光电转换效率约为 30%。

4）性能稳定。一般的碲化镉薄膜太阳能电池的设计使用寿命为 20 年。

5）结构简单，制造成本低，容易实现规模化生产。

尽管碲化镉薄膜太阳能电池在光电转换效率和成本方面具有优势，但它也存在显著的缺点：一方面 Cd 属于有毒重金属，碲化镉薄膜太阳能电池在生产和使用过程中的不当操作会将 Cd 释放出来，严重危害环境和人类健康。另一方面 Te 原材料的价格较高，制约了 CdTe 吸光层制造成本的降低，不利于产品价格的进一步下降。

10.4.2　碲化镉薄膜太阳能电池制备

作为碲化镉薄膜太阳能电池中的核心，高质量 CdTe 薄膜对获得高效的太阳能电池至关重要。CdTe 薄膜可由多种物理和化学方法制备，如近空间升华法、电化学沉积法、真空蒸发法、化学气相沉积法和喷涂热分解法等。每种制备方法都有各自的特点。在实际的碲化镉薄膜太阳能电池生产和实验室研究中，最常用的方法是近空间升华法和电化学沉积法。

近空间升华（Close Spaced Sublimation，CSS）法是在20世纪60年代的Ⅲ-Ⅴ族化合物半导体外延技术中发展起来的，其沉积速率高，是制作高效碲化镉薄膜太阳能电池的有效方法。该方法将原材料的粒子气相蒸发到基底表面上，使其沉积成固态薄膜，这是一个相变过程，即从气相到吸附相，再到固相。蒸发源到基底的距离很短，只有2~3mm，因而此方法的特点在于高沉积速率与低消耗，其生长的晶粒较大。在制备过程中，蒸发源温度、基底温度、掺入氯/氧等杂质和热处理等都会对薄膜性质有较大的影响。CSS法可以和常规的玻璃生产工艺结合，连续进行玻璃制备和太阳能电池制备，从而提高生产率，降低生产成本。得益于这些优点，CSS法被广泛应用于制造商用大面积CdTe多晶薄膜和太阳能电池组件，其在20世纪90年代初就已经实现了8%的大面积太阳能电池组件效率。

电化学沉积法制备CdTe薄膜具有独特的优势，其成本低，过程控制方便，安全性好，可在大面积上进行沉积。此方法制备CdTe薄膜通常在具有一定酸碱度的溶液中进行（一般为酸性），利用亚碲酸盐和镉盐（如氯化镉、硝酸镉等）的电化学氧化还原反应在基底上沉积CdTe薄膜。早在2005年，采用电化学沉积法制备的碲化镉薄膜太阳能电池光电转换效率已经超过了14.2%。但使用电化学沉积法制备CdTe薄膜时，薄膜中CdTe的晶粒尺寸一般只有几百纳米，且晶界缺陷较多，致使薄膜的光电性质和光电转换效率受到影响。通过控制制备过程中的各种电化学参数，如电压、温度和溶液浓度等，以及后期对薄膜的处理（如预腐蚀、热处理等），可对CdTe薄膜的成分、结构、光学性质和电学性质进行调控，从而优化太阳能电池的性能。

真空蒸发法采用电阻加热、感应加热或者电子束加热等方法将原料蒸发沉积到基底上成膜。真空蒸发法的制备工艺直接影响CdTe的成膜形态和质量，进而影响到碲化镉薄膜太阳能电池的性能。真空磁控溅射技术要求在被溅射的阳极（靶极）与阴极之间加一个正交磁场和电场，磁场和电场方向相互垂直。当镀膜室抽真空到设定值时，充入适量的氩气，在阴极和阳极之间施加数百伏电压，便可在镀膜室内产生磁控辉光放电，此时氩气被电离。在正交电磁场的作用下，电子以摆线的方式沿靶表面前进，电子的运动被限制在一定空间内，增加了同工作气体分子的碰撞概率，提高了电子的电离效率。然而真空蒸发法制备碲化镉薄膜太阳能电池的效率一直偏低。

化学气相沉积法也被用于制备CdTe薄膜，此方法具有真空度高、抽速快、基底装卸方便等特点，配备高精度控制基底加热台后，可实现自动与均匀控温。金属有机气相沉积（MOCVD）法属于化学气相沉积法，它利用金属有机物作为气相反应物，在基底表面进行反应，形成固态沉积物，MOCVD化学反应涉及反应气体在基底表面膜的扩散传输、反应气体与基底的吸附、表面扩散、固态生成物的成核与成长、气态生成物的脱附等过程。

喷涂热分解法是溶剂蒸发法的一种，起源于喷雾干燥法，它将金属盐溶液喷至高温气氛中，使溶剂蒸发和金属盐热解同时完成，从而在基底上形成薄膜。

碲化镉薄膜太阳能电池的制备工艺主要包括在TCO表面沉积CdS窗口层，制备CdTe吸光层，对沉积叠层进行激活热处理和表面处理，沉积背接触层和背电极，最后通过连续的热处理制备完整的器件。

10.4.3　碲化镉薄膜太阳能电池研究进展

20世纪50年代中期，Jenny等人对CdTe单晶的电子能带特性进行了研究，而后在1959年，Nobel确定了Cd_2Te相平衡、缺陷和CdTe半导体性质之间的关系。基于N型CdTe单晶和多晶薄膜的太阳能电池在20世纪60年代早期已被成功制备，其利用CdTe薄膜表面和铜酸盐溶液反应来形成$CdTe/Cu_2Te$异质结。1963年，Cusano研制出以碲化镉为N型结构，以碲化亚铜为P型结构的太阳能电池，其光电转换效率为7%。1982年，Tyan等人用化学气相沉积法在CdTe上蒸镀一层CdS，首次制备出P-CdTe/N-CdS异质结薄膜太阳能电池，其光电转换效率超过10%，这也是现代碲化镉薄膜太阳能电池产业化的原型。1993年，美国佛罗里达州立大学的研究人员采用近空间升华法制备出碲化镉薄膜太阳能电池，其光电转换效率为15.8%。2004年，我国学者吴选之制备出碲化镉薄膜太阳能电池，其光电转换效率达到16.5%，碲化镉薄膜太阳能电池也逐渐由实验室研究阶段走向规模化工业生产阶段。在2016年初，碲化镉薄膜太阳能电池的实验室光电转换效率已经达到22.1%，但与其理论效率相比尚有提升空间。

碲化镉薄膜太阳能电池中存在镉元素，因此在使用过程中人们一直担忧其会对人体健康造成危害，对此研究人员也进行了深入的研究。根据美国Brookhaven国家实验室（BNL）的报告，碲化镉薄膜太阳能电池组件中CdTe用量较小，1MW的碲化镉薄膜太阳能电池组件仅需约250kg的CdTe。碲化镉薄膜太阳能电池中，CdTe被密封在两块玻璃之间，常温下没有Cd的释放，即使在1100℃的高温下，99.96%的CdTe也都会被两块熔化的玻璃封住而没有泄漏。比较其他几种太阳能电池及其他能源，碲化镉薄膜太阳能电池的镉排放量为0.3g/GW，而多晶硅太阳能电池的镉排放量为0.6g/GW，单晶硅太阳能电池的镉排放量为0.7g/GW，煤炭的镉排放量为3.7 g/GW，石油的镉排放量为44.3g/GW。在碲化镉薄膜太阳能电池组件制备和使用的全生命周期内，总的镉排放量较低，较为安全。刘向鑫等人结合我国实际国情，对碲化镉产业的镉排放问题进行了研究，发现碲化镉薄膜太阳能电池发电形式的镉总排放率只有火力发电的1/13。尽管如此，需要注意的是，在制备或使用碲化镉薄膜太阳能电池的过程中，若操作不当或发生意外情况（如地震、火灾等），镉元素仍然有可能被释放出来，其对环境和人类健康的潜在威胁仍不能忽视。

此外，碲化镉中的碲为稀有金属，碲化镉薄膜太阳能电池每年耗碲约120t，碲资源不足也可能给碲化镉薄膜太阳能电池的发展造成阻碍。目前全世界已知的碲储量为40000～50000t，世界碲产量为400～600t/年。在碲化镉薄膜厚度约为$3\mu m$、组件光电转换效率为10%的情况下，1GW的碲化镉薄膜太阳能电池组件将要消耗100t碲。但随着技术的发展，碲化镉薄膜将更薄，组件光电转换效率也将进一步接近其理论效率，每1GW的碲化镉薄膜太阳能组件消耗的碲将大幅降低。当大规模组件光电转换效率达到15%，碲化镉薄膜厚度减少到$0.2\mu m$时，每1GW消耗的碲只有4.4t。此外，碲资源的回收利用也有望缓解资源不足的情况，促进碲化镉薄膜太阳能电池的应用。

纵观碲化镉薄膜太阳能电池的科学研究与产业化应用现状，未来碲化镉薄膜太阳能电池的发展仍需从以下几个方面进行考量：

1）经过几十年的发展，目前碲化镉薄膜太阳能电池的实验室最高光电转换效率仍为

22.1%，与其理论最大光电转换效率相比还有很大差距，其中制约碲化镉薄膜太阳能电池性能的关键瓶颈是开路电压。未来碲化镉薄膜太阳能电池性能提升的关键将是进行有效的P型掺杂，延长载流子寿命，通过制备欧姆接触电极提高开路电压，从而改善碲化镉薄膜太阳能电池的性能。

2）从技术、规模和市场应用等诸多因素考虑，国内的碲化镉薄膜太阳能电池及组件的产业化还需要产业链上下游各方加强合作交流与信息共享，这不仅是碲化镉薄膜太阳能电池及组件快速发展壮大的关键，也是其市场化应用推广的关键。

3）碲化镉薄膜太阳能电池组件各项性能优异，在政策与市场的双重驱动下，其不仅适用于光伏电站，更应该考虑以其独特的自身优势应用到建筑领域（BIPV/BAPV）。

思 考 题

1. 非晶硅薄膜的制备方法主要有哪些？非晶硅与晶体硅材料相比有哪些优缺点？

2. 什么是非晶硅薄膜太阳能电池的S-W效应？其产生的原因是什么？对应用有什么影响？

3. 非晶硅、CIGS和CdTe三种典型薄膜太阳能电池材料的带隙分别是多少？这对其吸收太阳光的能力及太阳能电池的性能有什么影响？

4. 相比于晶体硅太阳能电池，为什么薄膜太阳能电池的吸光层可以做得很薄？

5. 为什么薄膜太阳能电池在弱光下的响应通常优于传统的晶体硅太阳能电池？

6. 简要画出非晶硅、CIGS和CdTe三种典型薄膜太阳能电池的结构示意图，并分别阐述各层的功能与作用。

参 考 文 献

[1] 曹希文，张雅希，杨小国，等. 无机薄膜太阳能电池光伏材料的研究进展 [J]. 中国陶瓷工业，2023，30（1）：48-56.

[2] 张传军，褚君浩. 薄膜太阳电池研究进展和挑战 [J]. 中国电机工程学报，2019，39（9）：2524-2531.

[3] WEN X X, CHEN C, LU S, et al. Vapor transport deposition of antimony selenide thin film solar cells with 7.6% efficiency [J]. Nature Communications, 2018, 9: 2179.

[4] YAN C, HUANG J, SUN K, et al. Cu_2ZnSnS_4 solar cells with over 10% power conversion efficiency enabled by heterojunction heat treatment [J]. Nature Energy, 2018, 3: 764.

[5] SAI H, MATSUI T, KUMAGAI H, et al. Thin-film microcrystalline silicon solar cells: 11.9% efficiency and beyond [J]. Applied Physics Express, 2018, 11: 022301.

[6] 蔺旭鹏，强颖怀，肖裕鹏，等. 薄膜太阳电池研究综述 [J]. 半导体技术，2012，37（2）：96-104.

[7] SHAH A V, SCHADE H. Thin-film silicon solar cell technology [J]. Progress in Photovoltaics Research & Applications, 2004, 12: 113.

[8] SHI J, WANG J, MENG F, et al. Multinary alloying for facilitated cation exchange and suppressed defect formation in kesterite solar cells with above 14% certified efficiency [J]. Nature Energy, 2024, 9: 1095-1104.

[9] TANG R, WANG X, LIAN W, et al. Hydrothermal deposition of antimony selenosulfide thin films enables solar cells with 10% efficiency [J]. Nature Energy, 2020, 5: 587-595.

[10] 尹炳坤，蒋芳. 非晶硅薄膜太阳能电池研究进展 [J]. 广州化工，2012，40（8）：31-33，57.

[11] KELLER J, KISELMAN K, DONZEL-GARGAND O, et al. High-concentration silver alloying and steep back-contact gallium grading enabling copper indium gallium selenide solar cell with 23.6% efficiency [J].

Nature Energy, 2024, 9: 467-478.

[12] 王波, 刘平, 李伟, 等. 铜铟镓硒（CIGS）薄膜太阳能电池的研究进展 [J]. 材料导报, 2011, 25 (19): 54-58.

[13] 马光耀, 康志君, 谢元锋. 铜铟镓硒薄膜太阳能电池的研究进展及发展前景 [J]. 金属功能材料, 2009, 16 (5): 46-49.

[14] CUSANO D A. CdTe solar cells and photovoltaic heterojunctions in Ⅱ-Ⅵ compounds [J]. Solid State Electronics, 1963, 6 (3): 217-218.

[15] TYAN Y S, PEREZ-ALBURNE E A. Efficient thin-film CdS/CdTe solar cells [C] //Photovoltaic Specialists Conference, 16th. Piscataway: IEEE, 1982: 794-800.

[16] FEREKIDES C, BRITT J, MA Y, et al. High efficiency CdTe solar cells by close spaced sublimation [C] //Conference Record of the Twenty Third IEEE Photovoltaic Specialists Conference-1993. Piscataway: IEEE, 1993: 389-393.

[17] WU X. High efficiency polycrystalline CdTe thin film solar cells [J]. Solar Energy, 2004, 77: 803.

[18] FTHENAKIS V M. Life cycle impact analysis of cadmium in CdTe PV production [J]. Renewable & Sustainable Energy Reviews, 2004, 8: 303.

[19] 刘向鑫, 杨兴文. 中国国情环境下 CdTe 光伏的全周期镉排放分析 [J]. 科学通报, 2013, 58 (19): 1833-1844.

晶体硅太阳能电池和无机薄膜太阳能电池可分别归类为第一代及第二代太阳能电池，其中一些种类的太阳能电池已经成功实现商业化应用。随着人类对清洁可再生能源的需求不断增长，研究人员也在不断探索新型太阳能电池材料与结构。本章介绍的第三代太阳能电池包括染料敏化太阳能电池、有机太阳能电池、量子点太阳能电池、钙钛矿太阳能电池和非铅钙钛矿太阳能电池。通过本章的学习，可以了解多种新型太阳能电池的材料和结构特点、研究和产业化发展历程及当前面临的技术挑战。

11.1 染料敏化太阳能电池

染料敏化太阳能电池（Dye-sensitized Solar Cells，DSSCs）最早可以追溯到 19 世纪。Vogel 发现用染料处理卤化银颗粒可使其光谱响应从 460nm 拓展到红光甚至红外线。随后，Putzeiko 等人将罗丹明 B、花菁等有机染料吸附于 ZnO 上，观察到了光电流响应。此后，有机染料敏化半导体的研究非常活跃，然而早期的研究主要集中在表面光滑的半导体材料上，其表面吸附的单层染料光捕获较差。通过提高半导体表面的粗糙度可增加染料吸附量，并使染料与氧化还原电解质直接接触，但其光电转换效率仍然很低。1991 年，M. Grätzel 团队在对染料敏化太阳能电池的研究中取得了突破性进展，他们采用约 $10\mu m$ 厚的具有高比表面积的纳米多孔氧化钛代替传统的平板电极，增大了染料的吸附量，使 DSSCs 的光电转换效率达到 7.1%，电流密度达到 $12mA/cm^2$。

与晶体硅太阳能电池相比，DSSCs 具有设备投入与制造成本低，制造工艺简单等优点，而且 DSSCs 的输出功率通常会随温度升高而增大，在高温环境下仍然可以保持较好的性能。此外，DSSCs 的弱光性能比晶体硅太阳能电池好，甚至可以在月光照射下发电，且应用于光伏玻璃幕墙时，可以同时吸收室外和室内光线，并可制成具有装饰效果的彩色半透明太阳能电池。以上优势使 DSSCs 受到了大量关注。经过多年的发展，DSSCs 的光电转换效率已经超过 13%，与非晶硅薄膜太阳能电池基本持平。

11.1.1　染料敏化太阳能电池工作原理

染料敏化太阳能电池中的光电转换过程由光吸收、载流子分离、载流子运输及载流子复合四个过程组成。与传统太阳能电池不同的是，染料敏化太阳能电池中的光吸收是由有机染料进行的，而非无机半导体。染料敏化太阳能电池工作原理如图 11-1 所示，在光辐照下，染料分子被激发，产生光生电子与空穴（过程①），电子被注入氧化物导带（过程②），使染料处于氧化态。随后，电子被阳极提取（过程③），经外部导线流到阴极。被氧化的染料再被电解质（一般为含碘化物/三碘化物即 I^-/I_3^- 的氧化还原对的有机溶液）中的氧化还原对还原到基态（过程④），同时电解质中的 I^- 被氧化，形成 I_3^- 离子，并通过电解质扩散至对电极（对电极一般为镀有 Pt 催化剂薄层的导电玻璃）。在阴极，I_3^- 得到电子，被还原为 I^-（过程⑤）。图 11-1 中的过程①~⑤是能提供对外输出的有效电子转移途径，但实际上在发生有效电子转移时也伴随有损失反应⑥、⑦和⑧。反应⑥为处于激发态的染料直接复合还未注入 TiO_2 导带的电子。反应⑦和⑧分别为已注入 TiO_2 导带的电子与处于氧化态的染料和电解质中的受主复合。以上过程表明 DSSCs 中的光电转换是由不同的材料协同完成的，从理论上来说，可以通过材料的合理设计与选择，对每一个过程分别优化。

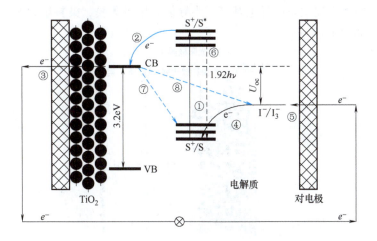

图 11-1　染料敏化太阳能电池工作原理

上述过程具体表示如下：

① 染料分子受光照激发，由基态（S）跃迁到激发态（S^*），即

$$S + h\nu \longrightarrow S^* \tag{11-1}$$

② 激发态的染料分子（S^*）将电子注入半导体（如 TiO_2）多孔薄膜的导带（CB），即

$$S^* + TiO_2 \longrightarrow TiO_2^-(CB) + S^+ \tag{11-2}$$

③ 半导体多孔薄膜导带中的电子转移至导电玻璃的导电面，然后流入外电路，即

$$TiO_2^- \longrightarrow e^- \tag{11-3}$$

④ 氧化态染料分子（S）被电解质中的还原剂（I^-）还原，回到基态，还原剂被氧化为 I_3^-，即

$$S^+ + 3/2I^- \longrightarrow S + 1/2I_3^- \tag{11-4}$$

⑤ I_3^- 扩散至对电极，得到电子而被还原，即

$$e^- + 1/2\ I_3^- \longrightarrow 3/2I^- \tag{11-5}$$

⑥ 激发态染料分子中的电子与染料分子中的空穴复合，回到基态，即

$$S^* \longrightarrow S \tag{11-6}$$

⑦ 半导体多孔薄膜导带中的电子与氧化态染料分子复合，即

$$S^+ + TiO_2^-(CB) \longrightarrow TiO_2 + S \tag{11-7}$$

⑧ 半导体多孔薄膜导带中的电子与 I_3^- 复合，即

$$TiO_2^-(CB) + I_3^- \longrightarrow 3I^- + TiO_2 \tag{11-8}$$

显然，DSSCs 中存在三对竞争反应，即染料的注入过程与染料的失活过程；染料阳离子与电解质中的还原态的复原反应和与半导体中的电子的复合反应；半导体中的电子运输反应和与电解质中氧化态的复原反应。要使 DSSCs 具有较高的光电转换效率，必须使这三对竞争反应中前者的反应速率远大于后者。

11.1.2　染料敏化太阳能电池结构及制备

染料敏化太阳能电池主要由导电基底、半导体光阳极薄膜、染料敏化剂、电解质和对电极等部分组成，如图 11-2 所示。

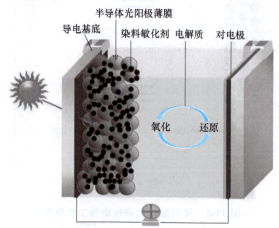

图 11-2　染料敏化太阳能电池的结构

1）导电基底。DSSCs 中采用的导电基底主要是掺氟的氧化锡（FTO）导电玻璃，可在普通玻璃上镀上导电膜制成，其透光率一般大于 85%，方块电阻约 10Ω，热稳定性良好，可用于收集和传输电子。

2）半导体光阳极（Photoanode）薄膜。半导体光阳极薄膜是染料敏化剂的载体，也是电子的获取和传输介质，其一般具有以下性质：①所用半导体氧化物、染料敏化剂和电解质三者间的能级需匹配；②半导体光阳极薄膜应尽可能多地吸附染料分子，以吸收更多光子；③半导体光阳极薄膜与电解质、电解质与对电极、半导体光阳极薄膜与导电基底间需接触良好，从而实现电子的转移。

3）染料敏化剂（Dye）。理想的染料敏化剂需满足：①尽量宽的光谱响应和尽量大的摩尔消光系数；②激发态的能级位于半导体光阳极薄膜的导带底之上，使得光电子可注入半导体导带中；③可牢固地附着在半导体光阳极薄膜上；④具有合理的氧化还原电势，注入的电子能与电解质中的电子给体反应，使染料分子还原再生；⑤具有足够的稳定性。

4）电解质（Electrolyte）。电解质主要起到传输离子和使染料分子再生的作用，理想的电解质需满足：在对电极界面能够快速传输电子，且能与电子快速发生氧化还原反应，但在与半导体光阳极薄膜的界面处却必须使电子传输减慢，这样可以减少电子的复合。目前研究的 DSSCs 多以 I_3^-/I^- 作为氧化还原对，所采用的电解质从形态上可分为液态、固态和准固态。

5）对电极（Counter Electrode）。对电极负责催化电子受体与电子的反应，使光电化学反应得以循环进行，对电极使用的材料多为 Pt、C 等。

染料敏化太阳能电池的制备流程主要包括导电基底的制备、半导体光阳极薄膜的制备、对电极的制备、电解质的制备、封装、电解质注入。

（1）导电基底的制备：采用掺锡的氧化铟（ITO）或掺氟的氧化锡（FTO）导电玻璃，它是在钠钙基或硅硼基玻璃的基础上，利用磁控溅射或化学气相沉积的方法制备而成的。通过切割、洗涤和干燥等步骤，将导电基底准备妥当。

（2）半导体光阳极薄膜的制备：将制备好的 TiO_2 纳米晶体涂覆在导电基底的固定区域，然后在适当的温度（约 450℃）下烧结。随后将冷却好的半导体光阳极薄膜浸泡在染料溶液中吸附染料，最后用 N_2 吹干，避光储存。

（3）对电极的制备：将 C 纳米管/Pt 电镀在导电基底上，以便加快电子的运动，提高氧化还原的速率。

（4）电解质的制备：常用的电解质通常为液态，一般将碘和碘化钠溶于有机溶剂（如乙腈）中制备而成。

（5）封装：采用热膜封装技术，将 DSSCs 的四周用绝缘加热封装固定。封装膜不宜太厚，应保证 DSSCs 内部接触良好。

（6）电解质注入：将前面配好的电解质注入封装好的 DSSCs 中，完成后即为成品。

11.1.3　染料敏化太阳能电池研究进展

染料敏化太阳能电池的历史最早可以追溯到 19 世纪照相技术的产生。1837 年，Daguerre 制成了世界上第一张黑白照片。1839 年，Fox Talbot 将卤化银应用于相片的制作，但卤化银具有较大的带隙，对长波可见光难以响应。1883 年，Vogel 发现有机染料能使卤化银对长波可见光的响应更加敏锐，由此成功将卤化物半导体晶粒与染料结合在一起，获得了黑白胶片，这是染料敏化效应可以查证的最早应用。1964 年，Namba 和 Hishiki 在芝加哥召开的固体光敏化国际会议上提出，同一种染料对照相技术和光电化学都很有效，这是染料敏化领域的重要事件，但当时尚不明确其机理，即不确定染料敏化到底是通过电子转移还是通过能量转移来实现的。自 20 世纪 70 年代，人们开始了对染料敏化太阳能电池的研究，但当时采用的光电极为致密的半导体膜，其染料吸附量很少，因此只能吸收少量的太阳光，导致其光电转换效率低，无法达到应用水平。

1991 年，瑞士的 Grätzel 团队以纳米多孔 TiO_2 为半导体电极，以钌络合物为染料，并选

用 I_2/I_3^- 为氧化还原电解质，使光电转换效率提升至 7.1%。Grätzel 研发的染料敏化太阳能电池与传统的太阳能电池相比，具有更大的比表面积，能够吸附更多的染料，其太阳光的吸收量显著增加，从而极大提高了太阳能电池的光电转换效率。1993 年，Grätzel 团队将染料敏化太阳能电池的光电转换效率提升至 10.0%，到了 2004 年和 2005 年，光电转换效率又分别达到了 11.0% 和 11.2%。

柔性染料敏化太阳能电池的开发也成为一个研究热点，它将电极材料制备到可弯曲的 PET 树脂等高分子导电基底上，得到的太阳能电池具有可弯曲、重量轻、随身携带方便等特点。英国 G24 公司拥有一条 5MW 的中试涂覆线，其利用印刷技术生产染料敏化太阳能电池并制造样机；澳大利亚 STA 公司建立了面积为 200m² 的太阳能电池示范屋顶；日本 Peccell 公司在柔性塑料基底上制备的染料敏化太阳能电池的光电转换效率达 6.2%。

国内方面，中国科学院等离子体物理研究所于 1994 年开展了染料敏化太阳能电池的研究，是国内较早开展此类研究的单位。他们致力于染料敏化太阳能电池各个关键组成部分的材料实验研究、大面积太阳能电池的工艺设计和研制，拥有多孔薄膜电极材料、电极制作、电解质、密封材料、大面积太阳能电池组装等多项自主知识产权和发明专利，制备出了尺寸为 15cm×20cm、光电转换效率稳定在 5.9% 的单片太阳能电池，并组装成 45cm×80cm 的太阳能电池板，其室外测试光电转换效率达到 5.5% 以上，2004 年底还成功完成了国内首座 500W 染料敏化太阳能电站的研制，并在国际上成为首座可以稳定运行的示范电站。

中国科学院等离子体物理研究所对染料敏化太阳能电池的各组成部分进行了全面分析和优化，包括制备大比表面、高孔隙率的二氧化钛薄膜、宽光谱响应的有机染料、高离子传导和电导率的固态电解质以及低载铂量的高活性对电极。此外，他们对染料敏化太阳能电池的制备组装工艺也进行了全面的研究，为大面积染料敏化太阳能电池的制备和工业化生产奠定基础。此外，北京大学、中国科学院理化技术研究所、清华大学、南开大学和华侨大学等也在染料敏化太阳能电池领域开展了较多的研究工作。

11.2 有机太阳能电池

有机太阳能电池（Organic Solar Cells，OSCs）是以有机半导体材料作为功能层的光伏器件。作为第三代太阳能电池的典型代表，有机太阳能电池凭借其成本低廉、可溶液加工及柔性可弯曲等独特优势，成为极具应用前景的光伏器件之一。

11.2.1 有机太阳能电池工作原理

有机太阳能电池的结构主要包括透明导电玻璃、传输层、有机高分子层（用于吸收太阳光并产生电子-空穴对）和金属电极等。

不同于晶体硅太阳能电池在光激发后直接产生电子和空穴，在有机太阳能电池中，光激发后产生的是电子空穴束缚对，即激子。有机太阳能电池发电的过程其实是激子经过一系列中间过程后分离成自由的电子和空穴，最后被电极收集的过程。对于有机太阳能电池来说，光激发后主要发生如图 11-3 所示的 4 个过程：①激子产生；②激子扩散；③激子分离；④电荷收集。

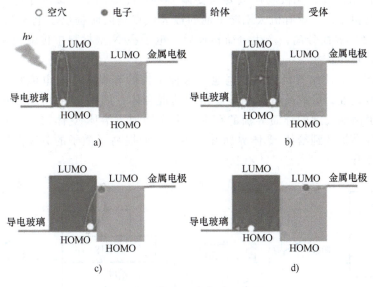

图 11-3　有机太阳能电池工作原理

a）激子产生　b）激子扩散　c）激子分离　d）电荷收集

11.2.2　有机太阳能电池分类及特点

有机太阳能电池在发展过程中相继出现了单层结构、双层异质结结构、体相混合异质结结构、P-I-N 结构和叠层结构等多种不同结构。

（1）单层有机太阳能电池（肖特基型）　单层有机太阳能电池是以肖特基势垒为基础原理而制作的有机太阳能电池。如图 11-4 所示，这种有机太阳能电池由单层的有机半导体材料嵌入两个电极之间构成，利用两个电极的功函数不同，可以产生一个电场，电子从低功函数的电极传递到高功函数的电极，从而产生光电流。

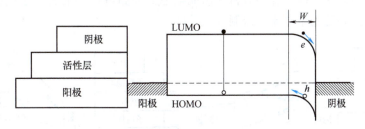

图 11-4　单层有机太阳能电池

由于有机半导体材料内激子的扩散长度一般都很小，只有扩散到肖特基势垒附近的激子才有机会被分离，所以单层有机太阳能电池的光电转换效率很低，这种结构目前已很少被使用。

（2）双层有机太阳能电池　双层有机太阳能电池是具有给体与受体（相当于 P 型半导体与 N 型半导体）的异质结器件，其结构如图 11-5 所示。在双层有机太阳能电池中，给体和受体有机材料分层排列于两个电极之间，形成平面型给体-受体界面。而且阳极功函数要与给体 HOMO 能级匹配；阴极功函数要与受体 LUMO 能级匹配，以利于电荷收集。与单层有机太阳能电池相比，双层有机太阳能电池的最大优点是同时提供了电子和空穴传输材料。当激子在给体-受体界面分离，产生电荷转移后，电子在 N 型材料中传输至阴极，而空穴则在 P 型材料中传输至阳极。

（3）体相混合异质结有机太阳能电池　这种结构的有机太阳能电池将至少两种不同的有机半导体材料共混，形成具有体相异质结构的混合体，如图 11-6 所示。在这种有机太阳能电池中，由于微纳尺度的异质界面的存在，大大增加了给体-受体接触面积，使得材料中产生的激子很容易扩散到给体-受体界面并分离，从而提高了激子的分离效率，有助于太阳能电池性能的提升。

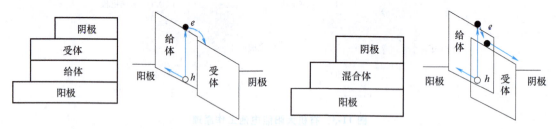

图 11-5　双层有机太阳能电池　　　　图 11-6　体相混合异质结有机太阳能电池

（4）P-I-N 型有机太阳能电池　在 P-I-N 型有机太阳能电池中，P、I 和 N 分别指 P 型空穴传输层、本征吸收 I 层和 N 型电子传输层，如图 11-7 所示。在 P-I-N 型有机太阳能电池中，光吸收和载流子的传输是两个独立的过程。激子分离后，形成的空穴和电子分别通过 P 层和 N 层传输到电极。通过改变宽带隙材料层的厚度，可以使得本征吸收 I 层处于光场最强的位置，提高太阳能电池的性能。

（5）叠层有机太阳能电池　叠层有机太阳能电池将两个或两个以上的电池单元以串联的方式构成一个整体，如图 11-8 所示，子电池 1 中产生的空穴和子电池 2 中产生的电子扩散至连接层并复合，每个子电池中只有一种电荷扩散至相对应的电极。叠层有机太阳能电池可利用具有不同光吸收范围的材料来实现对太阳光谱的更大覆盖，减少高能量光子的热损失，提高光电转换效率。由于叠层有机太阳能电池的开路电压一般大于子电池的开路电压，其光电转换效率主要受光生电流的限制。

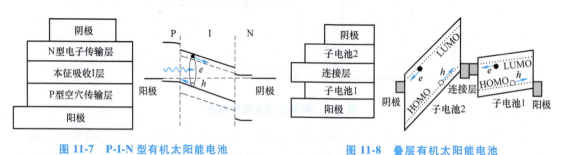

图 11-7　P-I-N 型有机太阳能电池　　　　图 11-8　叠层有机太阳能电池

11.2.3　有机太阳能电池制备

有机太阳能电池的制备主要通过一系列薄膜制备层的堆叠实现，每一层薄膜的质量及层与层之间的接触对有机太阳能电池的性能影响显著。有机太阳能电池中的薄膜制备方法主要包括以下四种：

（1）旋涂法　如图 11-9 所示，旋涂法（旋转涂敷法）的工作原理是高速旋转基底，利用离心力将滴在基底上的溶液均匀涂在基底上，然后溶剂挥发，留下溶质形成均匀的薄膜，其厚度根据不同溶液和基底间的黏滞系数而不同，也与旋转的速度有关。

（2）真空蒸镀法　如图 11-10 所示，真空蒸镀法的基本原理是在真空中运用大电流加热，采用钨、钼和铂等高熔点、化学性质稳定的金属，加工成适当形状的加热源，或加上石英舟，使加热更均匀，然后装入需蒸镀的材料，利用电流的热效应使材料汽化，并在一定条件下使气化的材料牢固地凝结在基底上，形成薄膜。

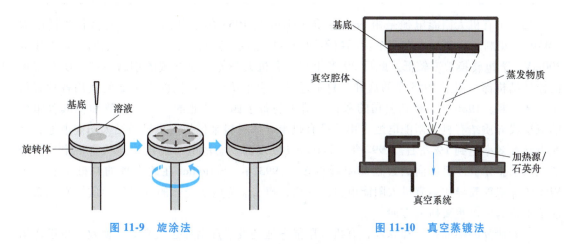

图 11-9　旋涂法　　　　　　　图 11-10　真空蒸镀法

（3）喷雾涂布法　如图 11-11 所示，喷雾涂布法通过喷枪或碟式雾化器，借助压力或离心力，使材料分散成均匀而微细的液滴，施涂于被涂物表面。喷涂作业要求在百万级到百级的无尘车间中进行，喷涂设备有喷枪、喷漆室、供漆室、固化炉/烘干炉、喷涂工件输送作业设备、消雾及废水废气处理设备等。

图 11-11　喷雾涂布法

（4）丝网印刷法　丝网印刷法利用丝网印板部分网孔透墨、部分网孔不透墨的基本性质进行印刷。印刷时在丝网印板一端倒入油墨，利用刮板在丝网印板上对油墨施加一定压力，同时朝丝网印板另一端移动。油墨在移动中被刮板从网孔中挤压到承印物上。由于油墨的黏性作用，印迹会附着在一定范围之内，印刷过程中刮板始终与丝网印板和承印物呈线接触，接触线随刮板移动而移动，由于丝网印板与承印物之间保持一定的间隙，使得印刷时的丝网印板通过自身的张力产生对刮板的反作用力，即回弹力。由于回弹力的作用，丝网印板与承印物只呈移动式线接触，而丝网印板其他部分与承印物脱离，使油墨与丝网发生断裂运动，保证了印刷尺寸精度和避免蹭脏承印物。

一般有机太阳能电池的活性层在制备后需要进行热退火。尤其对于有机聚合物太阳能电池而言，在退火处理后，薄膜在纳米尺度内形貌的规整程度得到提高，半导体聚合物的结晶度也有所增加，同时改善了电极与活性层薄膜的接触，这些改进有助于载流子的产生、转移及电荷在电极处的收集，从而促进了光电转换效率的提升。

11.2.4　有机太阳能电池研究进展

第一个有机太阳能电池是由 Kearns 和 Calvin 在 1958 年制备的，其主要材料为镁酞菁（MgPc）染料，染料层夹在两个功函数不同的电极之间。这种有机太阳能电池的开路电压为 200mV，光电转换效率较低。此后 20 多年间，有机太阳能电池领域的创新不多，所有报道的器件结构都类似于 1958 年的这种，只不过是在两个功函数不同的电极之间换用各种有机半导体材料。1986 年，柯达公司的邓青云博士制备了四羧基花的一种衍生物和铜酞菁组成的双层膜异质结有机太阳能电池，用两种有机半导体材料来模仿无机异质结太阳能电池，其光电转换效率达到 1%左右。1992 年，Sariciftci 发现激发态的电子能极快地从有机半导体分子注入 C_{60} 分子，而反向的过程却要慢得多。1993 年，Sariciftci 在此发现的基础上制成了 PPV/C_{60} 双层膜异质结有机太阳能电池。此后，以 C_{60} 为电子受体的双层膜异质结有机太阳能电池成为一个重要研究方向。

随着研究的不断扩大和深入，有机太阳能电池的发展逐渐加速，光电转换效率也迅速攀升。伴随着材料的创新设计、器件制备与技术的升级，其光电转换效率已提高到 20%，发展前景广阔，但目前有机太阳能电池仍面临许多挑战：

1）要降低小面积刚性有机太阳能电池与大面积柔性有机太阳能电池之间的光电转换效率差距，以进一步加快有机太阳能电池的应用。目前，柔性有机太阳能电池的光电转换效率已超过 17%，但这与刚性基底/电极的有机太阳能电池超过 20%的光电转换效率相比仍有很大差距。为弥补这一差距，需要克服两个主要挑战，其一是制备小电阻、高透明度、表面光滑和力学性能优越的高质量柔性透明电极。其二是利用低成本材料来可扩展地制造厚度不敏感的活性层。

2）有机太阳能电池的稳定性是目前该领域的重要课题之一，也是决定其能否商业化的关键指标。对于吸光材料，需要具有较高的光学和热力学稳定性，同时对酸、碱等具有较强的耐受性。

3）由于活性层材料的巨大消耗，为了实现有机太阳能电池的可扩展性和高通量制造，相关材料的合成成本应足够低。在有机太阳能电池领域，目前所有创纪录的高效有机太阳能电池都严重依赖 D-A 型共轭聚合物供体、稠环电子受体（Fused-ring Electron Acceptors，FREAs）和聚合 FREAs，它们的合成路线烦琐，合成成本较高，产物均匀性和一致性不佳。因此，开发合适的方法来优化活性层材料的制备工艺，并提高其产率和一致性也十分重要。

4）目前，大多数有机太阳能电池的制备需要使用各种有毒化学试剂，这些对环境不友好的试剂的后续处理将显著提高有机太阳能电池的成本。因此，绿色溶剂的选择和使用也是亟待解决的问题。

综上，在近几十年的发展中，随着研究人员对有机太阳能电池的结构-性能关系以及工作原理的深入了解，其在产业和生活中的应用也在逐步发展，有望在可穿戴光伏设备、楼宇的玻璃幕墙和便携式小型光伏设备等方面进一步扩大应用。

11.3 量子点太阳能电池

量子点是一种纳米级粒子，其在三个维度上的尺寸都小于激子玻尔半径，属于典型的零维半导体材料。量子点太阳能电池是一种利用量子点作为光电转换层的新型太阳能电池。量子点可以通过精确调控其尺寸分布，实现对太阳光谱的更有效覆盖和吸收。此外，量子点太阳能电池由于多激子效应和热载流子效应等机制，有望突破传统太阳能电池的 Shockley-Queisser 极限效率，具有独特的发展潜力。

11.3.1 量子点太阳能电池分类及特点

量子点太阳能电池可分为多种类型，包括肖特基结、异质结、量子结（纳米异质结）和量子漏斗，这些量子点太阳能电池类型及其对应的能带结构如图 11-12 所示。

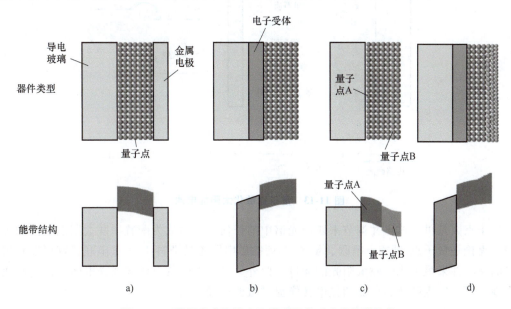

图 11-12 量子点太阳能电池类型及其对应的能带结构
a）肖特基结 b）异质结 c）量子结 d）量子漏斗

在肖特基结量子点太阳能电池中，量子点背侧与金属（如铝或镁）接触，这些金属触点与量子点之间的电荷转移会在量子点层中产生能带弯曲，并形成肖特基势垒。当量子点层厚度超过 200nm 时，由于载流子提取受限，会导致光电转换效率下降。

为了解决肖特基结在载流子提取方面的问题，研究人员开发了一种异质结量子点太阳能电池。在这种结构中，有源层与大带隙、小功函数的电子受体（如二氧化钛、氧化锌等）形成异质结，有利于电子提取。然而，这种结构也存在缺陷，由于异质结间的能带偏移，即使在掺杂条件下，异质结量子点太阳能电池的内建电场也无法达到理想的高水平。

上述异质结的缺陷在理论上可通过将电子受体改为 N 型量子点来解决，这种结构被称为量子结或纳米异质结。通过在纳米尺度上形成异质结，可以延长量子点中的载流子寿命，从而实现有效的电荷分离与传输。然而，由于容易受到 P 型掺杂作用，量子点难以形成稳定的 N 型结构，导致其效果受限。

量子漏斗是另一种用于辅助载流子传输和收集的结构，其通过单个有源层的量子调谐，形成渐变式的漏斗状带隙结构。这种调谐可通过逐层沉积不同尺寸的量子点来实现。这种结构的优势是能确保少数载流子的有效收集，进而提升填充因子。

除了以上结构的量子点太阳能电池，也可以模仿染料敏化太阳能电池结构，将其中的染料敏化剂替换为量子点，从而获得量子点敏化太阳能电池，其结构与染料敏化太阳能电池基本一致，如图 11-13 所示，量子点敏化太阳能电池由量子点敏化的光阳极（多孔结构宽带隙半导体氧化物）、电解质（氧化还原对）和对电极（Pt、金属硫化物、碳材料等）三部分组成。量子点的作用是吸收太阳光并产生光生载流子，然后将光生载流子（电子）注入金属氧化物半导体导带，实现光电转换。

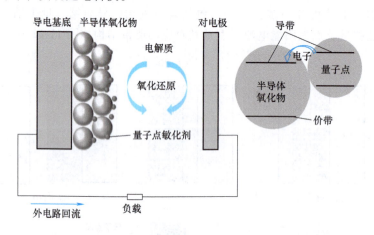

图 11-13　量子点敏化太阳能电池

量子点因其可通过尺寸调节来匹配光谱中的任何波长而成为配置串联太阳能电池的理想选择。无论是量子点-量子点串联、量子点-钙钛矿串联还是染料-量子点串联，都可以利用量子点的灵活性来最大化吸收太阳光的能量。此外，量子点还具有优异的光电转换性能和化学稳定性，可为实现高效、可靠的光电转换提供重要选择。

11.3.2　量子点的制备与加工技术

在太阳能电池领域，量子点的应用需要考虑两个关键因素：其一是量子点的尺寸和分布对太阳能电池光学和电学性能至关重要，可直接影响量子点太阳能电池的性能指标，因此合成具有高度分散、窄尺寸分布范围的量子点尤为重要。其二是量子点薄膜的均匀性和致密性对提高量子点太阳能电池的光电转换效率及稳定性具有重要意义。下面从量子点的制备技术与加工成膜技术两个方面进行简要介绍。

（1）制备技术

1）自上而下法（Top-down Method）：自上而下法是一种将较大的块状材料加工成纳米级结构的方法，通过机械、化学或物理手段将大块材料分解、切割或蚀刻成更小的部分或结构。其中，球磨法是一种简单有效的方法，球磨法利用球之间的相互作用产生的温度和压力，以及球与容器壁之间的冲击来减小颗粒尺寸。然而，球磨法也存在一些明显的劣势，如尺寸控制困难、能耗高、存在热效应和机械应力损伤等，因此难以获得高质量的量子点。

除了球磨法，激光辐照、电子束刻蚀和离子束刻蚀等方法也可以将块状半导体加工成尺寸均匀且高质量的量子点。这些方法通过精确控制能量和刻蚀过程，实现了对纳米结构的加工，其中激光辐照自上而下制备量子点的过程如图 11-14 所示。然而，这些方法存在工艺复杂、材料利用率低和成本高等问题，此外，自上而下法难以将掺杂原子引入量子点的结构中，并且一些自上而下法的制备路线依赖腐蚀性和苛刻的试剂，这限制了它们的应用范围。

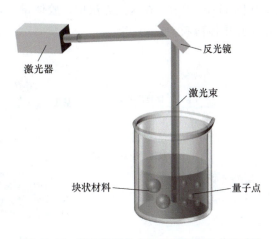

图 11-14　激光辐照自上而下制备量子点的过程

2）自下而上法（Bottom-up Method）：与自上而下法相对应的是自下而上法，其中，胶体化学法是最早应用于量子点制备的一种方法。该反应体系通常包含油相（如己烷）、水相、适量的表面活性剂（配体，如油酸与油胺）和助表面活性剂（如中等碳链的醇），通过构建胶束粒子来实现量子点的形成和生长。一般而言，反应需要在一定的温度和压力下进行。对前驱体和表面活性剂的选择，以及对反应温度与时间的把控，能够精确控制量子点的尺寸及形状。

热注入法被认为是目前合成量子点的方法中最成功、理论最完善、调控最精细、质量最高的。热注入法合成量子点的基本流程如图 11-15 所示，通过将前驱体快速注入热的、高沸点的表面活性剂中，形成过饱和溶液并诱发成核生长。这种方法的独特之处在于需要外部物

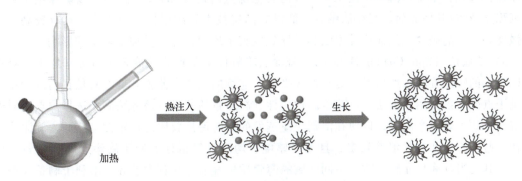

图 11-15　热注入法合成量子点的基本流程

理冷却来降低系统的热力学能量，使其低于反应阈值，从而快速终止反应。对前驱体和表面活性剂的选择，以及对反应温度和实践方法的控制，有助于精确调控量子点的尺寸和形状。此外，开发新型封端剂（如聚乙二醇、聚乙二醇二硫醇等）也有助于合成尺寸和形状可调、单分散的量子点。热注入法在无机量子点的制备方面表现突出，已成功应用于Ⅱ-Ⅳ、Ⅲ-Ⅴ、Ⅳ-Ⅵ和Ⅳ族等无机量子点的制备，也已拓展至金属卤化物钙钛矿量子点，特别是无机钙钛矿量子点的制备。

（2）加工成膜技术　除了真空沉积这类一步制备与加工技术外，其他方法制备得到的量子点还需要经历沉积与溶剂蒸发。目前常用的三种沉积方法包括滴涂法、浸涂法与旋涂法，如图 11-16 所示。在这些方法中，胶体量子点被沉积在基底表面，随着溶剂的蒸发，形成量子点固体薄膜。

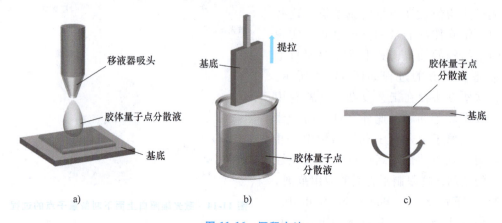

图 11-16　沉积方法

a）滴涂法　b）浸涂法　c）旋涂法

1）滴涂法（Drop Coating Method）：滴涂法一般适用于被短链极性配体覆盖的量子点，通常这些量子点被分散在高沸点的有机溶剂（如二甲基亚砜或甲酰胺）之中。但滴涂薄膜的形成耗时长，导致量子点堆积密度低，会对薄膜特性产生负面影响。为减小这种影响，研究人员常会加热基底促进溶剂蒸发，但这可能导致氧化现象。此外，滴涂法也不利于实现大面积量子点薄膜的制备和质量控制。

2）浸涂法（Dip Coating Method）：浸涂法将基底浸入胶体量子点分散液中，之后通过恒速提拉来沉积量子点薄层。此工艺一般需要低沸点溶剂（如正己烷等），以确保量子点适当沉积于液体/基底界面。浸涂法结合了低温黏结层技术和涂层技术的优势，具有较高的黏结强度和较少的裂纹。然而这种方法容易导致成膜不均匀，并易受加工环境的影响。

3）旋涂法（Spin Coating Method）：旋涂法将胶体量子点分散液置于目标基底上，将基底以特定的转速旋转，然后经过退火形成平整、连续的量子点薄膜。旋涂法是目前沉积小面积量子点薄膜最常用的方法，可获得高均匀性、高质量的薄膜。该方法需要选择沸点相对低的溶剂，如甲苯或辛烷等，以便在溶剂快速蒸发的同时保持胶体的稳定性。然而，旋涂法也存在一些缺陷，如材料浪费较多，且薄膜厚度、均匀性等指标受制于旋涂速度和制备环境等。尤其是当基底尺寸较大时，不同区域的薄膜质量容易存在较大差异，不利于制备大面积薄膜。

4）其他方法：方法1）~3）在实验室进行小规模加工时是可行的，但很难被应用于大面积量子点薄膜的制备，而喷涂、印刷、狭缝涂布和刮涂等方法则更适用于大面积薄膜的沉积。2018年，韩国的研究团队通过刮涂方法制备得到光电转换效率大于10%的PbS量子点太阳能电池。2019年，北京科技大学的研究团队采用全自动喷涂方法，获得的量子点太阳能电池光电转换效率达到11.2%。目前，量子点太阳能电池大面积沉积技术仍处于初步研发阶段，有待进一步探究。

11.3.3　量子点太阳能电池研究进展

量子点太阳能电池凭借其独特的光电特性，成为第三代太阳能电池的重要组成部分。其中，Ⅳ-Ⅵ族化合物材料（如PbSe和PbS）具有较大的玻尔半径（PbSe为46nm和PbS为18nm），有利于多激子效应的实现，因此成为极具潜力的量子点太阳能电池材料。2005年首次出现了红外胶体量子点太阳能电池，其使用PbS量子点敏化共轭聚合物，实现了对红外线的捕获和光生载流子的转化。然而，最初的量子点太阳能电池光电转换效率并不高，不足1%。这主要受到三个因素的影响：

1）量子点的大小尺寸分布不均，导致能带宽度的离散，从而引起较大的开路电压损失。

2）量子点具有较大的比表面积，导致较高的载流子复合损失。

3）量子点的光吸收范围通常不完全，导致较高的电流损失。

为解决这些问题，研究人员在许多方面做出了努力：

1）改进制备工艺，提升量子点尺寸的均一性。

2）优化器件结构来匹配能级，促进载流子的提取和向外电路的转移。

3）宽泛的成分调控，以增强光的吸收范围。

4）量子点表面处理，减少表面陷阱态，延长载流子寿命并抑制非辐射复合。

经过多项改进之后，目前基于PbS量子点的太阳能电池光电转换效率可达到15.45%。除了二元PbS和PbSe量子点，量子点共敏化（如CdS/CdSe量子点）和多组分合金量子点（如$CdSe_xTe_{1-x}$、$CuInS_2$、$CuInSe_2$和$CuInSe_{1-x}S_x$量子点等）也逐渐在太阳能电池中得到了研究和应用。这些合金量子点的优势是通过组分调谐，可以更方便地调节带隙和光电性能，促进对长波段光的有效利用。量子点因其广泛的红外吸收光谱，在叠层太阳能电池的底部子电池中具有广泛的应用前景。例如，将PbS量子点和钙钛矿结合构造的叠层太阳能电池可拓展对太阳光中长波段部分的利用，提高光电转换效率。

除了对光电转换效率的提升，研究人员也同样重视对量子点太阳能电池稳定性的研究。以PbS量子点为例，其在保存和使用过程中容易受到氧的侵蚀，导致晶粒表面的S^{2-}逐渐被氧化为SO_3^{2-}和SO_4^{2-}，而Pb^{2+}也会与O^{2-}结合，形成PbO。这种氧化反应还会进一步向晶粒内部扩展，损害量子点太阳能电池的性能。除了氧化作用，强极性的水分也对量子点有很强的侵蚀作用。为了减少量子点的降解，除了在制备、保存和使用过程中注意隔绝水和氧外，还可以通过其他途径来提升量子点的稳定性。例如，通过调节Pb与S的化学计量比，调制外表面为由Pb原子组成的更加稳定的（111）晶面。此外，在量子点表面包裹一层更稳定的物质也是一种有效途径。例如，在 PbSe 表面包裹 PbCl$_2$ 层，或者通过阳离子交换在 PbSe 表面引入 CdSe 层，都可以有效提升量子点的稳定性。

近年来，金属卤化物钙钛矿量子点因其缺陷容限高、吸收系数高和光生载流子寿命长而备受关注。研究表明，CsPbI$_3$ 量子点薄膜的载流子迁移率 [0.50cm^2/(V·s)] 明显高于硫族铅盐量子点的载流子迁移率 [PbS：0.042cm^2/(V·s)；PbSe：0.090cm^2/(V·s)]。这使得钙钛矿量子点成为量子点太阳能电池研究的新焦点，例如，韩国 UNIST 研究团队制备了认证效率超过 18% 的钙钛矿量子点太阳能电池。由于钙钛矿量子点的高兼容性，它还被广泛应用于柔性太阳能电池、半透明太阳能电池等领域。2021 年，苏州大学的袁建宇团队联合新南威尔士大学的 Tom Wu 团队，利用有机-无机体相异质结杂化的研究思路，制备了高效稳定的柔性 CsPbI$_3$ 量子点太阳能电池，其光电转换效率达到了 12.3%。2023 年，韩国汉阳大学的研究团队验证了 CsPbI$_3$ 量子点作为半透明吸光层的应用潜力，基于 CsPbI$_3$ 量子点的太阳能电池展现了 11.3% 的光电转换效率及 23.4% 的平均可见光透射率。这些突破为量子点太阳能电池的未来发展注入了新的活力。

尽管量子点太阳能电池有望克服传统晶体硅太阳能电池的一些限制，为可再生能源领域带来全新的突破，但要将其转化为商业应用，仍需要考虑多重因素。目前，单晶硅和钙钛矿太阳能电池的光电转换效率已经超过 26%，而量子点太阳能电池在光电转换效率方面存在较大差距。此外，考虑到一些量子点（如 PbS 等）具有毒性，还需进一步解决量子点太阳能电池的环保问题。廉价而简单的制备工艺对大规模生产具有重要意义，但目前大规模生产量子点太阳能电池的工艺还比较局限。为了推进量子点太阳能电池的发展和实际应用，仍需持续研究和创新，包括但不限于新型量子点材料的设计和开发，以及量子点太阳能电池结构和制备工艺的优化等。

11.4 钙钛矿太阳能电池

钙钛矿由 Gustav Rose 于 1839 年发现。从广义方面讲，钙钛矿材料指具有与 CaTiO$_3$ 相同晶体结构的 ABX$_3$ 型化合物。在自然界中，钙钛矿主要以氧化物的形式存在，其中大多数是硅酸盐，但也有氟化物、氯化物和氢氧化物等。虽然天然钙钛矿的数量有限，但能够形成钙钛矿结构的元素几乎覆盖了整个元素周期表。在钙钛矿太阳能电池中，其吸光层通常是有机无机杂化或全无机金属卤化物钙钛矿型半导体，如 MAPb(Br/I)$_3$、CsPbI$_3$ 和 FAPbI$_3$ 等。此类钙钛矿作为一种直接带隙半导体材料，具有吸光系数高、激子结合能小、载流子扩散长度大及易用溶液法制备等优点。经过十几年的发展，钙钛矿太阳能电池的光电转换效率从 2009 年的 3.8% 到现在已经超过 26%，也表现出较好的商业化应用前景，成为目前新型薄膜太阳能电池的研究热点。

11.4.1 钙钛矿材料及其特性

理想的钙钛矿结构为 ABX$_3$，晶体为等轴晶系，空间群为 Pm3m，单胞中的原子坐标参数为 A(0, 0, 0)、B(1/2, 1/2, 1/2)、X(1/2, 1/2, 1/2)，其结构可近似看作是密堆积的结果。图 11-17 所示为 ABX$_3$ 型钙钛矿晶体结构示意图，位于立方结构顶点处的 A 位通常

为 MA^+、FA^+ 或 Cs^+；位于体心的 B 位通常为 Pb^{2+}、Sn^{2+} 等；位于面心的 X 位通常为卤素阴离子，如 I^-、Br^-、Cl^- 等。

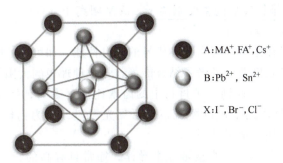

图 11-17　ABX_3 型钙钛矿晶体结构示意图

其中，金属阳离子与卤素阴离子配位，形成 $[BX_6]^{4-}$ 八面体，这些八面体单元通过 X 共顶点周期性排列，形成三维（3D）网络作为骨架，A 位阳离子填充八面体间隙，主要起稳定结构及平衡电荷的作用。并非所有阳离子和阴离子的组合都能形成稳定的钙钛矿结构。钙钛矿晶体结构的稳定性可以通过 Gold Schmidt 容忍因子（t）和八面体因子（μ）共同决定，具体计算公式为

$$t = (R_A + R_X)/\sqrt{2}(R_B + R_X) \tag{11-9}$$

$$\mu = R_B/R_X \tag{11-10}$$

式中，R_A、R_B 和 R_X 分别为 A、B 和 X 位离子的半径。

当 $0.81 \leq t \leq 1.11$ 且 $0.44 \leq \mu \leq 0.90$ 时，才能形成稳定的 3D 钙钛矿结构。当 $0.9 \leq t \leq 1$ 时，可以形成高对称的立方晶体结构。当引入一些大尺寸的长链有机阳离子，使得 A 位阳离子的离子半径过大时，t 超过 1.1，可沿某一方向切割 3D 结构，形成有机/无机层交替排列的层状结构，将这种特殊的层状结构称为二维（2D）钙钛矿，如图 11-18 所示。根据引入大尺寸阳离子的类型不同，可将二维钙钛矿进一步分为 Ruddlesden-Popper（RP）型、

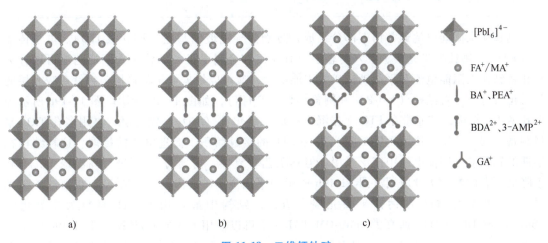

			$[PbI_6]^{4-}$
			FA^+/MA^+
			BA^+、PEA^+
			BDA^{2+}、$3-AMP^{2+}$
			GA^+

a)　　　　b)　　　　c)

图 11-18　二维钙钛矿

a）RP 型　b）DJ 型　c）ACI 型

Dion-Jacobson（DJ）型和交替阳离子插层（ACI）型。例如，长链的丁胺（BA）和苯乙胺（PEA）等是构成 RP 型二维钙钛矿的主要阳离子，丁二胺（BDA）和 3-甲胺基哌啶（3-AMP）等是构成 DJ 型二维钙钛矿的主要阳离子，胍基阳离子（GA^+）是目前已知的能够形成 ACI 型二维钙钛矿的唯一阳离子。

钙钛矿材料特殊的晶体结构表现出多种优异的光电性能，如可调的吸光波段、高的吸光系数、较长的载流子扩散长度及低的激子结合能等，是一种理想的太阳能电池材料。

（1）可调的吸光波段　调控钙钛矿材料中的卤素比例可影响钙钛矿的吸收边，通过调控不同的 I/Br 比例，吸收边几乎可以覆盖整个可见光波段，这为钙钛矿材料在室内光伏、建筑集成光伏等领域的应用奠定了基础。

（2）高的吸光系数　钙钛矿是直接带隙半导体，通常具有高的吸光系数。例如，MAPbI$_3$ 钙钛矿材料在 400~700nm 波段的吸光系数在 10^4~10^5cm^{-1} 之间，是晶体硅材料的 10 倍以上。高效钙钛矿太阳能电池的核心吸光层厚度通常在微米级以下，小于载流子扩散长度且复合率低，是钙钛矿太阳能电池实现高光电转换效率的重要原因之一。此外，超薄的吸光材料使钙钛矿太阳能电池在柔性、半透明太阳能电池等领域具备天然优势。

（3）较长的载流子扩散长度　较长的载流子寿命和扩散长度有利于减少载流子复合，抑制光电损耗。研究表明，无机 CsPbI$_3$ 钙钛矿的载流子迁移率可达 25cm^2/（V·s），扩散长度也达到 1μm，超过吸光层的厚度。杂化钙钛矿 MAPbI$_{3-x}$Cl$_x$ 也具有良好的电学性质，其载流子迁移率可达 33cm^2/（V·s），并且在低载流子浓度下，其载流子本征扩散长度接近 3μm，有利于电荷传输。

（4）低的激子结合能　激子结合能是指分离组成激子的电子-空穴所需的能量。在半导体材料中，电子和空穴通过库仑相互作用结合在一起，形成激子。激子结合能对钙钛矿太阳能电池的光电转换效率起着至关重要的作用。钙钛矿太阳能电池中使用的钙钛矿材料的激子结合能通常在 50 meV 以下，这意味着光生激子在常温热激活能的作用下即可解离成电子和空穴。

11.4.2　钙钛矿太阳能电池结构

钙钛矿太阳能电池通常由五部分组成，分别为导电玻璃基底（FTO 或 ITO）、电子传输层（ETL）、钙钛矿吸光层、空穴传输层（HTL）和金属电极。钙钛矿太阳能电池可以分为介孔钙钛矿太阳能电池和平面钙钛矿太阳能电池，又可以根据电子传输层与钙钛矿吸光层的相对位置分为正置结构（N-I-P）和倒置结构（P-I-N），如图 11-19 所示。图 11-19a 所示为介孔 N-I-P 结构，其通常在 FTO 上先沉积一层二氧化钛（TiO$_2$）致密层，再用多孔 TiO$_2$ 浆料制备一层介孔层，增大钙钛矿吸光层与 ETL 的接触面积，促进电荷的提取。这种结构在早期的钙钛矿太阳能电池中广泛采用，但其工艺较复杂，需要对 TiO$_2$ 进行高温退火，不利于降低制备成本和柔性应用。图 11-19b 所示为平面 N-I-P 结构，N 型的 ETL 在钙钛矿吸光层下方，P 型的 HTL 在钙钛矿吸光层上方，该结构中最常用的 ETL 材料为二氧化锡（SnO$_2$）或 TiO$_2$，HTL 通常为 Spiro-OMeTAD，也可以使用 CuI 或 CuSCN。图 11-19c 所示为平面 P-I-N 结构（倒置结构），即 HTL 在钙钛矿吸光层下方，如氧化镍（NiO$_x$）、聚（3,4-亚乙二氧基噻吩)-聚（苯乙烯磺酸）（PEDOT：PSS）和单分子层（SAMs）等，钙钛矿吸光

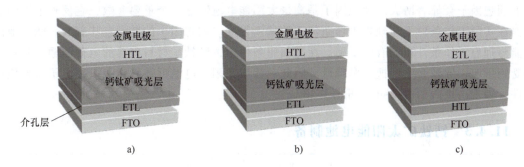

图 11-19　钙钛矿太阳能电池结构

a）介孔 N-I-P 结构　b）平面 N-I-P 结构　c）平面 P-I-N 结构

层上方为 ETL，常见的材料有富勒烯（C_{60}）及其衍生物，如 $PC_{61}BM$。

　　下面以 N-I-P 结构为例，对钙钛矿太阳能电池的基本工作原理进行简要介绍。当太阳光经过 FTO 和 ETL 照射在钙钛矿吸光层上时，能量大于钙钛矿带隙的光子会被钙钛矿吸光层吸收，这些光子将价带中的电子激发到导带，并在原来价带的电子位置处产生空穴，形成电子-空穴对。由于钙钛矿材料具有较小的激子结合能，这些激子容易分离为电子和空穴。而钙钛矿材料较长的载流子扩散长度和寿命使得电子和空穴容易扩散至钙钛矿吸光层与 ETL 和 HTL 的界面，为了能够使电子与空穴沿着特定的方向移动，需要选择合适的 ETL 和 HTL 材料，消除界面电荷转移势垒。一般 ETL 的导带底（CBM）位置应该低于钙钛矿吸光层的导带底位置，而 HTL 的价带顶（VBM）位置应该高于钙钛矿吸光层的价带顶位置，如图 11-20 所示。在这种情况下，电子会向无能级势垒的阴极方向扩散，经由 ETL 被阴极捕获，进而传输到外电路。

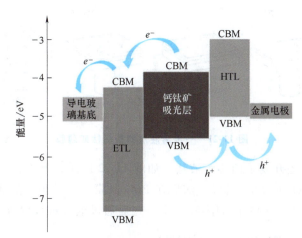

图 11-20　钙钛矿太阳能电池中的能带结构和电荷转移

　　需要说明的是，由于钙钛矿材料具有较低的离子迁移激活能，其薄膜内的离子，特别是卤素离子容易在外部或内建电场作用下发生迁移和重新分布，导致其内建电场分布不同于传统太阳能电池。此外，钙钛矿太阳能电池在光照下的电荷复合动力学行为也不同于传统的晶体硅太阳能电池。对于多晶硅太阳能电池，复合速率-电压行为几乎与光照无关，表现为一种少数载流子行为。而对于钙钛矿太阳能电池，光照会显著增加载流子的复合速率，且高偏压下理想因子会显著增大。理想因子是衡量太阳能电池性能一个重要参数，它反映了太阳能电池在实际工作条件下与理想工作条件下的偏离程度。理想因子的增大意味着太阳能电池的性能与理想工作条件相比有所下降。在高偏压条件下，钙钛矿材料内部的电荷传输和收集过程受到影响，导致光电转换效率降低。因此钙钛矿太阳能电池可被看作是一种多子型异质结器件，表现出更强的电荷-电场相互作用。

11.4.3　钙钛矿太阳能电池制备

制备高质量的钙钛矿薄膜对钙钛矿太阳能电池的性能尤为重要，目前钙钛矿薄膜的制备方法主要包括以下三种：

（1）溶液旋涂法　这种方法可分为一步溶液法和两步溶液法。一步溶液法将钙钛矿原料，即碘化铅（PbI_2）、甲脒氢碘酸盐（FAI）和甲胺氢碘酸盐（MAI）等物质按一定的化学计量比添加至极性溶剂（如二甲基甲酰胺 DMF、二甲基亚砜 DMSO 等）中，形成钙钛矿前驱体溶液，之后通过加热退火等方式形成钙钛矿薄膜。然而采用一步溶液法获得的薄膜常存在覆盖度较差、薄膜表面粗糙等问题。为了改善薄膜形貌和晶体质量，Seok 团队提出了反溶剂工艺，即在旋涂过程中的特定时间节点往钙钛矿薄膜上滴加反溶剂，再对薄膜进行退火处理，如图 11-21 所示。反溶剂是指可与钙钛矿前驱体溶剂混溶但不能溶解钙钛矿的溶剂，如氯苯、甲苯和乙酸乙酯等非极性有机溶剂。滴加反溶剂可对钙钛矿前驱体溶液中的成分进行快速萃取，从而调控钙钛矿结晶速率和结晶过程，最终获得高质量的钙钛矿薄膜。目前，基于 DMF/DMSO 混合溶剂的钙钛矿前驱体溶液及反溶剂处理的方法在制备高质量钙钛矿薄膜中使用较为广泛。

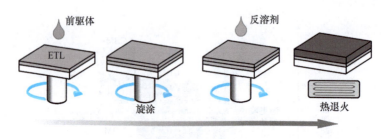

图 11-21　一步溶液法制备钙钛矿薄膜

此外，研究人员还开发了两步溶液法，如图 11-22 所示，首先在 ETL 上旋涂溶于 DMF 中的 PbI_2 前驱液，以形成 PbI_2 薄膜，随后在 PbI_2 薄膜上旋涂相应的盐溶液，或将 PbI_2 薄膜浸泡在盐溶液（如 MAI 的异丙醇溶液）中，之后通过退火过程促进二者反应，生成钙钛

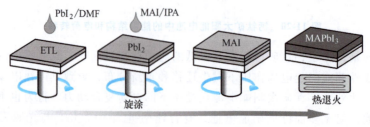

图 11-22　两步溶液法制备钙钛矿薄膜

矿薄膜。Grätzel 研究组提出了两步溶液法制备钙钛矿太阳能电池，获得了 14.1% 的器件认证效率，高于同时期一步溶液法制备的器件效率。

（2）气相沉积法　气相沉积法可分为真空双源共蒸发法和气相辅助溶液法。真空双源共蒸发法由英国的 Snaith 课题组提出，即采用热蒸发的方式，将无机铅盐和有机胺盐分别作为独立的蒸发源，以一定的速率沉积到基底上，共蒸发过程中在基底上直接反应，获得钙钛矿薄膜。气相辅助溶液法首先旋涂一层 PbI_2 薄膜，然后将薄膜暴露在 MAI 蒸气氛围中退火，通过 MAI 和 PbI_2 的反应制备钙钛矿薄膜，Yang Yang 等人首次使用该方法制备了晶粒尺寸大且均匀致密的钙钛矿薄膜。

（3）溶液刮涂法　为了实现钙钛矿太阳能电池的大面积生产，研究人员也开发了其他方法，其中，溶液刮涂法是沉积大面积钙钛矿薄膜的常用方法，其具体是将配制好的前驱体溶液滴在基底上，然后用刀片以一定的速度将溶液刮涂均匀，通过控制基底的温度和刀片的刮涂速度调节钙钛矿薄膜的结晶速率。同时，也可以引入风刀和真空处理工艺来辅助结晶过程的控制，从而获得高质量的钙钛矿薄膜。Huang Jinsong 等人较早地提出了钙钛矿薄膜的溶液刮涂法，实现了高性能钙钛矿太阳能电池的制备。

除了上面介绍的钙钛矿薄膜制备方法，钙钛矿薄膜还可以通过滴涂、喷涂、提拉、狭缝涂布、卷对卷和喷墨打印等多种工艺制备。此外，还可以采用化学方法预先合成钙钛矿量子点或纳米晶，并将其配制成一定浓度的分散液，然后利用此分散液制备钙钛矿薄膜。

除钙钛矿吸光层，电子传输层也是钙钛矿太阳能电池结构中的重要组成部分，根据钙钛矿太阳能电池结构的不同，其电子传输层材料及制备方法也不同。

（1）N-I-P 结构　N-I-P 结构钙钛矿太阳能电池的 ETL 材料以金属氧化物为主，如 TiO_2、ZnO 和 SnO_2 等。金属氧化物的导带底与钙钛矿材料的导带底位置相当，而金属氧化物的价带顶远低于钙钛矿材料的价带顶，而且金属氧化物与 FTO 或 ITO 的能级基本匹配。因此，金属氧化物在 N-I-P 结构钙钛矿太阳能电池中广泛应用。在早期的钙钛矿太阳能电池研究中，TiO_2 因能级结构比较匹配有机/无机杂化钙钛矿、带隙适宜、物理/化学稳定性好等优点受到关注。TiO_2 ETL 的制备方法多样，如溶胶凝胶法、喷雾热分解法、化学浴沉积法、水热法、磁控溅射法和原子力沉积法等。TiO_2 的晶型结构可分为锐钛矿型、金红石型和板钛矿型。TiO_2 材料也可通过掺杂其他元素来改善自身的光电性能，进而提高钙钛矿太阳能电池的光电转换效率。继 TiO_2 之后，ZnO 也是早期钙钛矿太阳能电池研究中受关注比较多的 ETL 材料，其能级与钙钛矿更加匹配，有利于电子的抽取和传输。与 TiO_2 相比，ZnO 还具有电子迁移率高、激子结合能低、制备工艺简单、无需高温退火等优势，这可降低钙钛矿太阳能电池的制作成本，且适用于制备柔性钙钛矿太阳能电池。但是 ZnO 的耐酸碱性较弱，溶液法制备的 ZnO 表面多含有羟基（—OH），这会促进钙钛矿的分解。SnO_2 具有带隙宽、迁移率高、光透过率高、物理/化学稳定性好等优势。其次，SnO_2 的能级结构可同时与 FTO/ITO 和钙钛矿吸光层匹配，进而降低钙钛矿吸光层与 ETL 的势垒，加快电子的转移，减少界面的电荷积累，减少甚至消除迟滞效应。此外，SnO_2 不像 TiO_2 具备紫外线催化活性，可增强钙钛矿太阳能电池抗紫外线的能力。SnO_2 的制备工艺众多，主要包括溶胶凝胶法、化学浴沉积法、水热法、磁控溅射法和原子力沉积法等。值得注意的是，SnO_2 作为 ETL 无需高温处理，可采用低温制备薄膜的工艺获得高质量的 ETL 薄膜，这对降低钙钛矿太阳能电池的制备成本和能耗极为有利，甚至可以便捷地组装为性能优越的柔性钙钛矿太阳能电池，拓宽钙钛矿太阳能电池的应用范围，有助于未来钙钛矿太阳能电池的实用化发展。随着钙钛矿太阳能电池的发展，其他 N 型半导体材料，如 WO_3、Zn_2SnO_4、Nb_2O_5、$SrTiO_3$ 和 $BaSnO_3$ 等也被研究并应用于钙钛矿太阳能电池的 ETL，其中一些材料还进行了低温薄膜成膜工艺的尝试，甚至组装成了柔性太阳能电池，取得了不错的效果。

N-I-P 结构钙钛矿太阳能电池常用的空穴传输层材料目前仍以有机物为主。该类型空穴传输层材料具有合成简单、能级可调、容易成膜和光电性能稳定等优点。依据基团的不同，空穴传输层材料可大致划分为 Spiro 型空穴材料、含三苯胺型空穴材料、噻吩类空穴材料和聚合物空穴材料四大类。目前最普遍使用的空穴传输层材料是 Spiro-OMeTAD，但由于其本征电导率（约 10^{-8} S/cm）和空穴迁移率 [约 10^{-5} cm^2/（V·s）] 较低，通常需要引入吸水性掺杂剂，如锂盐和对叔丁基吡啶等，以增强空穴的提取和传输。此处，Spiro-OMeTAD 在提纯上比较困难，因此许多与 Spiro-OMeTAD 一样含有三苯胺的空穴传输层材料被应用于钙钛矿太阳能电池，如聚 [双（4-苯基）（2,4,6-三甲基苯基）胺]（PTAA）和聚（3-己基噻吩-2,5-二基）（P3HT），与此同时，研究人员也在新型空穴传输层材料的开发上投入了大量精力，以此寻找低成本、高性能的替代物，如对 Spiro-OMeTAD 进行改性，制备含氟的小分子 Spiro-mF 或设计新型有机小分子等。这些空穴传输层材料一般溶于非极性有机溶剂中，如氯苯等，并可通过液相方法（如旋涂或刮涂）涂敷在钙钛矿上方。

（2）P-I-N 结构　P-I-N 结构钙钛矿太阳能电池常用的电子传输层材料一般为具有良好电子受体能力的富勒烯及其衍生物（如 C_{60}、PCBM 和 ICBA 等），因为富勒烯及其衍生物的能级与钙钛矿和 Ag 电极比较匹配。富勒烯的电子迁移率较高，能级合适，但在一般溶剂中的溶解度低，很难使用溶液法制备出平整致密的薄膜，因此通常使用热蒸镀法制备。富勒烯衍生物（如 PCBM、ICBA）则在富勒烯的基础上引入了合适的基团进行改性，以改善其溶解度、能级位置等，同时一些基团还有钝化钙钛矿缺陷的功能，从而使其在 P-I-N 结构钙钛矿太阳能电池中被广泛应用。

P-I-N 结构钙钛矿太阳能电池通常使用 PEDOT：PSS、氧化镍（NiO_x）和 PTAA 作为空穴传输层材料。PEDOT：PSS 因具有高导电性、高透光性和良好的旋涂成膜性而被广泛使用，但其容易导致界面复合严重，造成较低的开路电压，不利于钙钛矿太阳能电池性能的提升。另外，水溶性 PEDOT：PSS 一般呈酸性，对电极有腐蚀作用，并且会影响钙钛矿吸光层的稳定性。作为替代，化学性质稳定、合成简单且价格低廉的 NiO_x 被广泛研究，但其也有不足，如本征导电性低、表面缺陷多、与钙钛矿存在能级势垒等，从而限制了钙钛矿太阳能电池性能的进一步提升。因此，PTAA 逐渐引起了研究人员的注意，但其较强的疏水性对溶液法制备高质量钙钛矿薄膜提出了挑战，一般需要进行界面改性来提高钙钛矿前驱体溶液在 PTAA 上的浸润性。近几年，自组装单分子层（SAM）作为一种新兴的空穴传输层材料，在钙钛矿太阳能电池领域得到了广泛关注。SAM 可以有效地解决传统 HTL 电导率低、钙钛矿晶体薄膜质量差的问题。SAM 从分子工程出发，精细调控自组装分子的共轭结构和取代基团，为协同调节钙钛矿晶体薄膜生长、载流子注入和传输提供了有效的解决方案，有利于显著提升钙钛矿太阳能电池性能。

金属电极在钙钛矿太阳能电池中的作用是收集光生载流子，并与外电路形成电流。光入射面一般选用透明导电氧化物作为电极，以此满足透光和收集电荷的双重需求。氧化铟锡（ITO）和氟掺杂的氧化锡（FTO）是常用的两种透明导电氧化物。而背电极一般为金属材料，如金（Au）、银（Ag）、铝（Al）或铜（Cu）等。这些金属的功函数略有差异，根据钙钛矿及传输层的能级位置（正置钙钛矿太阳能电池中需考虑 HTL 与金属的能级匹配，倒置钙钛矿太阳能电池中需考虑 ETL 与金属的能级匹配），可以选择性使用。随着钙钛矿太阳能电池稳定性研究的不断深入，研究人员发现在长时间工作后，Ag 或 Al 电极会渗入钙钛矿吸光层并与之发生反应，造成钙钛矿太阳能电池性能下降，使用 Au 电极可避免这种问题，但其成本高。而碳材料的功函数与 Au 电极相近，并且成本较低，因此基于碳电极的钙钛矿太阳能电池也受到诸多关注。此外，在柔性钙钛矿太阳能电池中，为了提升其柔韧性和机械稳定性，也可采用金属纳米线、碳纳米管和石墨烯等替代 ITO 作为电极材料。

11.4.4　钙钛矿太阳能电池研究进展

钙钛矿太阳能电池最早是由日本的 Miyasaka 研究组于 2009 年提出的。他们首次使用 MAPbI$_3$ 钙钛矿材料替代有机染料，制作了染料敏化太阳能电池，在液体电解质 I$^-$/I$_3^-$ 体系中获得了 3.8% 的光电转换效率，并由此揭开了有机/无机杂化钙钛矿应用于太阳能电池的研究序幕。2011 年，Nam-Gyu Park 小组通过系统调节钙钛矿溶液浓度、烧结温度和 TiO$_2$ 修饰工艺，进一步将光电转换效率提升至 6.5%。2012 年，为解决钙钛矿太阳能电池的稳定性问题，Kim 等人首次使用了固态的 Spiro-OMeTAD，制备出第一块全固态钙钛矿太阳能电池，其最高光电转换效率达到了 9.7%，同时具有超过 500h 的使用寿命，开创了钙钛矿太阳能电池发展的新纪元。基于阳离子交换法，Seok 团队制备了（111）择优取向的 FAPbI$_3$ 薄膜，将认证效率首次提高到 20% 以上。添加剂工程可实现结晶与缺陷调控，这极大地促进了钙钛矿太阳能电池的发展。2016 年，Grätzel 团队在反溶剂中引入聚甲基丙烯酸甲酯为模板，控制钙钛矿晶体形核与生长，制备了质量高且载流子寿命长的钙钛矿薄膜，将认证效率提高到 21%。

除了常规添加剂，纳米晶/团簇植入技术也是对钙钛矿太阳能电池进行优化的有效途径。Guo 等人基于液相脉冲激光辐照技术制备了纳米晶或团簇，可突破常规湿化学法对材料或溶剂种类的限制，同时也可以与其他功能分子相结合，修饰纳米晶表面。将液相脉冲激光辐照技术制备的纳米晶/团簇通过前驱体溶液或者反溶剂引入钙钛矿薄膜体相或者晶界，以及对其他功能层及其与钙钛矿薄膜的界面进行优化改性，可实现光电转换效率和稳定性的同步提升。

通过使用组分工程、添加剂工程、溶剂工程和界面工程等对钙钛矿结晶及缺陷进行调控，以及通过选择传输层等对钙钛矿太阳能电池结构进行不断优化，钙钛矿太阳能电池的性能得到持续提升，目前单结钙钛矿太阳能电池最高光电转换效率已经突破 26%。随着钙钛矿太阳能电池光电转换效率的提升，其商业化进程也逐步推进，因此大面积钙钛矿太阳能电池组件的制造也受到科研机构和产业界的关注。近年来，大面积钙钛矿太阳能电池组件的光电转换效率逐渐提升，其与小面积单结钙钛矿太阳能电池之间的差距逐渐减小，应用潜力突显。

为了能够进一步提升光电转换效率，突破单结太阳能电池的效率极限，基于钙钛矿的叠层太阳能电池受到了关注。其中，将钙钛矿与传统晶体硅太阳能电池进行叠加而形成的晶体硅-钙钛矿叠层太阳能电池，展现出了巨大的发展前景。在叠层太阳能电池中，一般采用带隙存在较大差别的材料作为吸光层，从而更加充分地利用太阳光谱中的不同波段，提高光电转换效率。例如在晶体硅-钙钛矿叠层太阳能电池中，一般采用带隙为 1.65～1.7eV 的钙钛矿与带隙为 1.1eV 的硅进行叠加。基于这种结构，隆基的研究团队在 2023 年 10 月创造了

33.9%的光电转换效率纪录，该值远超单结硅、钙钛矿太阳能电池的最高光电转换效率。2024年6月，隆基的研究团队宣布其制备的晶体硅-钙钛矿太阳能电池取得进一步突破，最高光电转换效率达到34.6%。除了晶体硅-钙钛矿叠层太阳能电池，其他基于钙钛矿的叠层太阳能电池也得到了关注和发展，如钙钛矿-有机、钙钛矿-无机薄膜、钙钛矿-钙钛矿等叠层太阳能电池。其中，钙钛矿-钙钛矿叠层太阳能电池受到广泛关注，其可以通过溶液法制备，有利于降低成本。钙钛矿-钙钛矿叠层太阳能电池一般是基于宽带隙和窄带隙的不同钙钛矿制备的。在众多研究人员的努力下，单结窄带隙和单结宽带隙太阳能电池的最高光电转换效率均已超过22%，而钙钛矿-钙钛矿叠层太阳能电池的最高光电转换效率目前已经超过29%。

经过多年的发展，钙钛矿太阳能电池制备已经形成了一套比较完整的体系，其光电转换效率也可与晶体硅太阳能电池媲美，但实现大规模商业化应用仍存在诸多挑战，包括稳定性、大规模制备和铅的毒性等方面。

（1）稳定性　钙钛矿材料是离子型晶体，存在光照不稳定、高温易分解和容易受到空气中水氧侵蚀等问题。近年来，研究人员已经围绕钙钛矿太阳能电池的稳定性开展了大量的研究工作，取得了许多重大突破，例如开发的FA基和全无机钙钛矿表现出比MA基钙钛矿更好的热稳定性和结构稳定性。尽管如此，目前已知稳定性最好的钙钛矿太阳能电池使用寿命仍仅为数千小时，与传统晶体硅太阳能电池20年的使用寿命相比存在很大差距。因此，有效提升钙钛矿太阳能电池的稳定性仍然是当前本领域的一个关键挑战。

（2）大规模制备　目前已有的高效钙钛矿太阳能电池主要是基于旋涂和反溶剂工艺制备的小面积器件，其有效工作区域小于$0.1cm^2$。同时，其制备过程一般需要在充满惰性气氛的手套箱中完成，不利于大规模商业化生产。制备高效的大面积钙钛矿太阳能电池组件是商业化应用的基础，其挑战在于如何获得大面积高质量的钙钛矿薄膜。刮涂、狭缝涂布等方法虽然适用于大规模制备钙钛矿薄膜，但如何有效控制薄膜的质量和均匀性仍是难点。添加剂、溶剂工程和制膜工艺等方面的不断优化将有望进一步提升大面积钙钛矿太阳能电池的性能。此外，突破惰性环境限制，实现在工业兼容的空气条件下制备钙钛矿太阳能电池也是促进其大规模制备和应用的一个重要因素。

（3）铅的毒性　目前光电转换效率较高的钙钛矿太阳能电池一般以铅基钙钛矿作为吸光层，此外，基于钙钛矿的叠层太阳能电池也依赖于铅基钙钛矿吸光材料。然而，铅是一种有毒重金属元素，大量使用铅基钙钛矿吸光材料将不可避免地带来铅泄漏的隐患。更为严重的是，不像CdTe薄膜太阳能电池中的镉以相对稳定的化合物形式存在，钙钛矿容易在水分的作用下降解，从而释放铅，对生态环境和人类健康造成严重威胁。研究新型非铅钙钛矿材料成为解决铅毒性问题的一条可行途径，但目前已有的非铅钙钛矿太阳能电池的性能与铅基钙钛矿太阳能电池存在显著差距。例如，锡基钙钛矿太阳能电池的最高光电转换效率也仅为16%，其实际应用仍然存在巨大挑战。

11.5　非铅钙钛矿太阳能电池

如11.4节所述，钙钛矿太阳能电池已成为光伏领域的研究热点。然而，钙钛矿太阳能电池的制造和应用中，铅的毒性问题不容忽视，尤其是钙钛矿中的铅离子具有水溶性，这进一步加剧了其引发环境和健康危机的风险。因此，寻找毒性较小的元素来替代铅就成为钙钛矿太阳能电池领域的一个重要的发展方向。一种替代铅的方法是使用与铅在元素周期表中位置相近的二价金属离子,如锗离子(Ge^{2+})和正锡离子(Sn^{2+})。这些元素由于具有类似铅离子(Pb^{2+})的电子轨道结构,在理论上能够替代铅,并可能表现出与铅基钙钛矿相似的优异光电特性。另一种方法是采用一价和三价金属离子共同取代二价铅离子,从而构建出稳定的双钙钛矿结构。此外,研究人员还开发了其他种类的非铅钙钛矿材料,如具有两种典型多晶型结构的$A_3B_2X_9$等,通过调整它的组成元素和结构,同样可以展示出优异的光电性能。除此以外,类钙钛矿材料也是一个重要的发展方向。通过探索和优化这些非铅钙钛矿和类钙钛矿材料,有望在推动低成本、高光电转换效率光伏技术发展的同时,降低有毒重金属对环境和人类健康的危害。

11.5.1 非铅钙钛矿材料分类及特点

(1)二价金属非铅钙钛矿 锡基钙钛矿被广泛认为是铅基钙钛矿的优质替代材料之一,具有显著的优势和良好的发展潜力。首先,锡基钙钛矿的带隙较窄,约为1.4eV,更接近单结太阳能电池吸光层的理想带隙。同时,其为直接带隙半导体,有利于太阳光的吸收和利用。其次,与铅基钙钛矿相比,锡基钙钛矿具有更高的载流子迁移率。在合理设计太阳能电池结构的基础上,锡基钙钛矿理论上具有超越铅基钙钛矿光电转换效率的潜力。目前,锡基钙钛矿太阳能电池的光电转换效率已达到15%~16%。

尽管取得了巨大进展,但锡基钙钛矿太阳能电池的性能与铅基钙钛矿太阳能电池相比仍存在较大的差距。这种差距主要由两个因素造成。首先,SnI_2的路易斯酸性高,导致其与FAI等物质反应迅速,使得锡基钙钛矿的结晶速度过快,所成薄膜质量较差,从而影响性能。其次,由于缺乏镧系元素收缩,5s孤对电子的有效核电荷相对小于6s孤对电子,Sn^{2+}易被空气中的氧气氧化成Sn^{4+}。钙钛矿薄膜中Sn^{4+}的生成导致了高缺陷密度和非光学活性产物的生成,不利于钙钛矿太阳能电池性能的提高。

锗(Ge)与Sn、Pb是同族元素,Ge^{2+}的离子半径为0.73 Å,电子构型为$4s^2$。Ge在地壳中的含量较为丰富,除四氢化锗外,锗本身及其化合物的毒性较低。Ge(5s)的轨道能高于Sn(5s)和Pb(6s),Ge^{2+}具有更高的电负性和更强的共价性。根据理论研究,MA-GeI_3与$MAPbI_3$具有相似的带隙、优异的光学性能以及良好的空穴和电子导电行为。尽管如此,目前有关锗基钙钛矿太阳能电池的研究较少,且其性能较差。Ge^{2+}同样容易氧化,影响光电转换效率和稳定性。此外,锗基钙钛矿材料的成本较高,提纯方法昂贵,不利于低成本商业化应用。目前已有的关于锗基钙钛矿太阳能电池的研究主要集中于理论方面,而相关实验较少。

(2)非铅双钙钛矿 用一个单价和一个三价金属阳离子取代铅在晶体结构中的位置,即形成非铅双钙钛矿,其一般化学式为$A_2B^+B^{3+}X_6$。这种策略非常有效,因为它保持了三维钙钛矿结构,同时提供了更多的材料多样性。通过组合不同的A、B^+、B^{3+}和X(如A = K、Rb、Cs、MA、FA;B^+ = Ag;B^{3+} = Al、Ga、In、Sb、Bi、Sc、Y;X = F、Cl、Br、I),研究人员预测了100多种具有合理容忍因子和八面体因子的非铅双钙钛矿在热力学上的稳定性。这种结构和功能的多样性,加上高稳定性,使非铅双钙钛矿成为极具潜力的非铅钙钛矿候选材料。

研究表明,当非铅双钙钛矿在B^+位为Ag^+,X位上含有更重卤素时,可以产生更小的带隙，适合应用于光伏领域。$Cs_2AgBiBr_6$ 是目前光伏领域研究较多的非铅双钙钛矿，图 11-23 所示为 $Cs_2AgBiBr_6$ 的结构与能级演化，其具有与铅基钙钛矿相似的光电特性，如载流子寿命长，载流子有效质量相对较小等。此外，$Cs_2AgBiBr_6$ 还具备更高的稳定性，在高温（>400℃）下不发生相变，并且在高湿度（60%）条件下存放三个月仍能保持性能。这些特性使 $Cs_2AgBiBr_6$ 成为极具潜力的无铅钙钛矿候选材料。但目前 $Cs_2AgBiBr_6$ 钙钛矿太阳能电池的光电转换效率仍然较低，其中一个可能的原因是间接带隙导致吸光较差，通过合理引入有机插层结构，可将其转变为直接带隙，从而有利于吸光，如图 11-23e 所示。

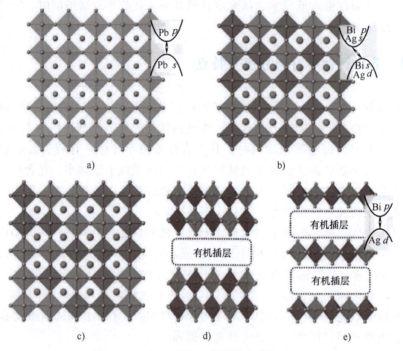

图 11-23　$Cs_2AgBiBr_6$ 的结构与能级演化

a）铅基 $MAPbI_3$　b）均质 $Cs_2AgBiBr_6$　c）非均质 $Cs_2AgBiBr_6$　d）RP 相 $Cs_2AgBiBr_6$　e）DJ 相 $Cs_2AgBrBr_6$

（3）$A_3B_2X_9$ 钙钛矿　对于 Bi 和 Sb 占据 B 位的 $A_3B_2X_9$ 钙钛矿，存在两种不同的多晶型，包括零维（$P6_3/mmc$）结构和二维（$P\bar{3}m1$）结构，如图 11-24 所示。其中，零维结构由面共享的八面体（B_2X_9）包围 A 位，理论计算显示其间接带隙为 $2.1\sim2.3eV$。这种较宽的带隙不利于光电转换效率的提高，因此研究人员通过多种阴离子或阳离子工程来调控带隙，例如，Cu^{2+} 的掺杂已被证实能够促进二次相的形成，从而将这种钙钛矿的带隙缩小至约 $1.7eV$。

相比之下，二维结构由角共享的八面体（B_2X_9）包围 A 位，具有直接带隙，并且其带隙小于零维结构。理论计算表明，二维结构的价带顶和导带底更为分散，显示出优异的载流子传输特性。此外，与零维结构相比，二维结构中 B 位的伯恩有效电荷大幅增加，这意味着其具备更有效的介电屏蔽和潜在的更高载流子迁移率。然而，尽管这种二维结构具有比零维结构更大的光伏应用潜力，但其在室温下的稳定性并不理想，这对实际应用造成了阻碍。

（4）类钙钛矿　一些类钙钛矿材料也在光伏领域展现出一定的潜力。例如，一类新的

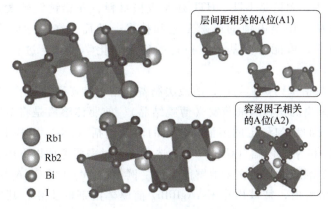

图 11-24 $A_3B_2X_9$ 钙钛矿的晶体结构

Sb/Bi 基材料，其一般结构式为 $A_aB_bX_x$，如图 11-25 所示。这类材料由 $[A/B]X_6$ 八面体互连组成，其中 A 位和 B 位阳离子共享相等的晶格位置，从而诱发更高的化学计量自由度。这种材料的晶体结构比原始钙钛矿偏离更远，在一些文献中也被归类为"Rudorffites"。这种结构的显著优势在于其化学多样性和潜在的调控性。与传统的钙钛矿结构相比，这些衍生物在结构和性能上提供了更大的灵活性。

迄今为止，类钙钛矿材料的研究大多基于 Ag-Bi-I 组分，仅有少数研究关注了（Ag/Cu）-Sb-I，一个可能的原因是作为反应前体的 SbI_3 容易在退火时挥发，从而造成材料制备上的困难。通过调节类钙钛矿材料的组分，可有效改变其光电性能，其中 Ag-Bi-I 类钙钛矿材料具有较为合适的带隙和较高的光吸收系数，在光伏领域展现出应用潜力。目前，基于类钙钛矿材料的单结钙钛矿太阳能电池光电转换效率能够达到 5%。

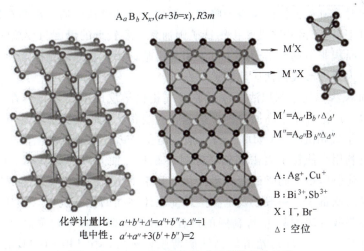

图 11-25 $A_aB_bX_x$ 类钙钛矿材料的晶体结构

11.5.2 非铅钙钛矿太阳能电池制备

非铅钙钛矿太阳能电池的结构与铅基钙钛矿太阳能电池非常相似，两者在制备方法上也具有高度的一致性。无论是 ETL、HTL 还是电极材料，非铅钙钛矿太阳能电池都可以借鉴和沿用铅基钙钛矿太阳能电池的成熟工艺和技术。然而，在实际应用中，对于不同种类非铅钙钛矿材料，可能需要基于其独特的物理和化学性质，进行一些工艺上的调整和优化。

（1）溶液法　与铅基钙钛矿类似，溶液法制备非铅钙钛矿薄膜通常包含三个主要步骤：前驱体溶液配制、薄膜沉积和溶剂蒸发（薄膜结晶）。前驱体溶液是将金属盐与卤化物溶解在极性溶剂中，形成的均匀稳定的溶液。常用的溶剂包括 N,N-二甲基甲酰胺（DMF）、二甲基亚砜（DMSO）和 γ-丁内酯（GBL）等。选择溶剂时需要考虑以下因素：首先，溶解性和均匀性是关键，溶剂必须能够完全溶解前驱体。例如，DMSO 对 $Cs_2AgBiBr_6$ 钙钛矿的前驱体粉末具有较高的溶解度，常被用作 $Cs_2AgBiBr_6$ 前驱体溶剂的主相；其次，需注意溶剂与溶质之间的化学反应。例如，由于 DMSO 具有一定的氧化性，为避免其与钙钛矿中的某些成分发生反应（如二价锡、锗等），通常需要以 DMF 为主溶剂；此外，还需要考虑溶剂的黏度、沸点和蒸气压等性质，因为它们会影响蒸发速率和成膜过程。研究表明，使用合适比例的 DMF 和 DMSO 混合溶剂能够提供适中的蒸发速率，有利于形成高质量的钙钛矿薄膜。

溶液法包括旋涂法、喷涂法和刮涂法等。其中，旋涂法是目前实验室制备小面积钙钛矿太阳能电池最常用的方法。通过控制旋涂速度和时间，可以调整薄膜的厚度和均匀性。在旋涂法制备非铅钙钛矿薄膜的过程中，反溶剂的使用至关重要，它有助于提高钙钛矿薄膜的质量和均匀性，从而提升钙钛矿太阳能电池的性能。常用的反溶剂包括甲苯、氯苯、二氯甲烷、乙酸乙酯和醇类等。选择反溶剂时，需要同时考虑极性、沸点和相容性等因素，不同体系的非铅钙钛矿对反溶剂的要求存在较大差异。

前驱体溶液在基底上沉积后，一般需将其转移至热台上进行热退火处理，以促进溶剂的蒸发和钙钛矿相的形成。退火的温度与时间需要根据前驱体的成分和特性进行优化，在确保高质量结晶的同时，避免钙钛矿本身的降解。例如，铅基钙钛矿通常需要在较高的温度下长时间退火，而对于锡基/锗基这类非铅钙钛矿则通常需要较低的温度与较短的退火时间。

对于制备大面积非铅钙钛矿薄膜，可采用与铅基钙钛矿类似的刮涂、狭缝涂布和喷涂等方式，并结合退火处理形成钙钛矿薄膜。

（2）气相沉积法　气相沉积法是一种通过气相化学反应或物理过程在基底表面沉积钙钛矿薄膜的技术，广泛应用于高质量钙钛矿薄膜的制备。气相沉积法通常可分为物理气相沉积（PVD）和化学气相沉积（CVD）。PVD 通常需要将钙钛矿加热汽化，在基底上沉积形成钙钛矿薄膜，或利用高能粒子轰击钙钛矿原材料靶材，使其溅射在基底上成膜。CVD 则通过加热将不同的前驱体粉末同时或者分步汽化，利用单体间的化学反应生成钙钛矿薄膜。在非铅钙钛矿薄膜的制备中，一般涉及至少两种前驱体之间的化学反应。例如，图 11-26 所示为两步高低真空路线合成 $MA_3Bi_2I_9$ 薄膜的过程。首先，在高真空的蒸镀仪中，将 BiI_3 蒸镀到传输层（如 TiO_2）上，得到光滑的钙钛矿薄膜；然后，在 140～180℃ 的低真空烘箱中，通过气固反应得到致密无针孔的 $MA_3Bi_2I_9$ 钙钛矿薄膜。

气相沉积法具有明显的优势和不足。该方法可以精准控制钙钛矿薄膜厚度，避免溶剂残留，有助于制备高质量、无针孔的钙钛矿薄膜。但是，气相沉积法的成本较高，工艺复杂，限制了其大规模应用。此外，气相沉积法的适用性也存在一定限制，某些材料在气相沉积过程中可能会出现分解或其他化学反应。例如，气相沉积的 $Cs_2AgBiBr_6$ 钙钛矿薄膜通常会遭

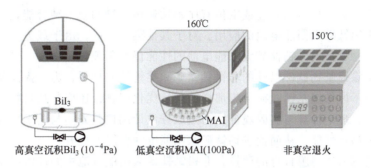

图 11-26　两步高低真空路线合成 $MA_3Bi_2I_9$ 薄膜

受卤素损失，这可能引入额外的点缺陷，降低太阳能电池性能。因此，在制备不同类型的非铅钙钛矿薄膜时，应根据材料特性来合理选择沉积方法。

11.5.3　非铅钙钛矿太阳能电池研究进展

随着钙钛矿太阳能电池的科学研究及商业化进程不断推进，其铅毒性问题也逐渐凸显。除了开发合理的封装和防止水溶性铅泄漏方法以外，研究人员也一直在积极探索非铅钙钛矿材料，从而尽最大可能地减少毒性重金属对环境及人类健康的威胁。目前，在各种已有的非铅钙钛矿太阳能电池中，锡基钙钛矿太阳能电池表现出了最佳的性能，具有广阔的发展潜力，其最高认证效率已达 15.7%。锡基钙钛矿本身具有合适的带隙、良好的光吸收能力和载流子传输能力，理论上非常适合构筑高效太阳能电池。然而，在锡基钙钛矿薄膜的实际制备过程中，极容易产生大量的缺陷，这些缺陷的存在导致锡基钙钛矿薄膜非辐射复合概率增大，对钙钛矿太阳能电池的性能造成影响，尤其会产生较大的开路电压损失，在带隙相同的情况下，锡基钙钛矿太阳能电池的开路电压一般明显低于铅基钙钛矿太阳能电池。

解决上述问题是提升锡基钙钛矿太阳能电池性能的关键，目前对于锡基钙钛矿薄膜的优化主要在于调节薄膜结晶、抑制二价锡氧化，从而提高锡基钙钛矿薄膜质量。引入具有抗氧化和调控结晶功能的添加剂被认为是有效方案，例如通过引入具有还原性的有机小分子、金属或无机化合物等添加剂可以抑制二价锡的氧化；引入可与 SnI_2 等锡基钙钛矿前驱体形成键合或者氢键等的添加剂能够调节中间产物，进而调控结晶过程。此外，引入具有大体积的 A 位有机阳离子可对锡基钙钛矿的晶体生长过程和维度进行调控，形成无针孔、缺陷少的高质量二维-三维混合钙钛矿薄膜，同步提升光电转换效率和稳定性。值得指出的是，尽管纯锗基钙钛矿太阳能电池的性能较差，但在锡基钙钛矿中引入部分锗已被证实有助于钙钛矿薄膜质量和钙钛矿太阳能电池性能的提高。

相较于锡基钙钛矿，其他非铅钙钛矿目前的光电转换效率普遍较低，在实际将其应用于光伏领域之前，仍需解决多个关键问题。例如，对于 $Cs_2AgBiBr_6$ 钙钛矿，其能级结构和带隙的调节是一个重要的挑战。首先，$Cs_2AgBiBr_6$ 呈现出间接带隙性质，且其带隙较宽，这不利于太阳光的吸收；其次，强电子-声子耦合会造成载流子散射，严重影响载流子的迁移，容易导致电子与空穴复合；此外，$Cs_2AgBiBr_6$ 容易形成缺陷，特别是深能级缺陷，从而造成严重的能量损失，对钙钛矿太阳能电池的性能造成不利影响。因此，解决这些问题对于提升 $Cs_2AgBiBr_6$ 钙钛矿太阳能电池的光电转换效率至关重要。对于 $A_3B_2X_9$，其性能与晶体结构和电子结构密切相关。零维二聚体或空位有序钙钛矿衍生物的激子结合能较大，激子扩散长度较短，不利于钙钛矿太阳能电池的应用。对于其他类钙钛矿，由于载流子迁移率相对较低和严重的缺陷问题，目前其钙钛矿太阳能电池的性能仍然不理想。

因此，对于除锡基钙钛矿以外的非铅钙钛矿和类钙钛矿材料，为了提高其太阳能电池的性能，不仅需要考虑像锡基钙钛矿薄膜那样的质量优化问题，还应该从材料的晶体结构和能级结构入手，结合理论计算与实验验证，通过成分设计调控其光学与电学特性，增强其光吸收能力和载流子输运性能，从而促进钙钛矿太阳能电池性能的提升。

除了对非铅钙钛矿薄膜自身的调控，非铅钙钛矿太阳能电池中的传输层及其与吸光层之间的界面也对载流子的提取有显著影响。一方面，非铅钙钛矿的能级位置与铅基钙钛矿存在显著差别，且高度依赖于钙钛矿薄膜材料的组成，因此铅基钙钛矿的常用传输层材料可能会与非铅钙钛矿产生较大的能级失配，从而产生界面非辐射复合或电荷累积，不利于载流子的提取。另一方面，非铅钙钛矿的结晶过程和晶体结构等与铅基钙钛矿存在较大差别，使其与传输层的界面容易产生大量缺陷和残余应力等，对光电转换效率和稳定性造成不利影响。因此，传输层的合理选取与设计也是目前非铅钙钛矿太阳能电池发展中的一个关键问题，需要进一步研究。

综上，为避免铅基钙钛矿太阳能电池中可溶性铅带来的潜在毒性与环境污染问题，非铅钙钛矿材料受到了研究人员的关注。目前，非铅钙钛矿太阳能电池的光电转换效率与铅基钙钛矿太阳能电池相比仍然面临较大差距，其发展仍然面临诸多挑战，但它们在拓展光伏材料选择范围、发掘新的物理化学性质等方面的作用不可忽视。在未来的研究中，不仅需要进一步解决现有问题，不断提升钙钛矿太阳能电池性能，同时也应该在现有研究的基础上，结合理论计算与机器学习等先进技术，持续开发新型非铅钙钛矿材料，从而推动能源技术向更高效、更环保的方向迈进。

思 考 题

1. 染料敏化太阳能电池为什么使用多孔 TiO_2？简要说明其工作原理。

2. 有机太阳能电池主要包括哪几种结构？其工作原理与方式有什么区别？

3. 什么是量子点？量子点有哪些基本特征？量子点作为太阳能电池吸光层有什么优点和缺点？

4. 染料敏化与量子点敏化太阳能电池有什么异同？请画出其结构示意图并简要说明其结构和工作原理的区别。

5. 简述金属卤化物钙钛矿的化学组成和晶体结构，并基于光学和电学性质解释其作为太阳能电池吸光层的优势。

6. 目前发展的非铅钙钛矿太阳能电池主要有哪几种类型？其与铅基钙钛矿太阳能电池相比有哪些不足之处？

参 考 文 献

[1] SAUD P S, BIST A, KIM A A, et al. Dye-Sensitized Solar Cells: Fundamentals, Recent Progress, and Optoelectrical Properties Improvement Strategies [J]. Optical Materials, 2024, 150: 115242.

[2] HAGFELDT A, BOSCHLOO G, Sun L, et al. Dye-Sensitized Solar Cells [J]. Chemical Reviews, 2010, 110: 6595.

[3] 于哲勋，李冬梅，秦达，等. 染料敏化太阳能电池的研究与发展现状 [J]. 中国材料进展，2009,

28（Z1）：8-15，66.

［4］ ZHANG G, LIN F R, QI F, et al. Renewed Prospects for Organic Photovoltaics ［J］. Chemical Reviews, 2022, 122：14180.

［5］ 张剑, 杨秀程, 冯晓东. 有机太阳能电池结构研究进展 ［J］. 电子元件与材料, 2012, 31 （11）：75-78.

［6］ AQOMA H, JANG S Y. Solid-state-ligand-exchange free quantum dot ink-based solar cells with an efficiency of 10.9% ［J］. Energy & Environmental Science, 2018, 11 （6）：1603-1609.

［7］ Best Research-Cell Efficiency Chart ［EB/OL］. ［2024-07-30］. https：//www. nrel. gov/pv/cellefficiency. html.

［8］ LI X, HOFFMAN J M, KANATZIDIS M G. The 2D Halide Perovskite Rulebook：How the Spacer Influences Everything from the Structure to Optoelectronic Device Efficiency ［J］. Chemical Reviews, 2021, 121 （4）：2230-2291.

［9］ JENA A K, KULKARNI A, MIYASAKA T. Halide Perovskite Photovoltaics：Background, Status, and Future Prospects ［J］. Chemical Reviews, 2019, 119 （5）：3036-3103.

［10］ GUO P, ZHU H, ZHAO W, et al. Interfacial Embedding of Laser-Manufactured Fluorinated Gold Clusters Enabling Stable Perovskite Solar Cells with Efficiency Over 24% ［J］. Advanced Materials, 2021, 33：2101590.

［11］ ZHAO W, GUO P, LIU C, et al. Laser Derived Electron Transport Layers with Embedded p-n Heterointerfaces Enabling Planar Perovskite Solar Cells with Efficiency over 25% ［J］. Advanced Materials, 2023, 35：2300403.

［12］ MI Q, ZHU Z, MIAO D, et al. Interfacial Dipoles Boost Open-Circuit Voltage of Tin Halide Perovskite Solar Cells ［J］. ACS Energy Letters, 2024, 9：1895.